U0735398

国家出版基金项目

图说组织动力学

图说细胞动力学

史学义 丁一 冯若 著

第十卷

郑州大学出版社

图书在版编目(CIP)数据

图说细胞动力学 / 史学义，丁一，冯若著. — 郑州：郑州大出版社，2014.12

（图说组织动力学；10）

ISBN 978-7-5645-2045-8-01

Ⅰ. ①图… Ⅱ. ①史… ②丁… ③冯… Ⅲ. ①人体细胞学-细胞动力学-图解 Ⅳ. ①R329.2-64

中国版本图书馆 CIP 数据核字 (2014) 第 226223 号

郑州大学出版社出版发行

郑州市大学路40号　　邮政编码：450052

出版人：王　锋　　发行电话：0371-66966070

全国新华书店经销

郑州金秋彩色印务有限公司印制

开本：787 mm × 1 092 mm　1/16

印张：18.25

字数：274千字

版次：2014年12月第1版　　印次：2015年1月第2次印刷

书号：ISBN 978-7-5645-2045-8-01　定价：184.00元

编委会名单

科学的威力和力量在于无数的事实中；而科学的目的在于概括这些事实，并把它们提高到原理的高度。这些原理发源于我们智力活动的简单基础，但它们在同等程度上也起源于实验的世界和观察的领域……搜集事实和假设还不是科学，它仅只是科学的初阶，但不通过这个初阶，就无法直接进入科学的殿堂。

——门捷列夫

系统论是整体论和还原论的辩证统一。

——钱学森

内容提要

本书是医用形态学新学科组织动力学系列出版物的第十卷。正文前有“图说组织动力学”的点评与序及引言，引言说明其思想来源和实践来源、理念与方法、框架与范畴、规划与憧憬，作为阅读之导引。全书共分五章：第一章细胞分裂，描述在体细胞和培养细胞的早期分裂、中期分裂和晚期分裂行为，强调人和高等动物细胞直接分裂的普遍性；第二章细胞死亡，阐述细胞衰老的表现，细胞衰老死亡过程和细胞夭亡的分类特征；第三章细胞核动力学，阐明细胞核演化过程，细胞核复壮机制及核移植与核种植的细胞生物学意义；第四章干细胞的流通与配送，阐述干细胞随血流配送机制和干细胞经神经流通与配送的过程；第五章机体自组织，描述不同自组织结构的形态发生原理，神经系统自组织的特点。

本书正文主要由343幅显微实拍彩图及其注释组成，是著者多年科学研究成果，书中资料翔实、图像珍秘、观点独到、结论新奇，极具创新性和挑战性。

本书可供医学院校教师、本科生与研究生，细胞生物学家，临床学家，器官工程和组织工程研究人员及系统科学工作者阅读和参考。

点评与序

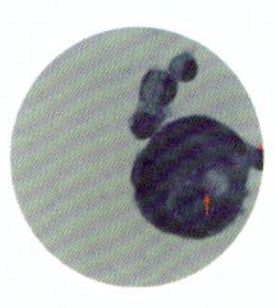

组织学是研究机体微细结构与其相关功能及它们如何组成器官的学科。细胞是组成组织的主要成分，各种组织的构建和功能特点主要表现在它们的组成细胞上，因此，以细胞为研究对象的细胞学也是组织学的重要组成部分。鉴于组织和细胞是构成机体最基本的要素，组织学在医学与生命科学中具有较为重要的地位，组织学的教学与不断深入地研究的重要性也就不言而喻了。

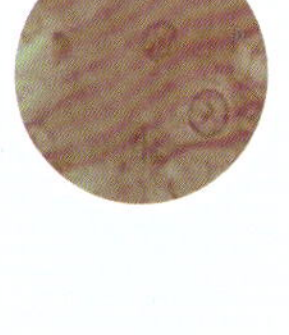

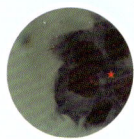

迄今，组织学的研究方法大致分为两类：一类是活细胞和活组织的观察与实验，另一类是经固定后对组织结构的观察与分析。随着显微镜与显微镜新技术的不断改进、生物制片和染料化学的迅速发展，尤其是免疫细胞技术的建立，组织学曾经历过辉煌时期，但正如作者史学义教授所忧虑的那样，半个多世纪以来，组织学似乎被人们所漠视，其原因可能与组织学多以静止的观点观察机体的结构有关，与此同时，分子生物学、免疫学与细胞生物学的迅速发展，使得人们更多地将注意力放在当代新兴学科上。事实可能是这样的，当我还是个医学生的时候，组织学的教学手段基本上是在显微镜下观察组织切片，然后用红蓝铅笔依样画葫芦地画下来，硬记下组织的基本组成及特点。诚然，观察与绘图是必须的，但另一方面无形中在学生的脑海里形成了一个“孤立的”和“纵向的”不完全的组织学理念。

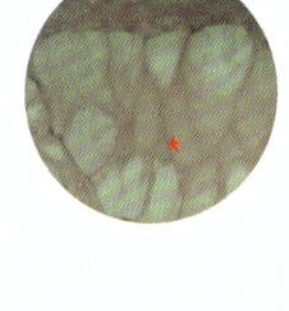

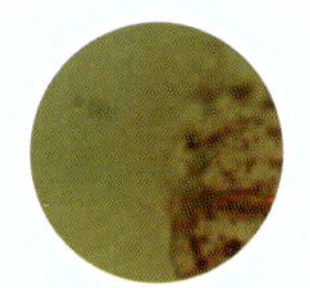

基于数十年的组织学专业教学与科研工作，本书作者史学义教授顿觉组织学不应只是“存在的科学”，而应是“演化的科学”；不应只以“静止的观点观察事物”，而应用“动态的观点观察事物”，于是查阅了大量的文献，历经数十载，不但观察了原河南医科大学近百年的全部库存组织学标本，而且还通过购置、交换从国内不少兄弟单位获得颇多的组织学切片，此外，还专门制作了适于组织动力学研究的标本。面对如此庞大工程，需要阅读上万张浩瀚的显微镜切片，作者闻鸡而起，忘寝废餐，奋勉劳作，终于经十余年努力完成该“图说组织动力学”鸿篇巨制。该套书共有10卷，资料翔实，观点独到，结论新奇，颇具独创性与挑战性，是一套更深层次研究组织动力学的全新力作，或许也称得上是一套组织动力学的宝典。纵观全套书，它在学术、研究思维及编写几个方面有如下主要特点。

（一）以动态的观点来观察与研究组织的结构与功能

作者以敏锐的洞察力，于看起来静止的细胞或组织中窥察到它们的动态过程。作者生动地描述，他在一张小白鼠肝细胞系的标本中惊讶地发现“一群细胞像鱼儿逐食一样趋向缺口处”，“原来这些细胞都是‘活’的”。其实，笔者也有类似的经验，譬如在观察细胞凋亡（apoptosis）现象时，虽然只是切片标本，但即使在同一个标本中，往往也可以发现有的细胞皱缩，有的染色质凝聚与边集，有的起泡，有的产生凋亡小体等镜像。只要你将它们串联起来，便是活生生的细胞凋亡动态过程了。让读者能理解静态的组织学可反映出动态改变应是我们从事组织学教学与研究者的职责，更是意图力推动态组织学者的任务。

（二）强调组织与细胞的异质性

正如作者所一直强调的，“世界上没有完全相同的两片树叶”，无论是细胞系（cell line）或是组织（tissues），我们的观察与认识不能囿于“典型”表型，而应考虑到它们的异质性（heterogeneity），如此，我们便可发现构成组织的是一个“细胞社会”，它们不只会群聚，更是丰富多彩，充满着个性，并且相互有着关联。不但异常组织如此，即使正常组织也绝不是“千细胞一面”，呈均匀状态的，这在骨髓中是人们一直予以肯定的，属于递次相似法则。在如今炙热的干细胞研究中，人们也发现不少组织中存在有干细胞（stem cell）、祖细胞（progenitor cell）及各级前体细胞（precursor cell）直至成熟细胞（mature cell）等不同分化程度，以及形态特征各异的细胞群体。此外，即使在正常组织中也观察到“温和的”，不至于成为恶性的突变细胞。因此，作者强调从事组织学与细胞学研究不可将这种异质性遗忘于脑后。笔者十分赞同作者的观点。

（三）力挺直接分裂的作用与地位

细胞的增殖靠细胞分裂来完成。迄今，绝大多数学者认为有丝分裂（mitosis）是高等真核细胞增殖的主要方式，而无丝分裂（amitosis）则称为直接分裂（direct division），多见于低等生物，但也不排除高等生物在创伤、衰老与癌变细胞中也存在无丝分裂。此外，在某些正常组织中，如上皮组织、肌肉组织、疏松结缔组织及肝中也偶尔观察到无丝分裂。

但是本套书作者在大量切片观察的基础上认为人和高等动物的细胞增殖以直接分裂为主，而且认定早期、中期和晚期分裂方式和效率是明显不同的，早期的直接分裂由一个细胞分裂成众多子代细胞，中期直接分裂由一个母细胞分裂产生数个子细胞，晚期直接分裂通常由一个母细胞产生两个子细胞并且多为隔膜型与横缢型的直接分裂。史学义教授观察入微，证据凿凿，其观点显然是对传统观点与学说的挑战，至少对当前广为传播而名过其实的有丝分裂在细胞分裂研究领域中的独占地位提出强力质疑。本着学术争鸣的原则，或许会有不同看法，笔者认为需要有更多的观察。

（四）独创的编写形式

最后，本套书在编写上也别具一格，既不同于常见的教科书，以文字描述为主，配以插图；也不同于纯粹的图谱，图为主角辅以文字说明。另外，似乎与图文并重的，如*Junqueira's Basic Histology*也不完全一致。本套书以图为主，以一组图说明一段情节，相关的情节组合在一起构成一个演化过程。这种写法不仅形象，易于理解，更可反映出组织发生的动力学改变过程。这一写作技巧或许对于强调事物是动态的、发展的都有借鉴意义。

然而，诚如作者所说，“建立组织动力学这一新学科是一项宏大的工程，是需要千百万人的积极参与才能完成的艰巨任务”。本系列“图说组织动力学”只是一个抛砖引玉的试金之作，今后或许要从下述几个方面努力，以期更确证、更完整。

（1）用当代分子细胞生物学技术与方法阐明组织动力学的改变，尤其要证实干细胞在组织形成、衍生、衰老与萎缩中所扮演的角色。

（2）用经典的连续切片观察细胞的直接分裂过程和组织的动态变迁。

（3）用最新的生命科学技术与方法，如显微技术、纳米技术、3D打印技术，追踪、重塑组织结构。

（4）用更多种属、不同年龄阶段的组织标本观察组织动力学的改变，因为按一般规律不同种属、不同组织、不同年龄段的动力学改变是不会一致的。

总之，组织动力学是一个新概念，生命科学中诸多问题，需要医学形态学、系统生物学、细胞生物学、生理学及相关临床科学的广大科学工作者、教师与学生的共同参与。让我们大家一起努力，将组织动力学这门新学科做得更加完美。

最后，我谨代表本书编委会向国家出版基金管理委员会、郑州大学出版社表示感谢。为了我国学术繁荣、科学发展，他们向出版如此专业著作的作者伸出援手，由此我看到了我国科技赶超世界先进水平的希望。

章静波

2014年9月于北京

引言

一、困惑与思考

在医学院里初次接触到组织学，探究人体细胞世界的奥秘，令我向往与兴奋。及至从事组织学专业教学与科研工作，迄今已历数十载，由于组织学教学刻板，而科研又远离专业，使我对组织学的兴趣日渐淡薄。这可能与踏入专业之门时，正值组织学不景气有关。当时不少人认为组织学的盛采期已过，加之分子生物学的迅猛发展，不少颇有造诣的组织学家都无奈地感叹：人们连细胞中的分子都搞清楚了，组织学还有什么可研究的，组织学早该取消了！情况虽然并不至如此，但当时并延续至今的组织学在整个科学界的生存状态，确实值得组织学工作者深刻反思：组织学究竟是怎么了？

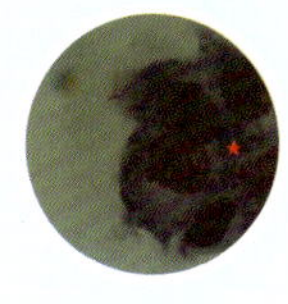

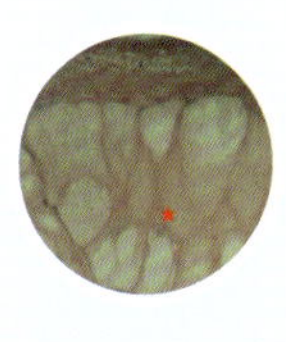

组织学面临困境的原因，首先是传统组织学的观念已经落后于时代的发展。新世纪首先迎来的是人类思维方式的革命。这种思维方式的转变，主要表现在从对事物的孤立纵向研究转向对事物的横向相互联系的研究，这样导致科学整体从机械论科学体系转向有机论科学体系，从用静止的观点观察事物转变为用动态的观点观察事物，使整个科学从“存在的科学”转向“演化的科学”。传统的组织学（histology），即显微解剖学(microscopic anatomy)，是研究人体构造材料的科学，是对机

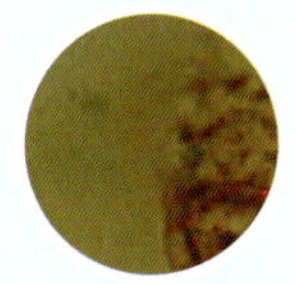

体各种构造材料的不同质地和各种纹理的描述性科学，其主要研究内容是识别不同器官的结构、组织和细胞，而这些结构、组织和细胞，似乎是与生俱来、终生不变的。传统组织学孤立、静止的逻辑框架，明显有悖于相互联系和动态演变的现代科学理念。不同种类的细胞像林奈时代的“物种”一样，是先验的和不可理解的。这就导致组织学教学与科学研究相脱离，知识更新率低，新观念难以渗入、扩展。尽管血细胞演化和骨组织更新研究已较深入，但那只是作为特例被接纳，并不能对整个人体组织静态框架产生多大冲击。组织学教育似乎只是旧有知识的传承，而对学习者也毫无创造空间可言。国家级的组织学专业研究项目很少，组织学专业文献锐减。这些学科衰落的征象确实令人担忧。

其次，组织学与胚胎学脱节。胚胎学研究内容由受精卵分裂开始，通过细胞的无性增殖、分化、聚集、迁移，从而完成器官乃至整个机体的构建，胚胎学发展呈现一片生机勃勃的景象。而一到组织学，其中的细胞、组织、结构突然一片沉寂，犹如一潭死水。20世纪中叶，许多世界著名研究机构都参与了心肌细胞何时停止分裂的研究，并涌现大量科研文献。研究结果有出生前20天、出生后7天、出生后3个月，争论多年。这足见“胚成论”对传统组织学影响之深。其实，心肌细胞何曾停止过分裂呢！研究成体的组织学与研究机体发育的胚胎学应该分开来看，细胞在组织学和胚胎学中的命运与行为犹如在两个完全不同的世界。

再次，组织学不能及时吸纳和整合细胞生物学研究的新成果。细胞生物学是组织学的基础，有意或无意长期拒绝细胞生物学来源的新知识，也使组织学不合理的静态结构框架日益僵化守旧，成为超稳定的知识结构。细胞分裂是细胞学的基本问题，也是组织学的基本问题。直接分裂在细胞生物学尚有简单论述，在组织学却被完全删除。近年，干细胞研究迅猛发展，干细胞巢的概念已逐步落实到成体组织结构中，但很难进入组织学教材。这与传统组织学静态观念的顽固抵抗有关，其中最大的障碍就是无视细胞直接分裂的广泛存在。

最后，组织学明显脱离临床实践。医学实践是医学生物学发展最强大的推动力。近年，受社会需求的拉动，各临床专业的基础研究迅猛发展。但许多临床上已通晓的基本知识、基本概念在组织学中还被列为禁区、被归为谬误。器官移植已在临床上广泛应用，组织学却不能为移植器官的长期存活提供任何理论支持，而仍固守移植器官细胞长寿之说。这样，组织学不能从临床实践寻找新的研究课题，使之愈发显得概念陈旧、内容干瘪，对临床实践很难起到指导、启迪作用。

二、顿悟与发掘

我重新燃起对组织学的兴趣缘于偶然。一次非常规操作显微镜，在油镜下观察封固标本，所用标本是PC12细胞（成年大白鼠肾上腺髓质嗜铬细胞瘤细胞系）的盖玻片培养物（经吉姆萨染色的封存片）。当我小心翼翼地调好焦距时，我被视野中的景象惊呆了！只见眼前的细胞色彩绚丽、千姿百态。令我惊异的是，本属同一细胞系的同质性细胞竟是千细胞千面、各不相同。这使我想到，要认识PC12细胞，除了认识其遗传决定的共同特征外，这些形态差异并非毫无意义、可以完全忽略的。究竟哪一个细胞才是真正典型的PC12细胞呢？

以往观察组织标本多用低倍或高倍物镜。受传统组织学追求简单化思路的引导，通常是在高倍镜下尽力寻找符合书本描述的典型细胞。由于认为同种细胞表型都是相同的，粗略的观察总是有意、无意地忽略细胞间的差异。而这次非常规观察，彻底改变了我数十年来形成的对细胞的刻板印象，使我顿悟到构成组织的细胞原来并不一样。正如世界上没有完全相同的两片树叶一样，机体也绝没有完全相同的两个细胞，因为每个细胞都是特定时空的唯一存在物。由此，我突破了对组织中细胞的质点思维樊篱，直面细胞个体，发现细胞的个体差异是随机性的，服从统计规律。随级差逐渐缩小，便有了“演化”的概念。进而发现组织并不是形状与颜色都相同的所谓典型细胞的集合体，而是充满个性、丰富多彩、相互有演化关联的细胞社会。当我观察盖玻片培养的BRL细胞（小白鼠肝细胞系）时，凑巧培养盖玻片一边有个小缺口，一群细胞像鱼儿逐食一样趋向缺口处。这给我带来了第二重震撼，使我突然领悟，原来这些细胞都是“活”的。以前，尽管理论上知道细胞是生命的基本单位，但长期以来我们看到的都是死细胞，是经过人工固定染色的细胞尸体，从来没去想过细胞在干什么。这种景象，不禁使我想到上古时陷入沼泽里的猛犸象。趋向缺口的细胞不正像被发现的猛犸象一样，都是其生前状态瞬时的摄影定格吗？正是这些细胞运动过程中细胞形态变化的瞬时定格图像组合，提示了这些细胞的运动方向与目的。细胞内部决定性和内外随机性共同影响着细胞的生、老、病、死过程。这是细胞“活”的内在本质。进而，我还有了第三重感悟，原来很不起眼的普通组织标本，竟是如此值得珍爱。这不仅在于小小的标本体现着千千万万细胞生命对科学殿堂的祭献，而且，似乎突然发现常规组织标本竟含有如此无限丰富的细胞信息。这说明，酸碱染料复合染色，如最普通的苏木素–伊红染色，能较全面而深刻地反映细胞生命过程的本质特征。对于细胞群体研究来说，任何高新技术，包括特定物质分子的测定及其更高分辨率观察结果分析，都离不开对研究对象具体细胞学的分析。高新技术只能在准确的细胞学分析基础上进行补缺、增强、校正，进一步明确化、精细化。之后，我在万用显微镜的油镜下重新观察教学用的全部组织学切片，更增强了上述获得的新观念。继而，又找出原河南医科大学近百年的全部库存组织学标本，甚至包括不适合教学的废弃标本，另外，还通过购买、交换从国内外不少兄弟单位获得很多组织切片。除此之外，我们也专门制作更适于组织动力学研究的标本。一般仍多采用常规酸碱染料复合染色。为提高发现不同器官、结构、组织和细胞之间的过渡类型的概率，专门制作的组织动力学切片的主要特点有：①尽量大；②尽量包括器官的被膜、门、蒂、茎及器官连接部；③最好是整个器官或大组织块的连续切片；④尽量多种属、多年龄段和多部位取材；⑤同一器官要有纵、横、矢三个方位切片。如此获得大量资料后，我夜以继日、废寝忘食地观察不同种属、不同年龄、不同方位的组织标本。这样的观察，从追求典型细胞与细胞同一性，到注重过渡性细胞和细胞的个性。通过观察发现，镜下视野里到处都是细胞的变化和运动。我如饥似渴地追寻感兴趣、有意义的观察对象，并做显微摄影。如此反复地观察数万张组织切片，大海捞针似的筛查有价值的观察目标，像追寻始祖鸟一样，寻觅存在率只有千万分之一的过渡性细胞。当最终找到预期的过渡性细胞时，我兴奋不已，彻夜难眠。如此数十年间，获得上万张有价值的显微照片。

三、理念与方法

从普通组织切片的僵死细胞中，怎么可能看出细胞的变化过程呢？为什么人们通常看不到这些变化？怎样才能观察到这些变化过程呢？其实，这在传统组织学中早有先例，人们从骨髓涂片的杂乱细胞群中就观察到红细胞系、粒单细胞系、淋巴细胞系及其变化规律。那么，肝细胞、心肌细胞、肾细胞、肺细胞、神经细胞乃至人体所有细胞，是否也都有相应的细胞系和类似的变化规律呢？

一个范式的观察者，不是那种只能看普通观察者之所看，只能报告普通观察者之所报告的人，二是那种能在熟悉的对象中看见别人前所未见的东西的人。这是因为任何观察都渗透着理论。观察者的观察活动必然植根于特定的认识背景之中，先前对观察对象的认识影响着观察过程。从骨髓涂片中之所以能看出各种血细胞系是因为在观察之前，我们就对血细胞有如下设定：①血细胞是有生有灭的；②骨髓涂片里存在这种生灭过程；③这种过程是可以被观察到的。这些预先设定，分别涉及动态观念、随机性和时空转换三个方面的问题。此外，从骨髓涂片中看出各种血细胞系，还有一个重要的经验性法则，即递次相似法则。递次相似法则又可用更精细化的模糊聚类方法来代替，以用作对观察结果更精确的分析。

（一）动态观念

“万物皆动”是既古老又现代的科学格言。“存在也是过程”的动态观念是新世纪思维革命的重要方面。胚胎学较好地体现了动态变化的观念，特别是早期胚胎发育中胚胎细胞不断演化，胚胎结构不断形成又消失；而到了组织学，似乎在胚胎发育某一时刻形成的细胞、组织、结构就不再变化（胚成论）。实则不然，出生后人体对胚体中进行的细胞、结构演化变动模式既有继承，也有抛弃。从骨髓涂片研究血细胞发生的前提是认知血细胞有生成、死亡的过程。那么，肝细胞和肝小叶、肺泡上皮细胞和肺泡、外分泌腺上皮细胞和腺泡、心肌细胞和心肌束、肾细胞和泌尿小管、神经细胞和脑皮质等，也会有类似演化与更新过程。承认这些过程存在可能性的动态观念，是研究组织动力学必须具有的基本观念。

（二）随机性

随机性是客观世界固有的基本属性。在小的时空尺度内，随机性影响具有决定性意义。主要作为复杂环境中介观存在的生命系统，有很强的外随机性，因为生命系统元素数量巨大，又有很多来自系统内部自身确定性的内随机性。希波克拉底（Hippocrates）做了人类最早的胚胎学实验。他将20个鸡蛋用5只母鸡同时开始孵化，而后每天打破一个鸡蛋，观察鸡胚发育情况。直至20天后，最后一个鸡蛋孵出小鸡。他按时间顺序整理每天的观察结果，总结出鸡胚发育过程与规律。然而，生命具有不可逆性和不可入性，如此毁灭性的实验方法所得结果并不能让人完全信服。因为，这样所观察到的第2天鸡胚的发育状态，并不是第1天观察到的那个鸡胚的第2天状态，而是另一个鸡胚的第2天的发育状态。后经无数人重复观察，不断对观察结果进行修正，才得到大家认可的关于鸡胚发育过程的近似描述。这是因为，重复试验无形中满足了大数法则，接近概率统计的确定性。用作组织学研究的组织切片就很像众多不同步发育的鸡胚发育实验。而在切片制作中，每个细胞、结构都在固定时同时死亡，所看到的组织切片中的每个细胞，都在其死亡时被“瞬间定格”。这些“瞬间定格”分别代表处于演化过程不同阶段细胞的瞬时存在状态。将这些众多不同状态，按时间顺序整理、归类、排序，就可得出细胞演化的整个动力学过程。组织动力学家与传统组织学家不同。传统组织学家偏好“求同”，极力从现存的类同个体中找出合乎要求的典型，并为此而满足；组织动力学家则偏重“求异”，其主要工作是寻觅可能存在于某组织标本中的过渡态，故永远感到不满足。因此，组织动力学家总是在近乎贪婪地搜集、观察组织标本，以寻求更多、更好的过渡态。

（三）时空转换

生命是其内在程序的时空展开过程。这里的时间与空间是指生物体的内部时间和内部空间。内部时间即生物体内部生命程序展开事件的先后次序。而生命的不可逆性和不可入性，使内部过程的时间顺序很难用外部时间标定。这就需要换用生命事件的可察迹象来排列事件的先后次序。这实际上就是简单的函数置换。若已知变化状态S是自变量时间t的函数，其他变量，如空间变量l，也是时间t的函数，则可以l置换t作为状态S的自变量。

这一函数置换，实现了生物形态学领域习惯称谓的时空转换。这在胚胎学中经常用到，如在胚胎发育较早期，常以体长代替孕月数，表示胚胎发育状态。在组织学中，有了“时空转换”，许多空间量纲测度，如细胞及细胞核的形状、大小、长短、距离等差别都有了时间意义，都可以用来表征细胞演化进程。其他测度，如细胞特有成分的多少、细胞质与细胞核的嗜碱性/嗜酸性强度、细胞衰老指标等，也都可以代替时间作为判定细胞长幼序的依据。如此一来，所观察的标本中满目尽见移行变化，到处是过程的片段。骨髓涂片中，血细胞演化系主要就是依据细胞形状、细胞核质比、细胞质与细胞核的嗜碱性/嗜酸性强度及细胞质内特殊颗粒多少等参量来判定的。同理，也可以此来观测、判定心肌细胞系和肝细胞系等。

（四）模糊聚类分析

从骨髓切片或涂片中，运用判定红细胞系和白细胞系演化进程所遵循的递次相似法则时，如果评判指标较少，单凭经验就可以完成。但当所依据的评判指标众多时，特别是各指标又缺乏均衡性，单凭经验就显得困难。模糊聚类分析，可使递次相似法则更精细、更规范，细胞精确和模糊的特征参量，通过数据标准化，标定相似系数，建立模糊相似矩阵。在此基础上，根据一定的隶属度来确定其隶属关系。聚类分析的基本思想，就是用相似性尺度来衡量事物之间的亲疏程度，并以此来实现分类。模糊聚类分析方法，为组织动力学判定细胞系提供了有效的数学工具。

著者在观察中对研究对象认知的顿悟，正是在动态观念、随机性和时空转换预先的理性背景下发生的。三者也是整理观察结果的指导思想，可看作组织动力学的三个基本理念。

四、框架与范畴

对于归纳性科学的研究方法，卡尔·皮尔逊总结为：①仔细而精确地分类事实，观察它们的相关和顺序；②借助创造性想象发现科学定律；③自我批判和对所有正常构造的心智来说是同等有效的最后检验。有人更简单归结为搜集事实和排列次序两件事。据此，著者对已获得的大量图片资料，依据上述理念与方法归纳整理，得到人体结构的动态框架。

组织动力学（histokinetics），按字面意思理解是研究机体组织发生、发展、消亡、相互转化的科学，但更准确的理解应该是organization dynamics，是研究正常机体自组织过程及其规律的科学，包括细胞动力学和各器官系统组织动力学，后者涵盖各种器官、结构、组织的形成、维持、转化与衰亡等演化规律。组织动力学的逻辑框架主要由细胞、细胞系、结构、器官和机体5个基本范畴构建而成。

（一）细胞

细胞是组成人体系统的基本元素，是机体生命的基本单位，也是组织动力学研究的基本对象。组织动力学认为，细胞是有生命的活体，其生命特征包括繁殖、新陈代谢、运动和死亡。

1．细胞繁殖 细胞繁殖是细胞生命的本质属性，是细胞群体生存的根本性条件。细胞分裂繁殖取决于细胞核。细胞分裂能力取决于超循环生命分子复合体自复制、自组织能力。人和高等动物的细胞分裂是直接分裂，早期、中期和晚期直接分裂的方式和效率明显不同。早期直接分裂，由一个细胞分裂形成众多子代细胞；中期直接分裂，由一个母细胞分裂产生数个子细胞；晚期直接分裂，是一个母细胞一般产生两个子细胞，多为隔膜型与横缢型直接分裂。

2．细胞新陈代谢 新陈代谢是细胞的又一本质属性。新陈代谢是细胞个体生存的根本性条件，是生命分子复合体超循环系统运转时需要物质、能量、信息交换的必然。为获得生存条件，细胞具有侵略性，可侵蚀或侵吞别的细胞或细胞残片，通常是低分化细胞侵蚀或侵吞高分化细胞。细胞又有感应性，细胞要获得营养物质、避开有害物质，必须感应这些物质的存在，还必须不断与外界进行信息交流。细胞还具有适应性，需要与环境进行稳定有序交换、互应、互动，包括细胞组分之间彼此合作与竞争、互应与互动。

3．细胞运动 运动也是动物细胞的本质特征。运动是与细胞繁殖和维持新陈代谢密切相关的细胞功能。细胞运动包括细胞生长性位移、被动运动和主动运动，伴随细胞分裂增殖，细胞位置发生改变，可谓细胞的生长性位移，是最普遍的细胞运动。血细胞随血流移动属被动运动，细胞趋化移动则为主动运动。细胞主动运动的主导者是细胞核，神经细胞运动更是如此。

4．细胞死亡 细胞死亡的一般定义是细胞解体，细胞生命停止。细胞死亡也是细胞的本质属性。细胞的自然死亡是超循环分子生命复合体生命原动力衰竭的结果。一般细胞死亡可分细胞衰亡和细胞夭亡两大类。细胞衰亡是演化成熟细胞自然衰老死亡；细胞夭亡是细胞接受机体内部死亡信息，未及演化成熟而早亡，或是在物理、化学及生物危害因子作用下导致的细胞早亡。

（二）细胞系

细胞系（cell line）是借用细胞培养中的一个术语，原指一类在体外培养中可以较长时间分裂传代的细胞。组织动力学中，细胞系是指特定干细胞及其无性繁殖所产生的后代细胞的总体。传统组织学也偶用此术语，如红细胞系、粒细胞系、淋巴细胞系等，但对组成大多数器官结构的细胞群体多用组织来描述。组织（tissue）原意为织物，意指构成机体的材料。习惯将组织定义为“细胞和细胞间质组成”，这一定义模糊了细胞的主体性。另有将组织定义为“一种或几种细胞集合体”，这又忽略了细胞群内细胞的时空次序，这样的组织实际缺乏组织性。传统组织概念传达的信息量很小，其概念效能随着机体结构的微观研究日益深入而逐渐降低。组织并非一个很完善的专业概念，首先，其没有明确的时空界定；其次，其内涵与外延都不严整；再者，其解理能力较弱。在细胞与器官两个实体结构系统层次之间，夹之以不具体的、系统性极弱的结构层次，显得明显不对称。僵化、静态的组织概念严重阻碍显微形态学研究的深入开展。而细胞系，是一个内涵较丰富、有较明确的时空四维界定的概念，所指的是有一定亲缘关系的细胞社会群体。一个细胞系就是一个细胞家族，是细胞社会的最基本组织形式。同一细胞系里的细胞，相互之间都有不同的时空及世代亲缘关系。

（三）结构

这里专指亚器官结构。结构是细胞系的存在形式与形成物，大致可分6类。

1．细胞团和细胞索　细胞系无性增殖产生的后代细胞群称为细胞克隆。细胞团和细胞索是细胞克隆的初级形成物。细胞团是细胞克隆在较自由空间的最基本存在形式，细胞索则是细胞克隆在横向空间受限时的存在形式。

2．囊和管　是细胞克隆的次级形成物。囊是细胞团中心细胞死亡的结果，管则是细胞索中心细胞死亡而形成的。中心细胞死亡是由机体发育程序决定的，而且是通过细胞自组织法则调控的结果，而且生存条件被剥夺也起重要作用。

3．**板和网** 是细胞团、细胞索形成的囊和管因其他细胞参与致细胞群体形态显著改变而成。细胞板相互连接成网，如肝板和犬肾上腺髓质。

4．**细胞束** 受牵拉应力作用，细胞呈长柱状、长梭形，细胞群形成梭形束状结构，如心肌束、骨骼肌束、平滑肌束等。

5．**腱、软骨和骨** 这些结构的细胞之间有大量间质成分。骨则是由骨细胞与固体间质构成的骨单位这种特殊结构组成的。

6．**脑和神经** 脑内神经细胞以其特有的突触连接方式及细胞间桥共同组成神经网，神经是神经细胞从中枢神经系统向靶器官迁移的通道。

（四）器官

器官是机体的一级组件，具有特定的形态、结构和功能。器官的大小、位置和结构模式由遗传决定，成体的器官组织场胚胎期已形成器官雏形。成体的器官也有组织场（organizing field）。成体器官组织场是居住细胞与微环境相互作用的结果，由物理因素、化学因素和生物因素组成。成体器官组织场承袭其各自的胚胎场而来。场效应主要表现为诱导干细胞演化形成特定细胞。成体的器官组织场，除保留雏形器官原有干细胞来源途径，还常增加另外的多种干细胞来源途径。在各种生理与病理条件下，机体能更经济地调动适宜的干细胞资源，以保证这些结构的完整性和正常功能。

（五）机体

机体是由不同器官组成的整体。其整体性不只在于中枢神经系统与内分泌系统指挥和调控下的功能统一性，还在于由干细胞的流通与配送实现的全身结构统一性。血源性干细胞借血流这种公交性渠道到达各器官，经双向选择成为该器官的干细胞；中枢神经系统通过外周神经这种专线运送干细胞直达各器官，为其提供大量干细胞；淋巴系统是干细胞回流的管道系统，逃逸、萃聚或出胞的裸核循淋巴管，经淋巴结逐级组织相容性检查并扩增后补充机体干细胞总库，或就近迁移并补充局部干细胞群。如此，机体才成为真正意义上的结构和功能统一的整体。

五、规划与憧憬

是否将所积累的资料与思考公开发表，我犹豫再三。每想到用如此普通、如此简单的研究方法要解决那么多具有挑战性的问题，得出如此众多颠覆性的结论，提出如此多的新概念与新观点，内心总觉唐突。几经踌躇，终在我父亲一生务实、创新精神的激励下，决心以“图说组织动力学”为丛书名陆续出版。这是因为我相信“事实是科学家的空气”这句箴言。我所提供的全部是亲自观察拍摄的真实图像，都是第一手的原始照片。对于不愿接受组织动力学理念的显微形态学研究者，一些资料可填补传统组织学中某些空缺的细节描述。要知道，其中一些图像被发现的概率极小，它们是通过大海捞针式的工作才被捕获到的！对于愿意探索组织动力学的读者，若能起到抛砖引玉的作用，引起更多学者注意和讨论，也算是我对从事过的专业所能尽的一点心意。

本书以模型动物组织动力学为参照，汇集人和多种哺乳动物的组织动力学资料，内容包括多种动物细胞动力学和各种器官、结构、组织的形成、维持、转化与衰亡等演化规律，但尽量以正常成人细胞、结构、器官层次的自组织过程为主，以医学应用为归宿。

图说是一种新文体，意思是以图说话。但本书不是普通的组织图谱，而是用一组图说明一段情节，相关情节组合在一起构成一个演化过程。图片所含信息量大，再辅以图片注解，形象易懂。图像显示结构层次多、形态复杂。为便于理解，本书采用多种符号标示观察目标：★表示结构；※表示细胞群或多核细胞等；不同方向的实箭头指示细胞、细胞器、层状或条索状结构及小腔隙等；虚箭头表示细胞迁移方向或细胞流方向；不同序号①、②、③……表示相关联的结构、细胞或结构层次等。

现有资料涉及全身各主要器官系统，但不是全部。血液和骨骼在组织学中已有初步的动力学研究，故暂不列入。因组织标本来源繁杂，染色质量不一，致使图像质量也良莠不齐。现择其图像较清晰，说明问题较系统、较充分的部分收编成册，首批包括《图说心脏组织动力学》《图说血管组织动力学》《图说内分泌系统组织动力学》《图说神经系统组织动力学》《图说耳和眼组织动力学》《图说消化系统组织动力学》《图说呼吸系统组织动力学》《图说泌尿系统组织动力学》《图说生殖系统组织动力学》《图说细胞动力学》，共计10卷。

组织动力学是一门新的学科，主要研究机体内细胞、组织之间的演化动力学过程。组织动力学沿用了不少传统组织学的概念、名词，但将组织动力学内容完全纳入从宏观到微观的还原分析路线而来的传统组织学的静态结构框架实为不妥，会造成内部逻辑混乱而不能自洽。因为传统组织学崇尚的是概念明晰（其实很难做到），而组织动力学要处理的多为模糊对象。从逻辑上讲，组织动力学与从微观到宏观的人体发生学关系密切，组织动力学可以看作胚胎学各论的延伸。这种思想在我们编著的《人体组织学》（2002年郑州大学出版社出版）中已有提及。该书中增加了不少研究组织动力学的内容，但仍被误当作描述人体构造材料学的普通组织学。因此，将研究人体结构系统维生期的组织动力学过程的学科独立出来是顺理成章的。这也为容纳更多对人体结构的系统学研究内容留有更大空间，为人体结构数字化开辟道路。从这个意义上讲，人体组织学刚从潜科学转为显科学，是一个襁褓中的婴儿，又如一个蕴藏丰富的矿藏尚待开发。可见，认为组织学已经衰退、已无可作为的悲观看法，若是针对传统组织学而言是可以理解的，而对于组织动力学来说则是杞人忧天。组织动力学研究，不但有利于科学人体观的建立，而且必将对原有临床病理和治疗理论基础带来巨大冲击，并迎来临床基础研究的新高潮。传统组织学曾经在探究人体结构奥秘的过程中取得辉煌成就，许多成果已载入生物医学发展史册，至今仍普惠于人类。目前，在学习人体结构的初级阶段，传统组织学仍有一定的认识功能。但传统组织学名实不符，宜正名为显微解剖学，将其纳入人体解剖学更为合理。

建立组织动力学这一新的学科是一项宏大的工程，是需要千百万人的积极参与才能完成的艰巨任务，困难是不言而喻的。首先，图到用时方恨少，一动手编写，才发现现有资料并不十分完备。若全部按组织动力学要求重新制作并观察不同种属、不同品系、不同个体所有器官有代表性部位的连续切片，其工作量十分浩大，绝非少数人之力所能完成。现有组织学标本重复性较高，要寻找所预期的有价值的观察目标十分困难。而且所求索图像的意义越大，遇到的概率越小。这种资料搜集是一种永无止境的工作。其次，缺少讨论群体，有价值的学术思想往往是在激烈争论中产生并成熟的。组织动力学涉及医学生物学许多重大问题，又有许多新思想、新概念，正需要医学形态学广大师生与科研工作者、系统科学家、生物学家、细胞生物学家、生理学家及相关临床专家的共同参与、争论和批评，才能逐步明晰与完善。

在等待本书出版期间，显微形态学领域又取得了许多重要科研成果。干细胞研究更加深入，成体器官多发现有各自的干细胞，干细胞概念就是组织动力学的基石。特别是最近又发现许多器官干细胞巢和侧群细胞，更巩固了组织动力学的基础，因为组织动力学就是研究干细胞到成熟实质细胞的演化过程。成体器官干细胞与干细胞巢的证实有力地推动了组织动力学研究，组织动力学已经走上不可逆转的发展道路。相信组织动力学研究热潮不久就会到来，一门更成熟、更丰富、更严谨的组织动力学必将出现。

作者自知学识粗浅，勉力而成，书中谬误与疏漏在所难免，恳请广大读者不吝批评指教。

史学义

2013年12月于河南郑州

前言

细胞动力学是组织动力学的基础，本应列于系列之首，今却列于系列之末，成为整个系列内容的总结。作为总结，本册引用了全系列中其他各册的部分资料，这是独立成册所必需的。细胞动力学主要阐述细胞分裂、细胞死亡、细胞核动力学、干细胞流通与配送和细胞自组织等问题。细胞分裂是光镜下可观察到的细胞行为，人和高等动物细胞基本分裂方式是直接分裂，其直接分裂方式又是多种多样的。细胞死亡分为细胞衰老死亡和细胞夭亡，各有不同的形态特征。细胞是过程，细胞核就是细胞，裸核细胞经寡质细胞和少质细胞可演化成为一般细胞形式，核移植和核种植是这一论断的有力证据。细胞核也是过程，也有新生、演化与衰老演变过程。细胞核可通过演化程度不对称性分裂、细胞核去冗余、细胞核逃逸、细胞核萃聚和新细胞核产生延长细胞群的健壮水平。干细胞的血流配送中，血源性干细胞通过识别、黏附、内化可形成各种功能细胞。干细胞的神经性流通与配送是指中枢神经系统干细胞经周围神经，包括无髓神经和有髓神经，到达末梢释放，演化形成其他功能的细胞。自组织是机体细胞的基本特性，大体可分6类自组织结构形式，神经网络和多级神经传导通路是神经系统特有的自组织形式。

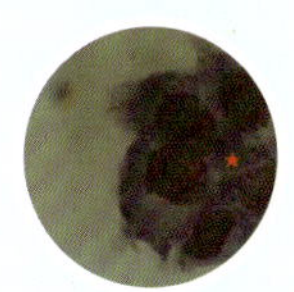

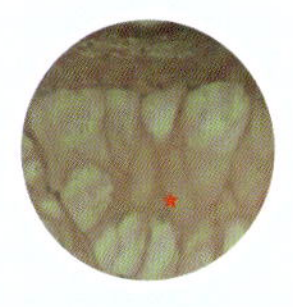

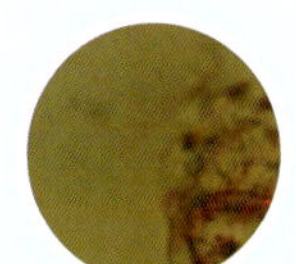

本书得以完成首先感谢吴景兰教授对本课题先期研究的

启迪与引导。感谢付士显教授帮助我们突破理论与实践之间的屏障，走上从对组织学标本的实际观察中研究组织学的道路。感谢原河南医科大学党委书记宗安民教授对组织动力学研究的关注和热情帮助。感谢丁一教授对组织动力学研究所做的大量实际工作和合理建议。感谢贾艺峰老师、丁蔚老师提供宝贵的文献资料。感谢任知春、阎爱华高级实验师对有关实验研究的参与和帮助。感谢张娓、王一菱、乐晓萍高级实验师提供丰富的观察标本。

本书得以出版有赖于国家出版基金的资助，感谢国家新闻出版广电总局有关领导与专家；感谢郑州大学和郑州大学出版社有关领导关注与支持；感谢郑州大学出版社有关编辑、复审、终审和校对工作者的辛勤工作。特别感谢郑州大学出版社杨秦予副总编辑对此创新项目的选定、策划和组织方面所做的艰苦努力，以及在全书出版的各项工作中付出辛勤而精细的劳作。

作　者

2013年12月

目录

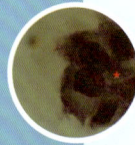

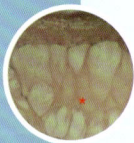

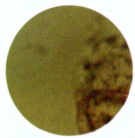

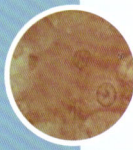

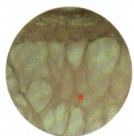

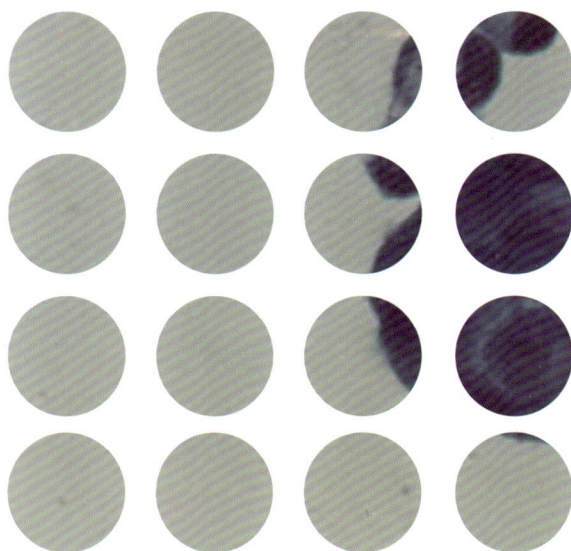

第一章
细胞分裂

细胞动力学主要研究细胞分裂增殖、细胞演化、细胞衰老和细胞死亡的动力学过程。本章主要描述人和高等动物在体细胞与体外培养细胞的细胞分裂增殖行为。同种细胞的体积大体上是有一定的。生物体的大小与构成其各个细胞的体积无关，而是由其构成细胞的数目来决定。就是说多细胞机体的生长主要是靠细胞数目增加，而细胞数目增加要通过细胞分裂来实现。自Virchow以来，细胞分裂被认为是细胞形成的唯一方式，细胞分裂主要是细胞核分裂。最早对细胞分裂的认识就是从发现细胞核与细胞分裂相关开始。

第一节　细胞分裂分类

细胞增殖是有机体系统赖以生存的基本细胞机制，细胞增殖一般通过细胞直接分裂（direct division，又称无丝分裂，amitosis）来实现，不同细胞分裂的效率不同、分裂方式多种多样、过程复杂，依据不同标准有不同分类方法。

一、按分裂时间分类

在细胞培养过程中，细胞培养时间不同，其细胞分裂方式和分裂效率明显不同，大致可分早期细胞分裂、中期细胞分裂和晚期细胞分裂3个阶段。

（一）早期细胞分裂

早期细胞分裂的一个细胞可产生巨大数目的子细胞，可称为细胞核爆炸，巨大多倍体细胞形成巨大多核体球，迅速或缓慢分出许多细胞核。当然与培养细胞的分化位阶有关，细胞分化树上位阶越低的细胞分裂效率越高，如PC12细胞、BRL细胞和NRK细胞早期核分裂，在体的肾上腺髓质生成单位中心细胞也有类似表现。

（二）中期细胞分裂

中期细胞分裂介于早期与晚期之间的过渡类型细胞分裂是多裂类细胞分裂方式，一个母细胞可分裂产生数个到数十个子细胞，如心脏束细胞、心肌细胞、肝细胞、呼吸上皮细胞等。

（三）晚期细胞分裂

晚期细胞分裂是培养细胞晚期出现的细胞分裂方式，常见的二裂类核分裂，也是在体的高分化细胞的最常见的分裂方式，如心肌细胞、肝细胞、软骨细胞等的细胞分裂。

二、按核分裂方式分类

晚期培养细胞核和在体的高分化细胞核最常见为二裂类核分裂，主要有隔膜型、横缢型和侧凹型多种核分裂方式。

（一）隔膜型核分裂

细胞核内先形成隔膜，后隔膜分开，形成两个子细胞核。隔膜型又分横隔式和纵隔式。

（二）横缢型核分裂

细胞核中部先形成缢缩环，缢缩环紧缩，将一个核勒断成两个子细胞核。

（三）侧凹型核分裂

细胞核从一侧凹陷，分开成两个细胞核。

三、按核分裂效果分类

细胞分裂所产生的子细胞生存能力并不相同，大致可分为有效核分裂和无效核分裂。

（一）有效核分裂

细胞核爆炸、细胞核多裂产生的诸多子细胞，且一般都生命力旺盛。

（二）无效核分裂

衰老的高分化细胞仍可核分裂，但所产生的子细胞生存能力较差，核碎裂也属此类。培养的人和高等动物细胞有丝分裂，实为濒危分裂，基本上是无效核分裂，在体的细胞濒危分裂很难重回新的细胞周期，最终以有丝分裂灾难而死亡，可称为细胞垂死分裂。

第二节　早期细胞分裂

一、PC12细胞早期核分裂

PC12细胞系是来自成年大白鼠肾上腺髓质嗜铬细胞瘤的细胞系，PC12细胞在不同培养条件下具有多种分化潜能，是研究早期细胞分裂的良好模型。

整个培养过程中PC12细胞全为直接分裂，在裸核细胞阶段和定向演化阶段，PC12细胞分裂有明显不同。培养12 h的可见裸核细胞分裂，而后PC12细胞分裂方式随培养时间不断改变。在未经同步化处理的PC12细胞48 h后盖玻片培养物中，可见不同演化阶段的PC12细胞和PC12细胞多种复杂的早期分裂过程（图1–1、图1–2）。早期培养PC12细胞常见多核聚体，多核聚体源自多倍体PC12细胞，呈现为巨大均匀深染的裸核（图1–3）。多核聚体可以细胞核爆炸和多核聚体出芽两种方式分裂。

（一）细胞核爆炸

多核聚体内细胞核开始演化较均衡，基本同步地分裂形成多数大致相同的细胞。一个多核聚体在短时间内产生大量的后代细胞，可称之为“细胞核爆炸”。PC12细胞具有低阶胚胎细胞的特征，保留“细胞核爆炸”这种最原始、最快速的细胞增殖方式。首先，多倍体细胞DNA继续倍增，成为超大多倍体核细胞，核质着色逐渐变得不均匀，并开始聚集形成多核雏形（图1–4、图1–5）。多数多核聚体内部同步演化，同时分化形成真正的裸核，多倍体核遂成为大的多核聚体（图1–6～图1–8）。随着各裸核之间细胞质增多，所有细胞核镶嵌于共有细胞质内，成为共质体（图1-9～图1-11）。而后，各细胞核逐渐各自合成专属细胞质增多，并逐渐相互离散（图1-12），当各个细胞已有各自的细胞轮廓而尚未相互分离，则成为多细胞体（图1-13、图1-14），最后各细胞核连同所属细胞质相互分离，多细胞体分崩离析，形成许多单个细胞（图1-15）。在培养细胞所谓指数生长期实际增生速度远远超过2的指数速度，核爆炸式分裂是早期细胞分裂时程短、快速增殖的基本原因。

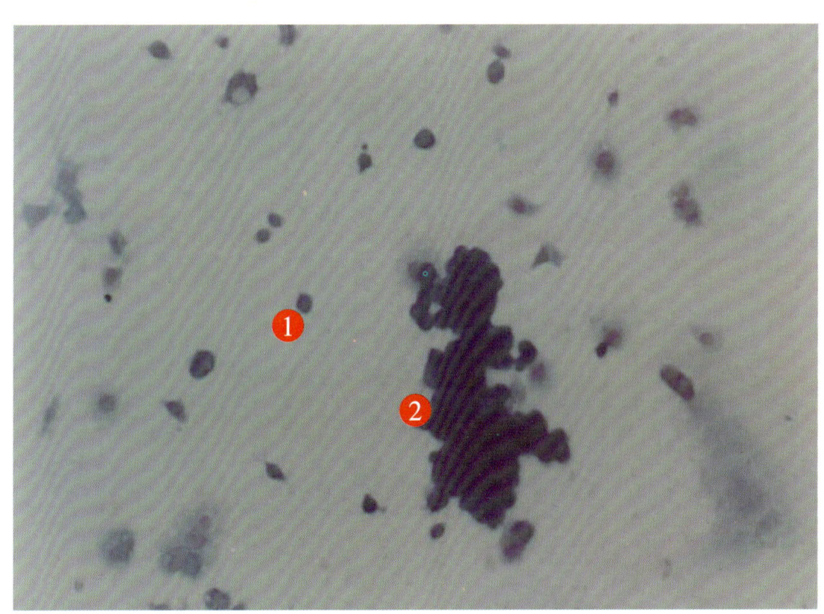

■ 图1-1 培养12 h的PC12细胞

吉姆萨染色 ×100

❶示散在裸核细胞；❷示裸核聚集形成的较大多核聚体。

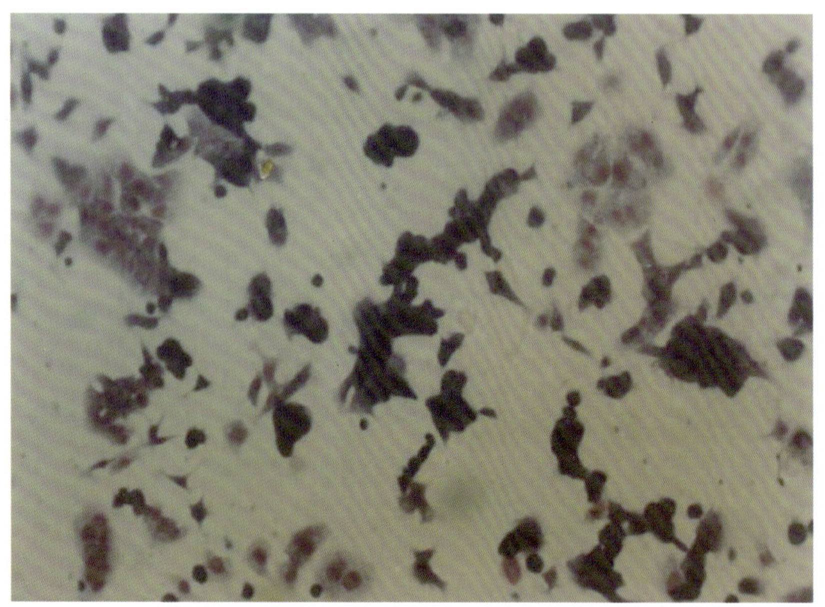

■ 图1-2　培养48 h的PC12细胞

吉姆萨染色　×100

图中可见大小不等细胞团球与不同分化阶段PC12细胞并存。

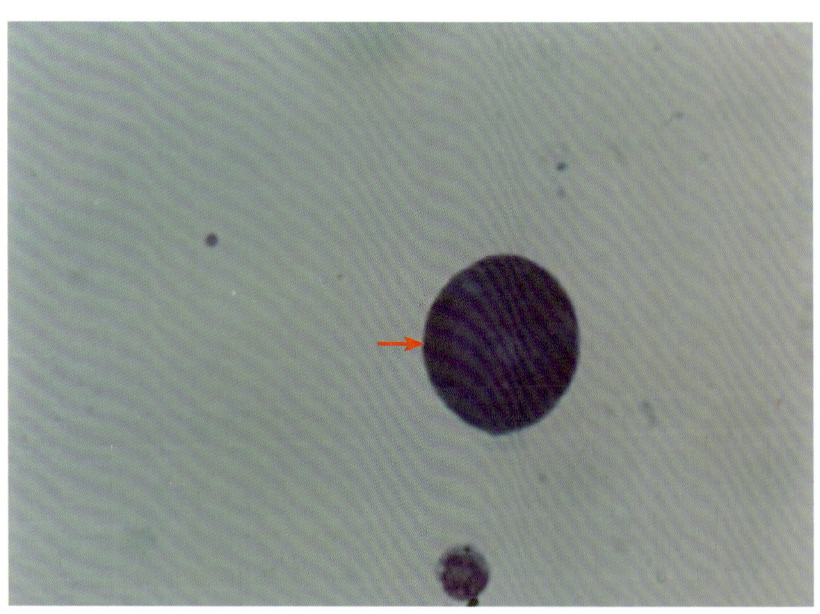

■ 图1-3　多倍体PC12细胞

吉姆萨染色　×400

→示裸露的巨大而深染的多倍体细胞核。

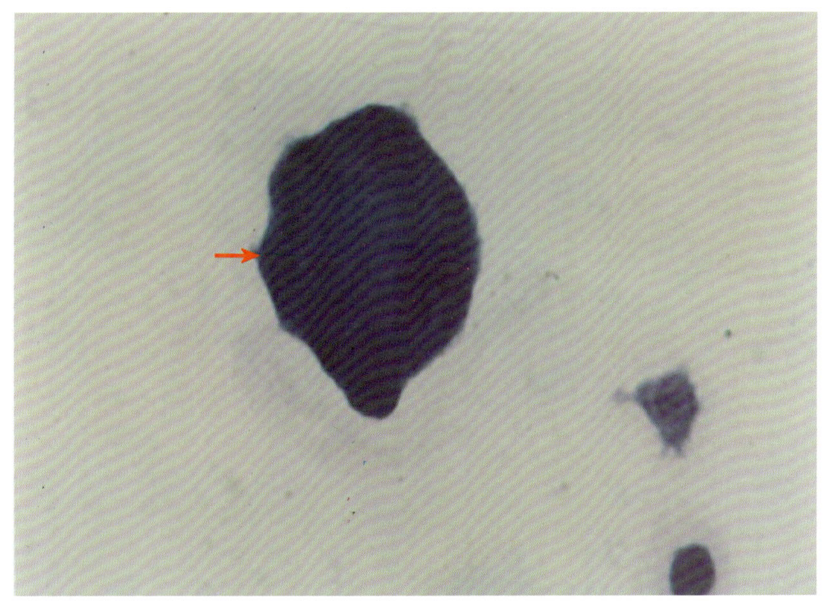

■ 图1-4　超大多倍体PC12细胞

吉姆萨染色　×400

→示巨大超多倍体细胞核，边缘隆凸预示雏形核逐渐分化形成。

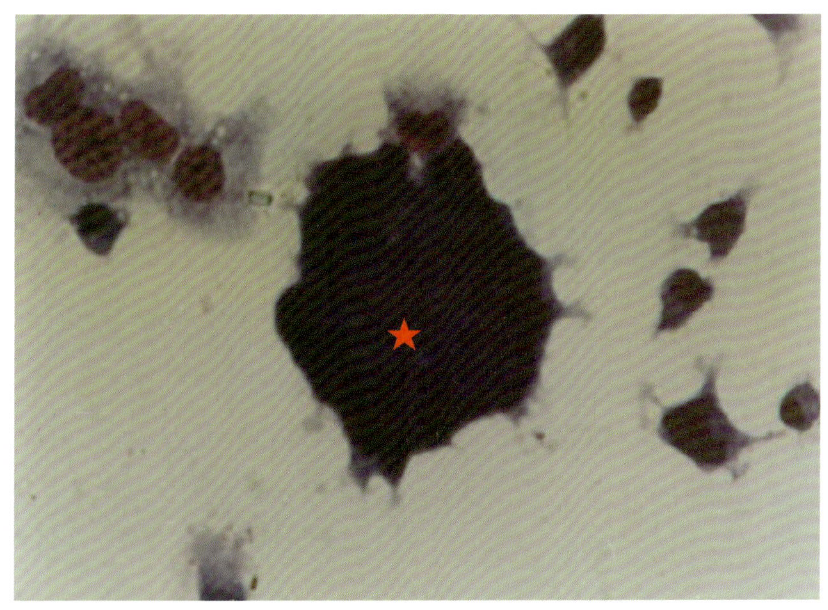

■ 图1-5　PC12细胞多核聚体（1）

吉姆萨染色　×400

★示超大多倍体细胞核逐渐分化形成多雏形核聚体。

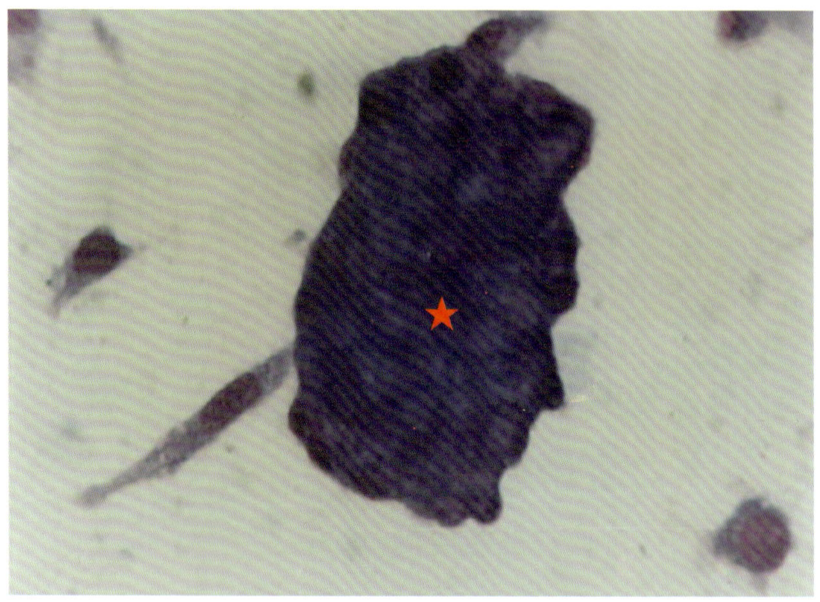

■ 图1-6　PC12细胞多核聚体（2）

吉姆萨染色　×400

★示巨大的多核聚体，边缘有个别跨越分化细胞。

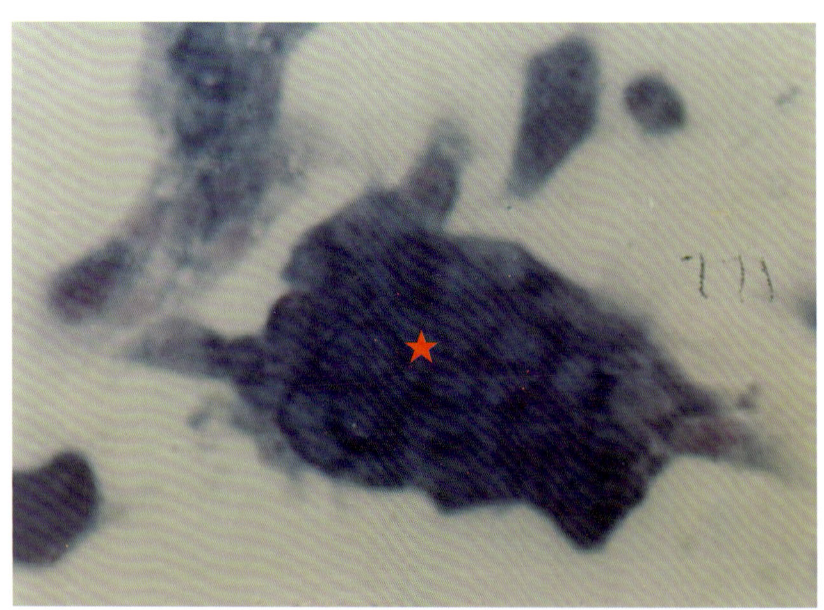

■ 图1-7　PC12细胞多核聚体（3）

吉姆萨染色　×400

★示由多数有明显轮廓裸核形成的巨大多核聚体。

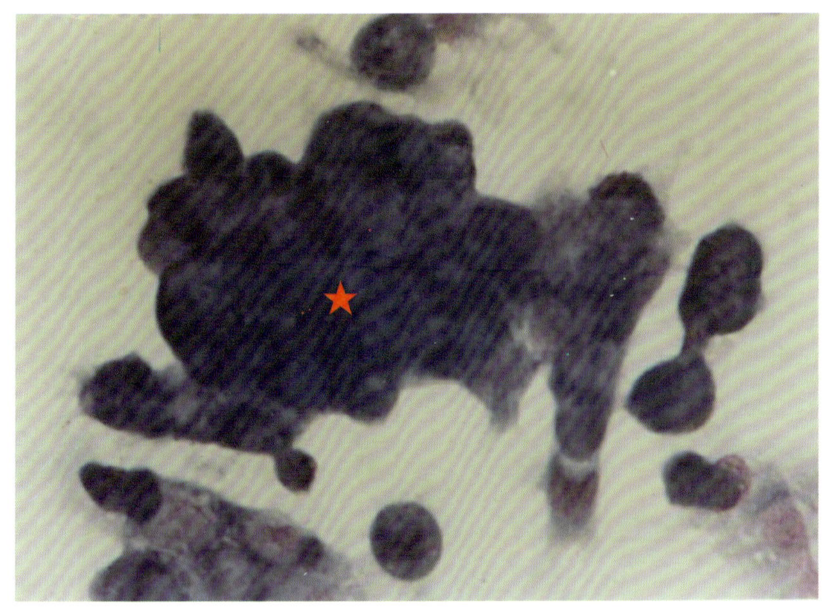

■ 图1-8　PC12细胞多核聚体（4）

吉姆萨染色　×400

★示由多数有明显轮廓裸核形成的巨大多核聚体。

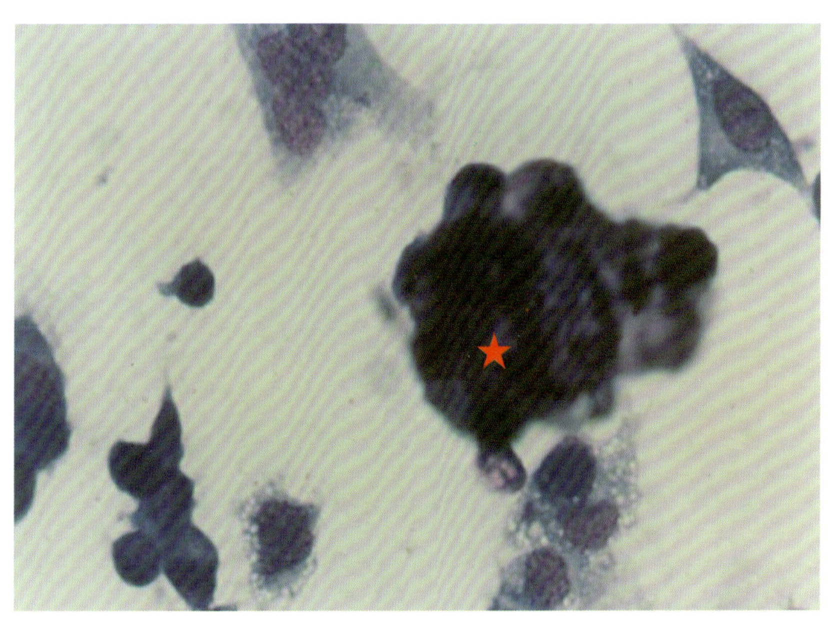

■ 图1-9　PC12细胞多核聚体（5）

吉姆萨染色　×400

★示由多数有明显轮廓裸核形成的巨大多核聚体。

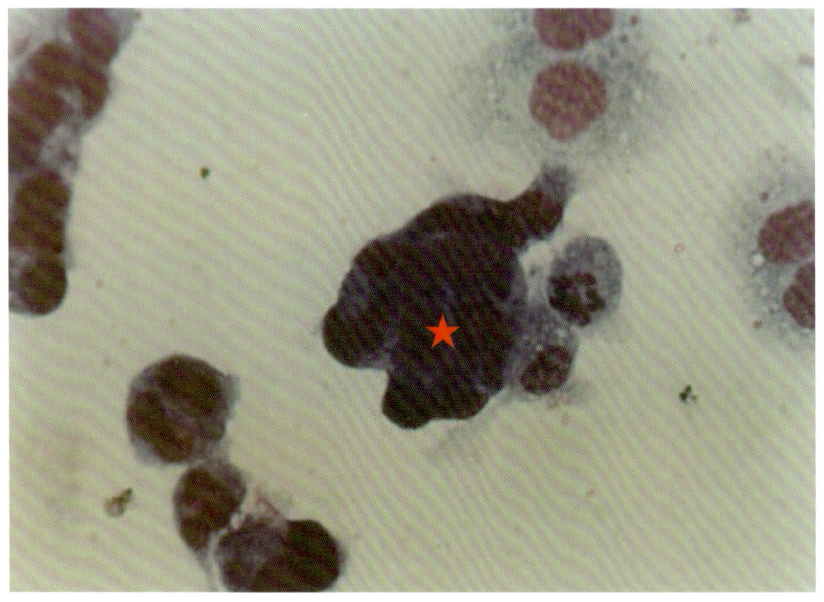

■ 图1-10　PC12细胞共质体（1）

吉姆萨染色　×400

★示PC12细胞共质体。

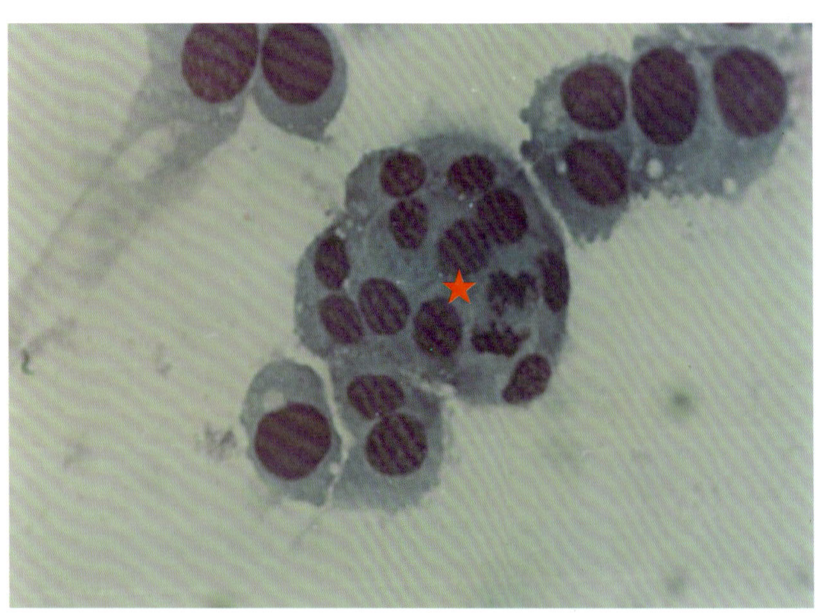

■ 图1-11　PC12细胞共质体（2）

吉姆萨染色　×400

★示PC12细胞共质体。

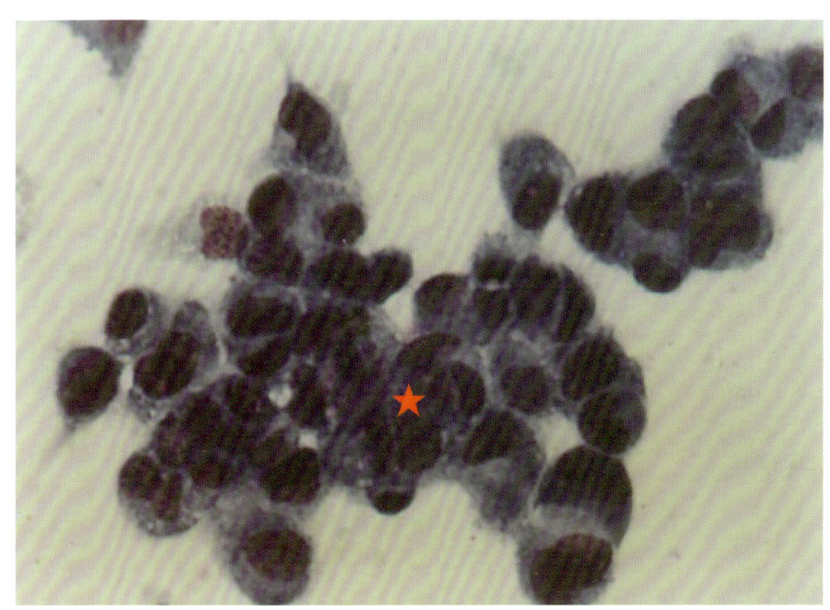

■ **图1-12　解离中的PC12细胞多细胞聚体**

吉姆萨染色　×400

★示基本同步演化的多细胞聚体逐渐解离。

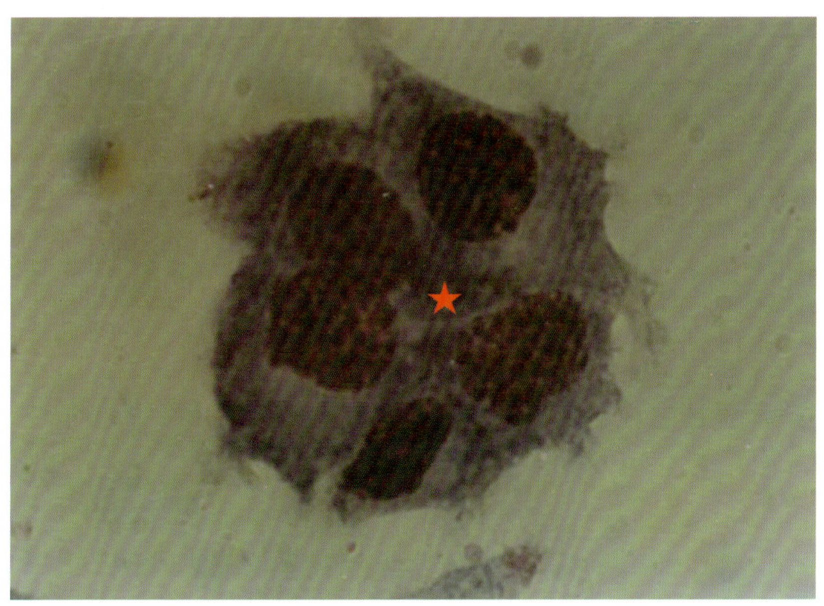

■ **图1-13　PC12细胞多细胞聚体（1）**

吉姆萨染色　×1 000

★示数个PC12细胞的多细胞聚体，各个PC12细胞并未完全分开。

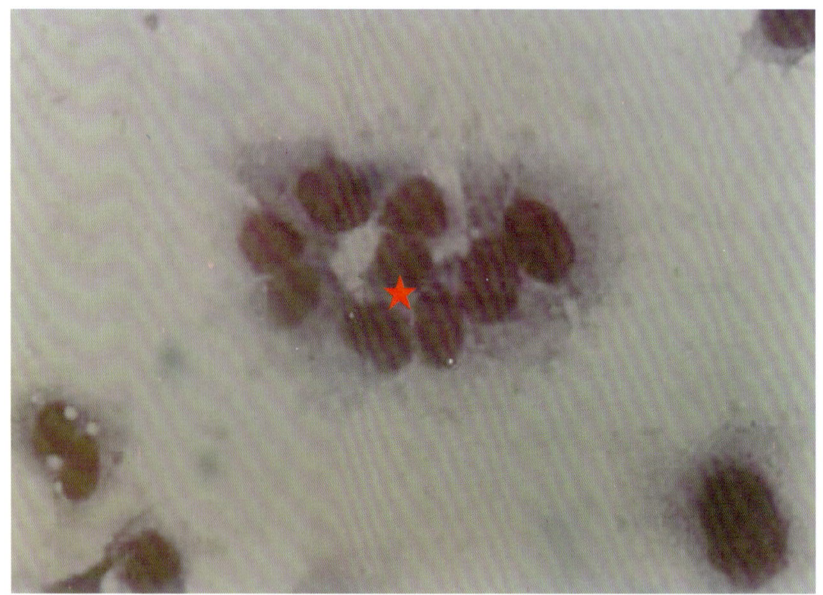

■ 图1-14　PC12细胞多细胞聚体（2）

吉姆萨染色　×400

★示多个PC12细胞的多细胞聚体，各个PC12细胞并未完全分开。

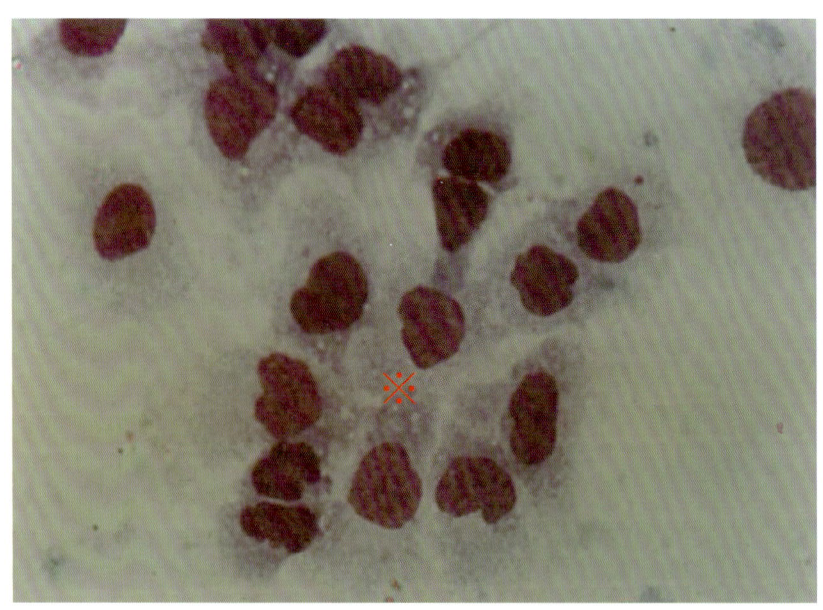

■ 图1-15　离散的PC12细胞

吉姆萨染色　×400

※示由多细胞聚体离散形成的PC12细胞群。

（二）多核聚体出芽

PC12细胞多核聚体的均衡性和同步性是相对的，常见多核聚体内部少数细胞超前演化或个别细胞凸出于表面（图1-16）。特别是容易出现尖端诱导现象，从一侧突出尖端分离出单个裸核细胞或小的多原核聚体（图1-17、图1-18），也可像出芽一样生出演化晚期的PC12细胞（图1-19），或可见像伸出花枝样的不同演化阶段的PC12细胞（图1-20、图1-21），有时尖端释放细胞群可显示出PC12细胞演化序（图1-22）。多聚体不均衡可表现为多聚体内不同区域细胞演化不同步（图1-22）。离散出来的多聚体也可显示出不同部分细胞演化程度的差异（图1-23）。

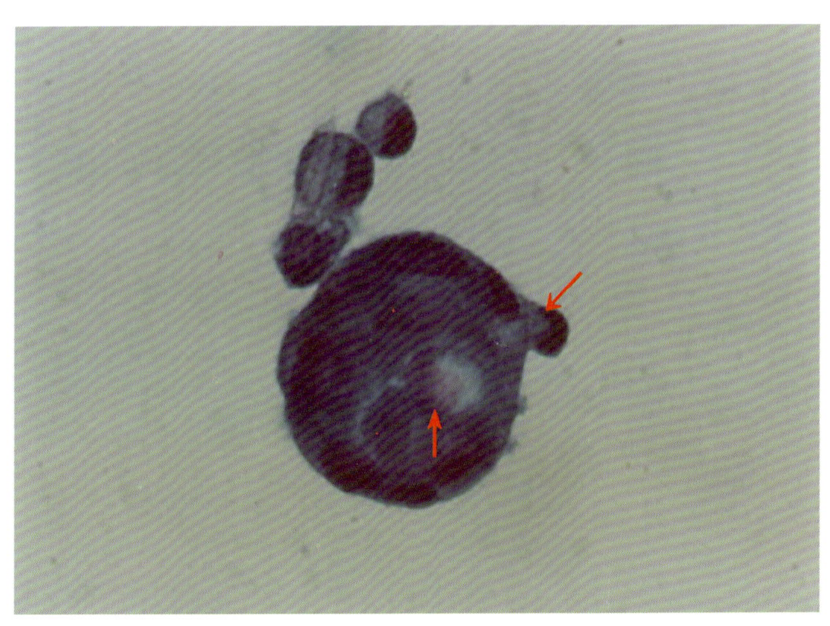

■ **图1-16　PC12细胞多核聚体出芽（1）**

吉姆萨染色　×400

↑示PC12细胞多核聚体内超前演化的细胞；↙示表面细胞突出。

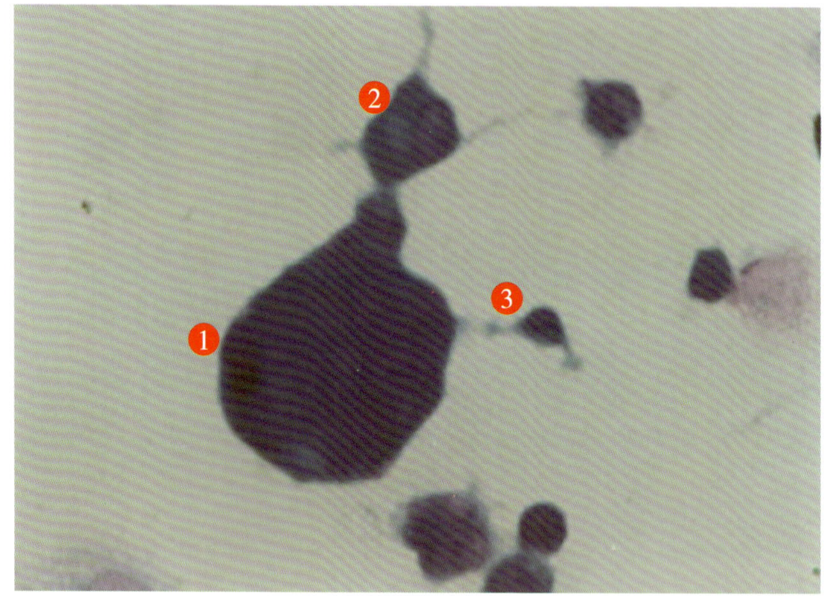

■ 图1-17　PC12细胞多核聚体出芽（2）

吉姆萨染色　×400

❶示巨大多倍体PC12细胞逐渐分化形成多裸核聚体；❷示从尖端分离出小的多核聚体；❸示从多核聚体一侧分出的裸核细胞。

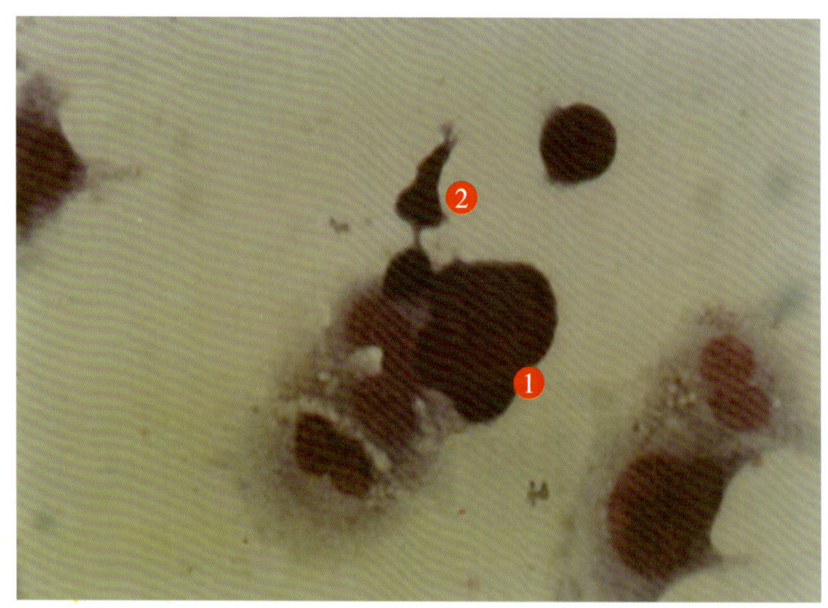

■ 图1-18　PC12细胞多核聚体出芽（3）

吉姆萨染色　×400

❶示PC12细胞多核聚体；❷示从尖端分离的裸核及寡质细胞。

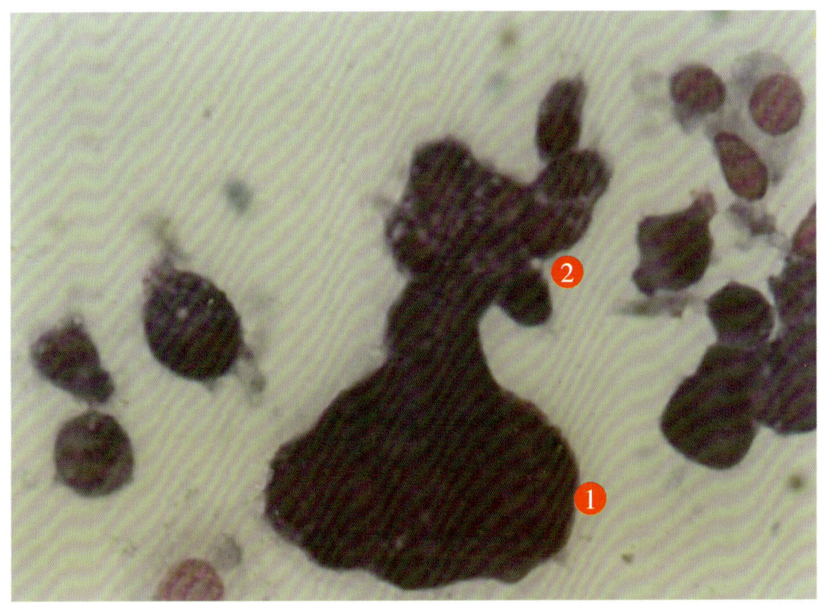

■ 图1-19　PC12细胞多核聚体出芽（4）

吉姆萨染色　×400

❶示PC12细胞多核聚体；❷示从尖端释放的PC12细胞。

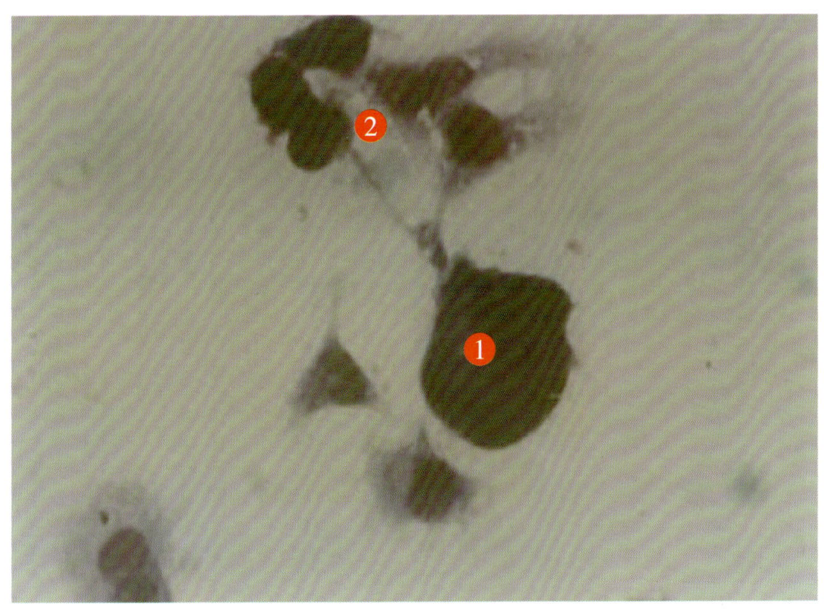

■ 图1-20　PC12细胞多核聚体出芽（5）

吉姆萨染色　×400

❶示PC12细胞多核聚体；❷示从尖端释放出不同演化阶段的PC12细胞。

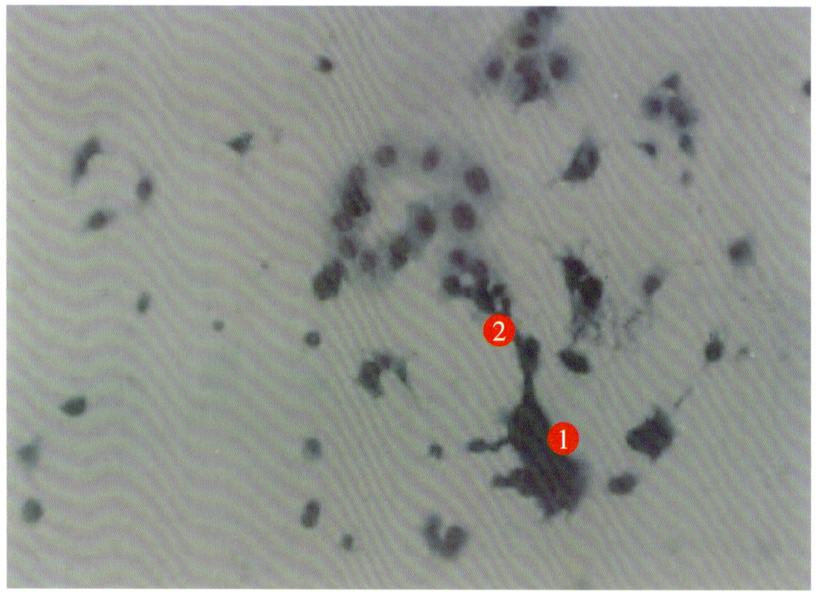

■ 图1-21 PC12细胞多核聚体出芽（6）

吉姆萨染色 ×100

❶示多核聚体；❷示从尖端释放出不同演化阶段的PC12细胞群。

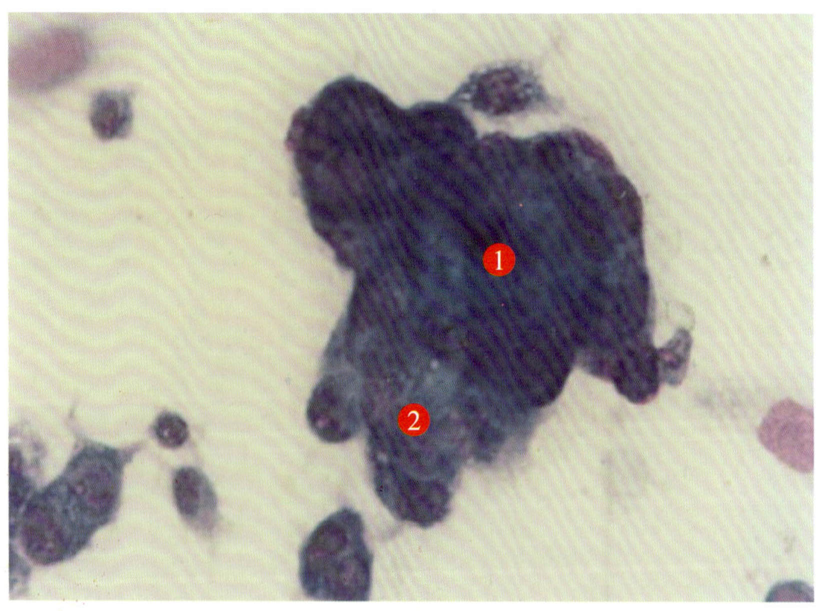

■ 图1-22 PC12细胞多核聚体出芽（7）

吉姆萨染色 ×400

❶示共质体低分化区；❷示共质体高分化区。

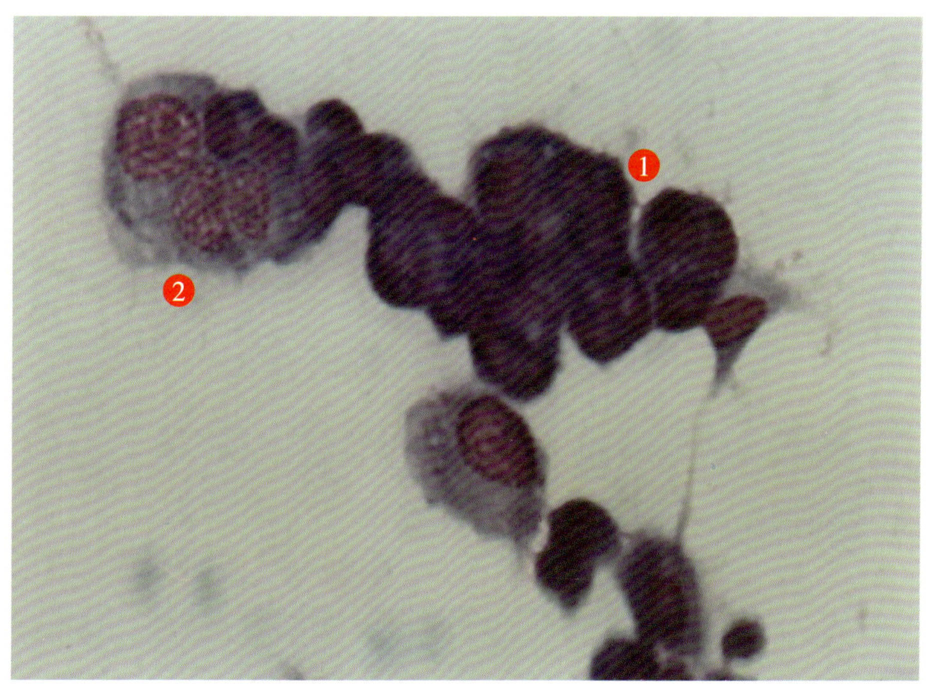

■ 图1-23　PC12细胞多核聚体出芽（8）

吉姆萨染色　×400

❶示离散的多核聚体低分化区；❷示离散的多核聚体高分化区。

二、BRL细胞早期分裂

BRL细胞是小白鼠肝细胞系，培养BRL细胞早期也有多倍体细胞（图1-24、图1-25）,继之形成大小不等的多核聚体（图1-26～图1-29），而后离散成为多个细胞或细胞团（图1-30）。

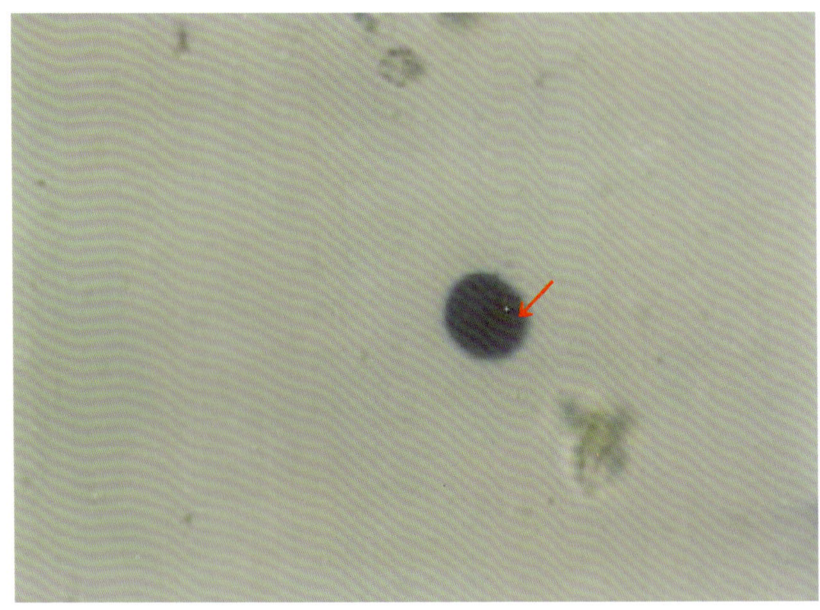

■ 图1-24　BRL细胞早期分裂（1）

吉姆萨染色　×100

↙示BRL多倍体细胞。

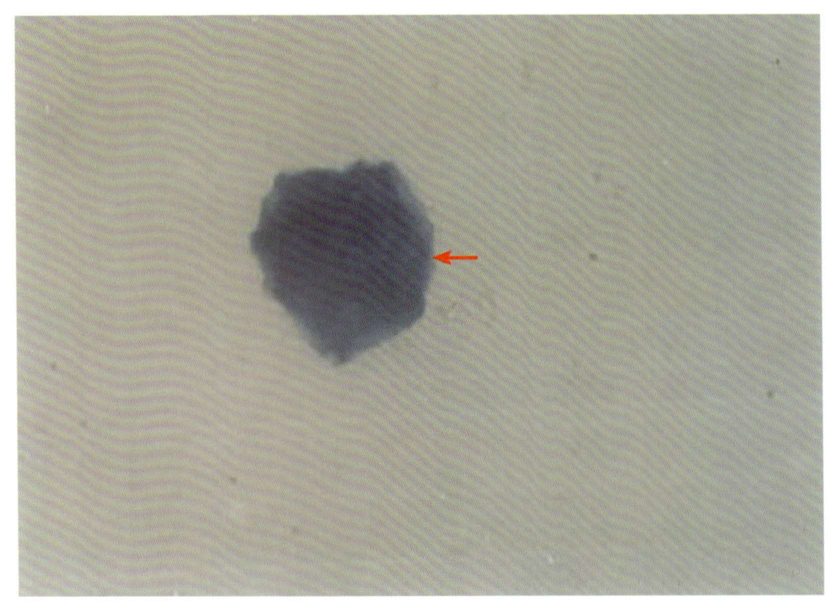

■ 图1-25　BRL细胞早期分裂（2）

吉姆萨染色　×400

←示BRL多倍体细胞。

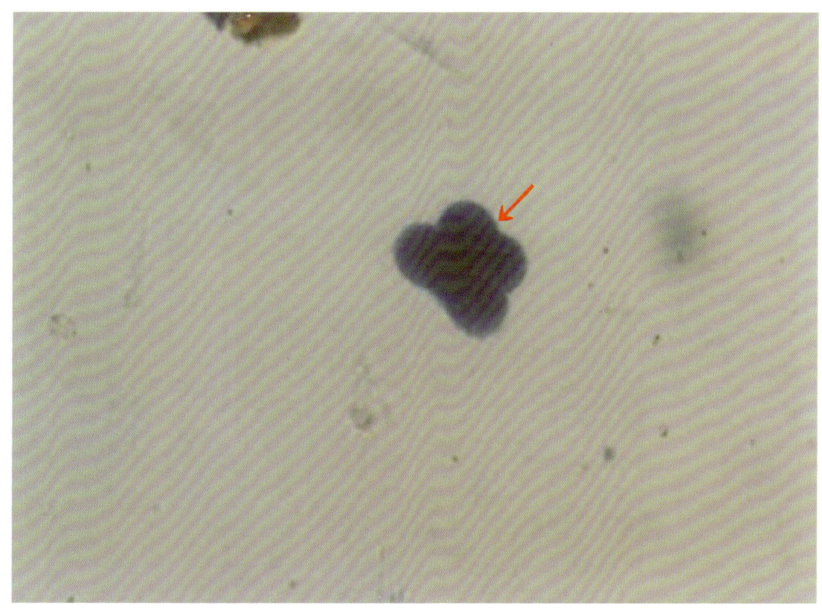

■ 图1-26　BRL细胞早期分裂（3）

吉姆萨染色　×200

↙示较小BRL细胞多核聚体。

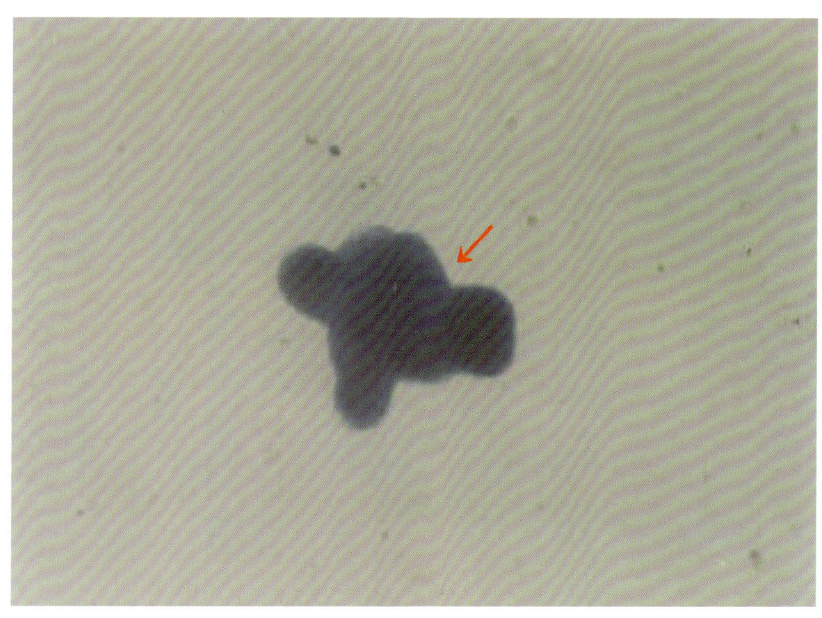

■ 图1-27　BRL细胞早期分裂（4）

吉姆萨染色　×400

↙示较小BRL细胞多核聚体。

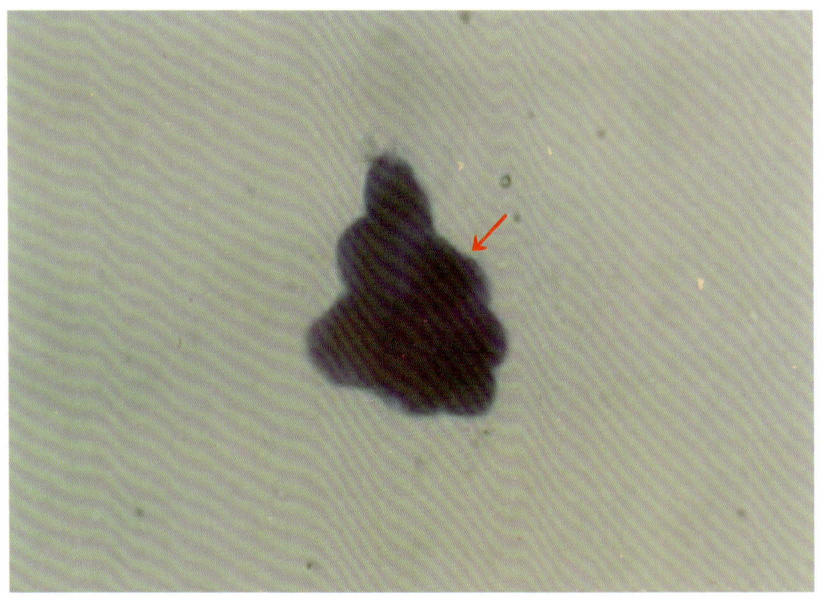

■ 图1-28　BRL细胞早期分裂（5）

吉姆萨染色　×400

↙示略大BRL细胞多核聚体。

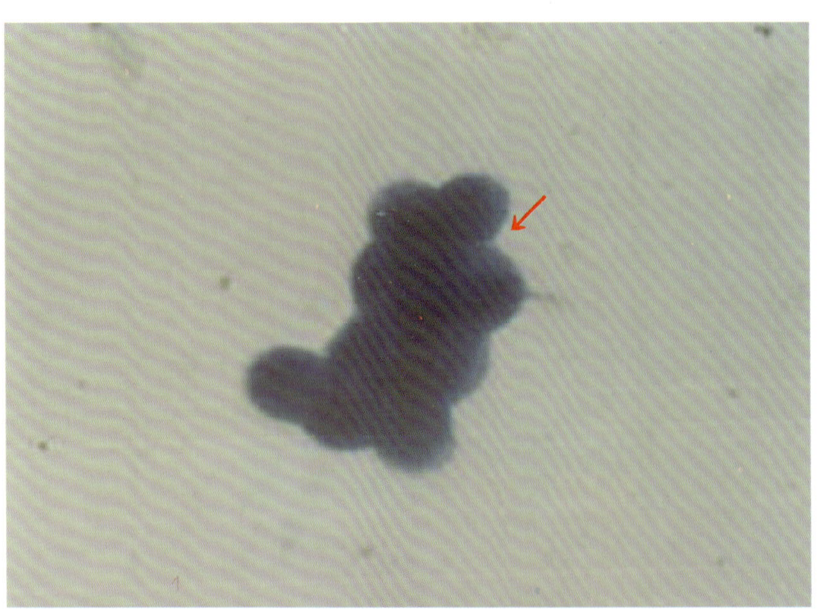

■ 图1-29　BRL细胞早期分裂（6）

吉姆萨染色　×400

↙示略大BRL细胞多核聚体。

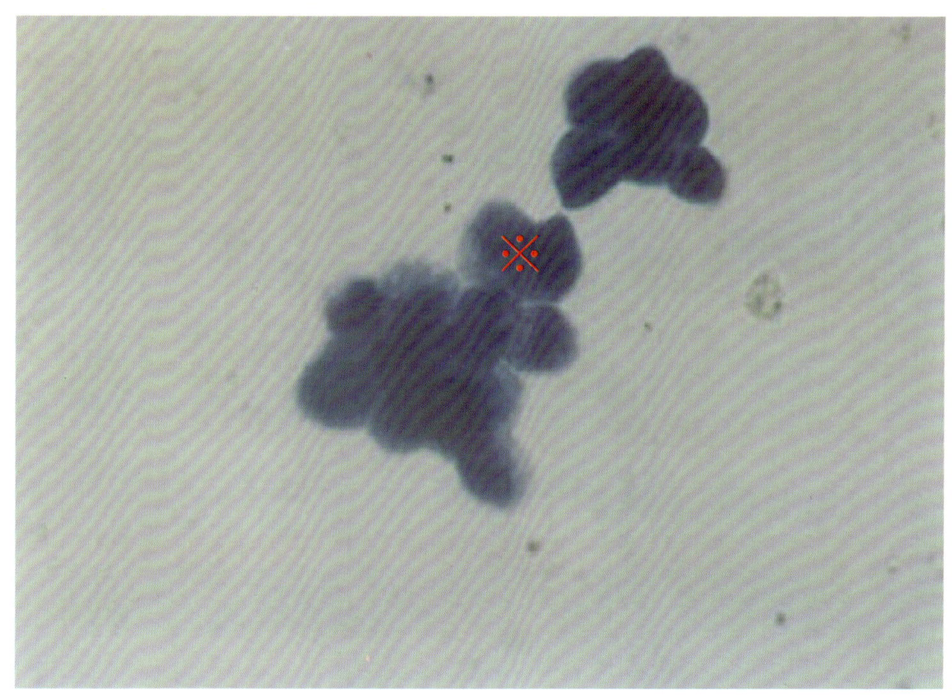

■ 图1-30　BRL细胞早期分裂（7）

吉姆萨染色　×400

※示BRL细胞多核聚体离散成为多个细胞团。

三、NRK细胞早期分裂

NRK细胞是大白鼠肾细胞系，NRK细胞培养早期也见多倍体细胞（图1-31）、多核聚体（图1-32）及其离散形成多个细胞（图1-33）。

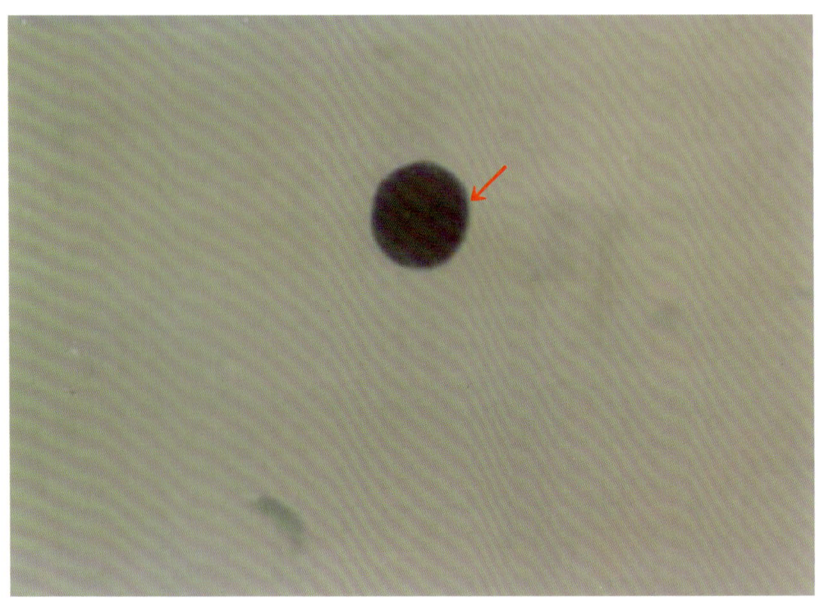

■ 图1-31　NRK 细胞早期分裂（1）

吉姆萨染色　×400

↙示NRK多倍体细胞。

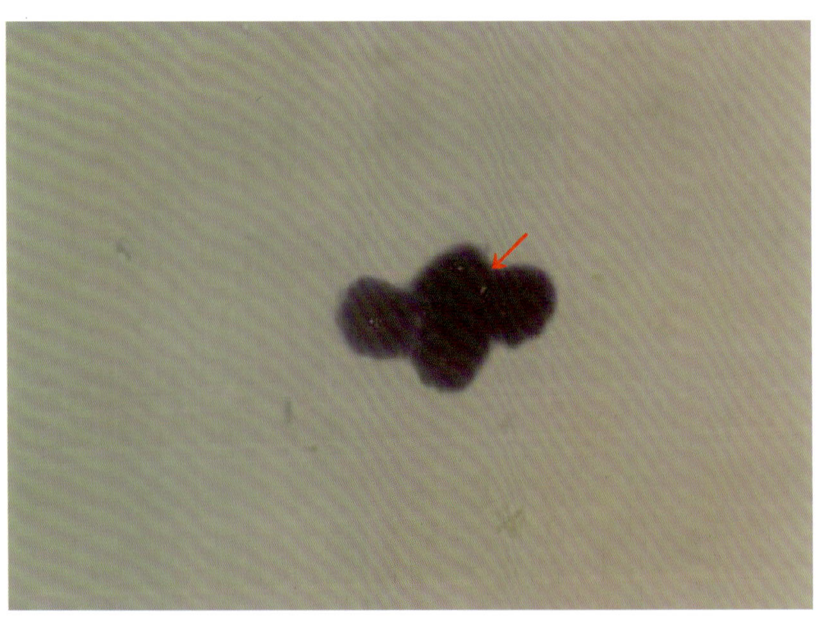

■ 图1-32　大白鼠NRK 细胞早期分裂（2）

吉姆萨染色　×400

↙示NRK细胞多核聚体。

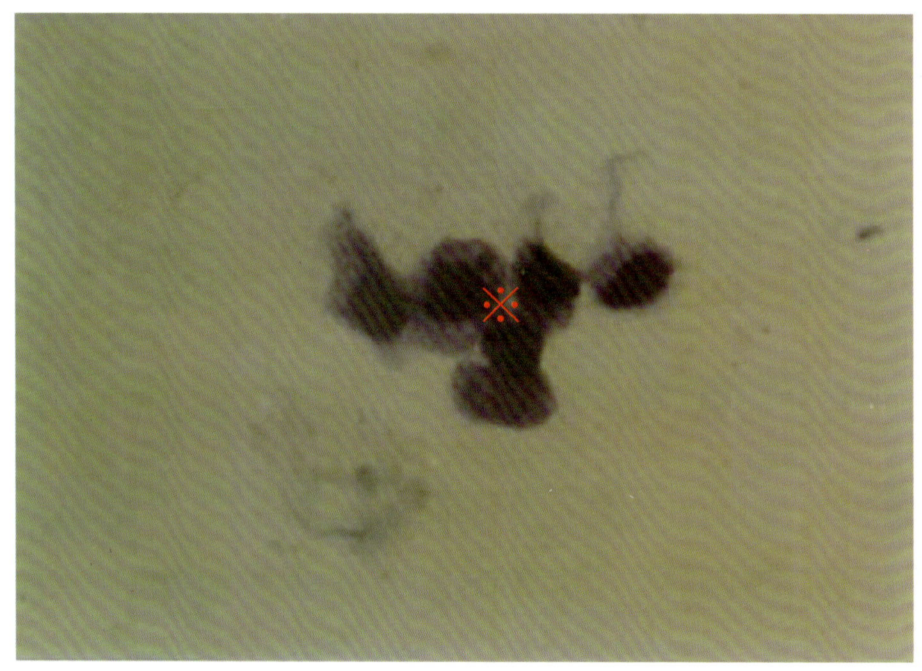

■ 图1-33　大白鼠NRK 细胞早期分裂（3）
吉姆萨染色　×400
※示NRK细胞多核聚体离散形成的多个细胞。

四、在体细胞类似早期细胞分裂

培养PC12细胞早期较晚阶段可见一个神经母细胞多次娩出多个子细胞（图1-34），猴肾上腺髓质生成单位中心细胞也具有类似细胞分裂方式，一个中心细胞（相当于髓母细胞）以脱颖方式可陆续生成众多髓质细胞（图1-35～图1-38）。

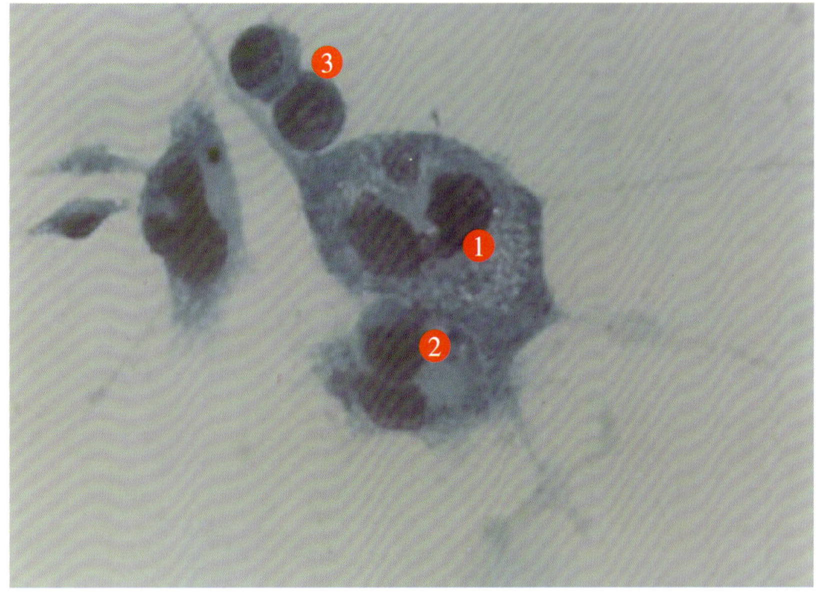

■ 图1-34 神经母细胞早期晚阶段多裂

吉姆萨染色 ×400

❶示PC12细胞演化的神经母细胞；❷和❸示母细胞娩出的多个子细胞。

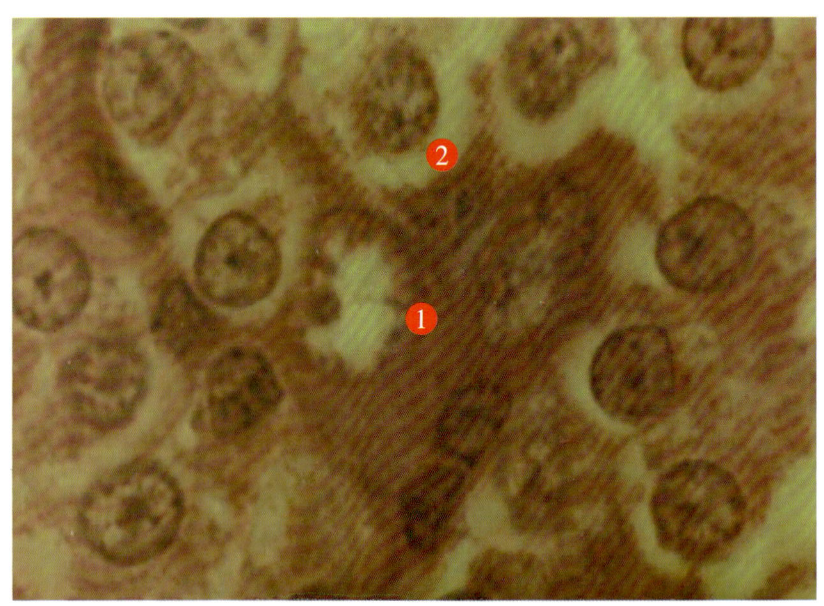

■ 图1-35 猴肾上腺髓质生成单位中心细胞分裂（1）

苏木素-伊红染色 ×400

❶示髓质生成单位中心细胞；❷示脱颖分裂的髓质细胞。

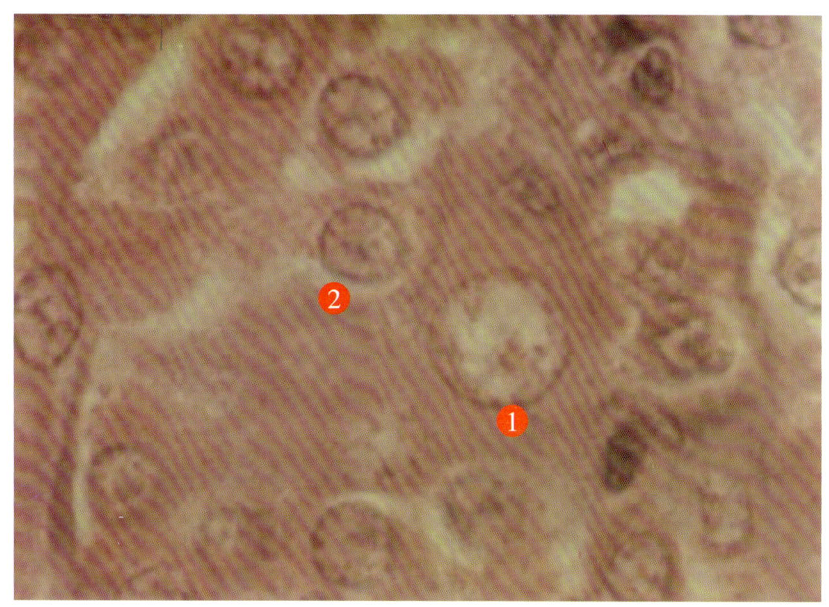

■ 图1–36 猴肾上腺髓质生成单位中心细胞分裂（2）

苏木素–伊红染色 ×1 000

❶示髓质生成单位中心细胞；❷示脱颖分裂的髓质细胞。

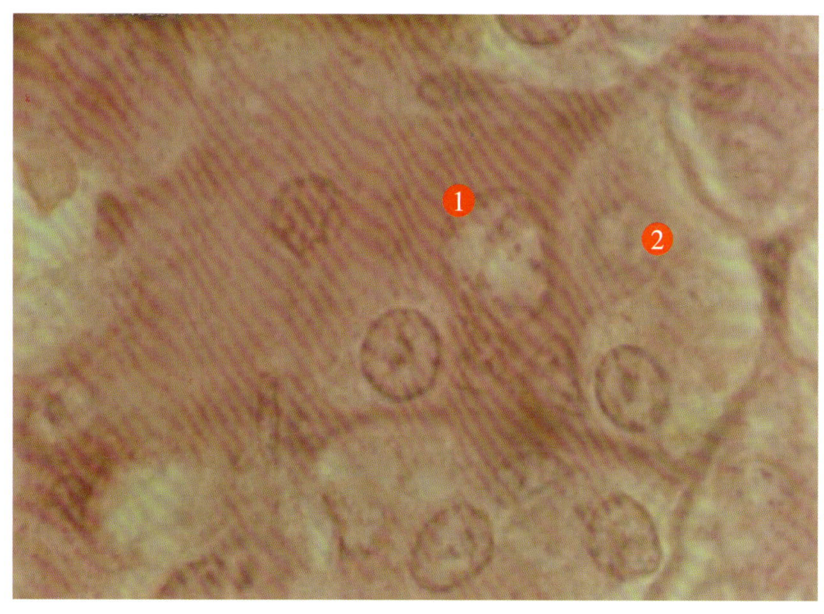

■ 图1–37 猴肾上腺髓质生成单位中心细胞分裂（3）

苏木素–伊红染色 ×1 000

❶示髓质生成单位中心细胞；❷示脱颖分裂的髓质细胞。

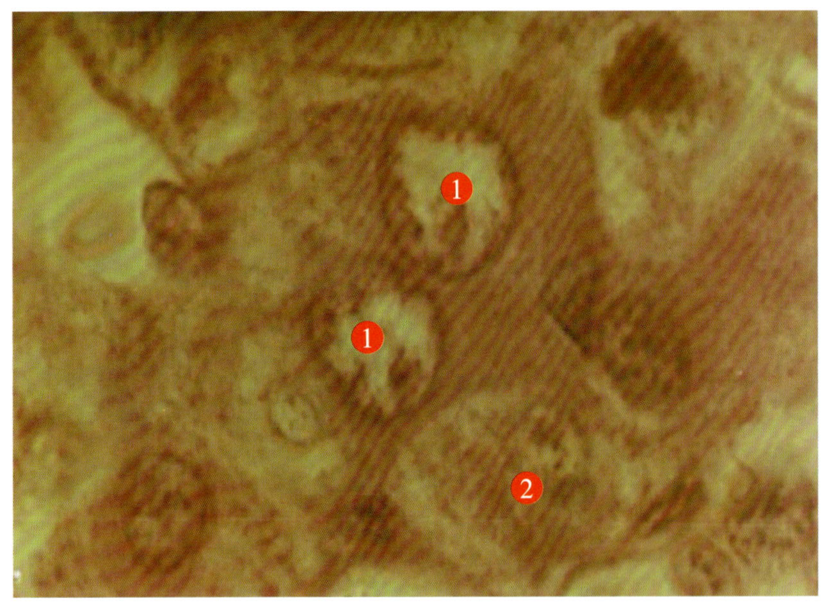

■ 图1-38　猴肾上腺髓质生成单位中心细胞分裂（4）

苏木素-伊红染色　×1 000

❶示髓质生成单位双中心细胞；❷示脱颖分裂的髓质细胞。

第三节　中期细胞分裂

培养中期可见一个PC12细胞分裂形成数个子细胞。在体的心脏束细胞和肝细胞也常见这种细胞多裂类分裂方式。

一、PC12细胞中期分裂

培养中期PC12细胞的一个核可分为数个子细胞核，分裂形成多个细胞(图1-39、图1-40)，多个细胞核也可循不同的细胞突起分支外迁(图1-41)。

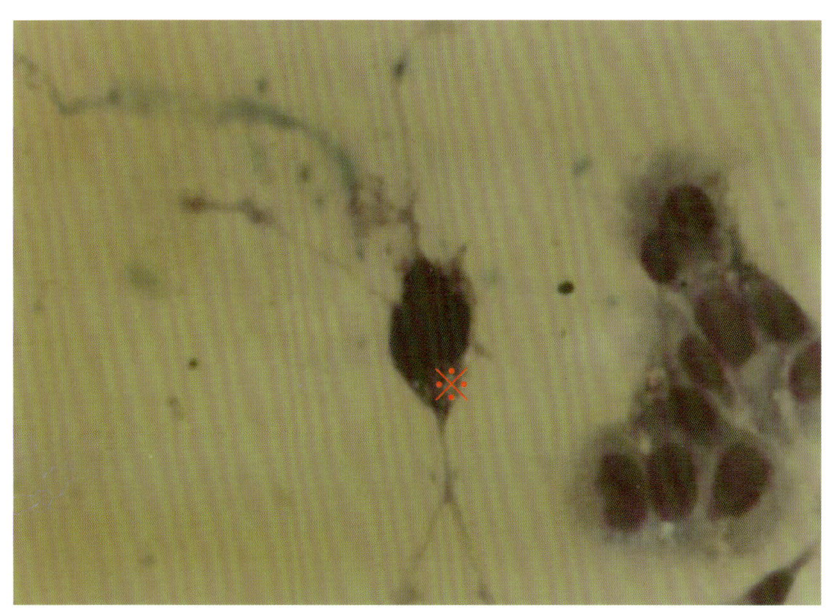

■ 图1-39 神经细胞多裂（1）

吉姆萨染色 ×400

※示神经细胞核一分为三。

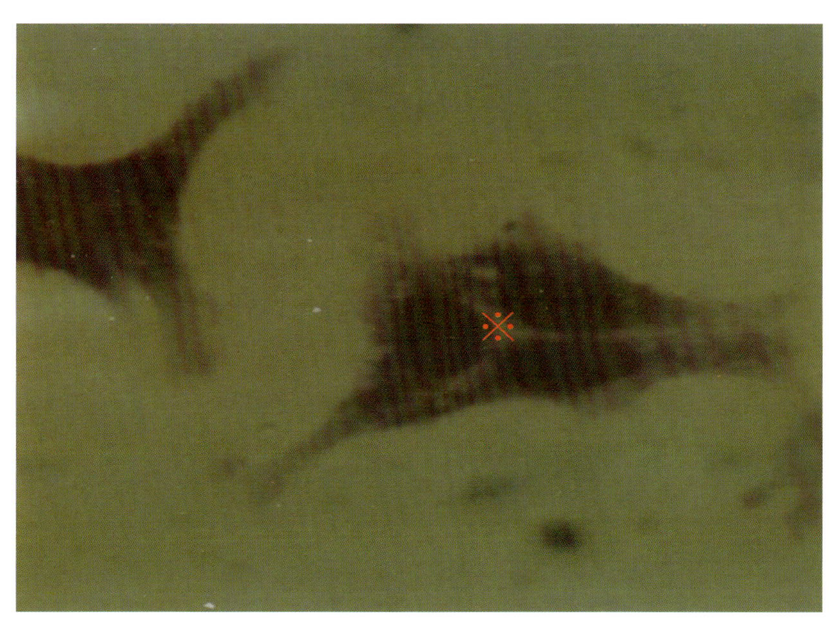

■ 图1-40 神经细胞多裂（2）

吉姆萨染色 ×1 000

※示分裂形成的3个细胞。

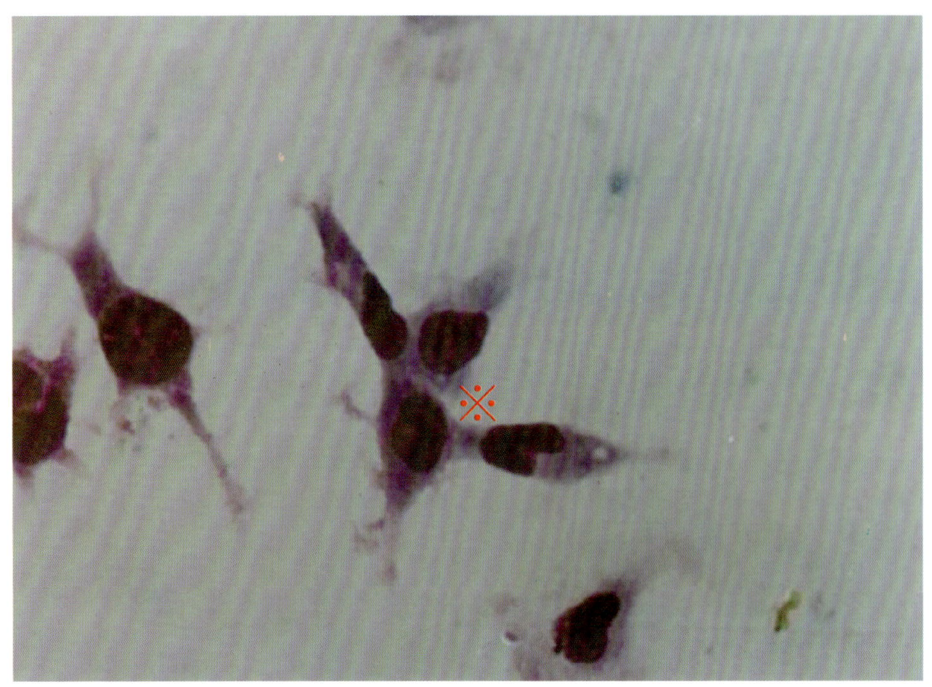

■ 图1-41　神经细胞多裂（3）

吉姆萨染色　×400

※示4个细胞核以不同速度迁移。

二、心脏束细胞中期细胞分裂

羊心室混沌型束细胞可见一次分裂成3个子细胞（图1-42）或类似中期细胞多裂类直接分裂生成多数细胞的细胞团（图1-43、图1-44）。

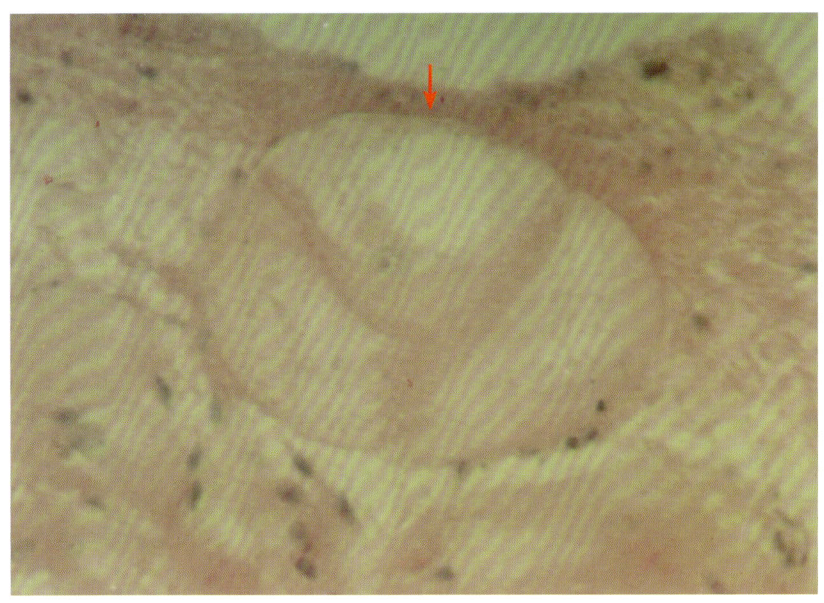

■ 图1-42　羊心室束细胞多裂（1）

苏木素-伊红染色　×200

↓示束细胞的三裂类细胞分裂，细胞质被分为3个不同区域。

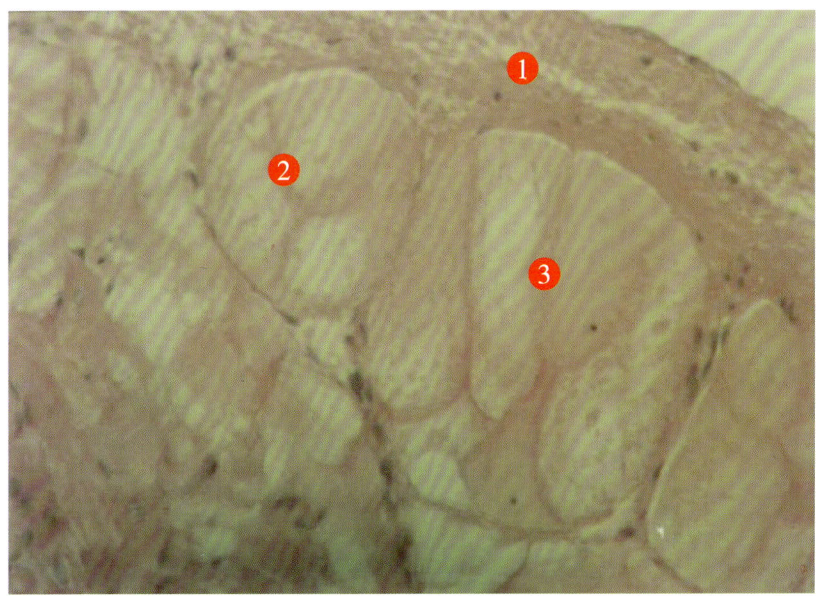

■ 图1-43　羊心室束细胞多裂（2）

苏木素-伊红染色　×100

❶示心内膜内皮下层；❷示三裂混沌型束细胞；❸示束细胞多裂形成的多个团聚型束细胞团。

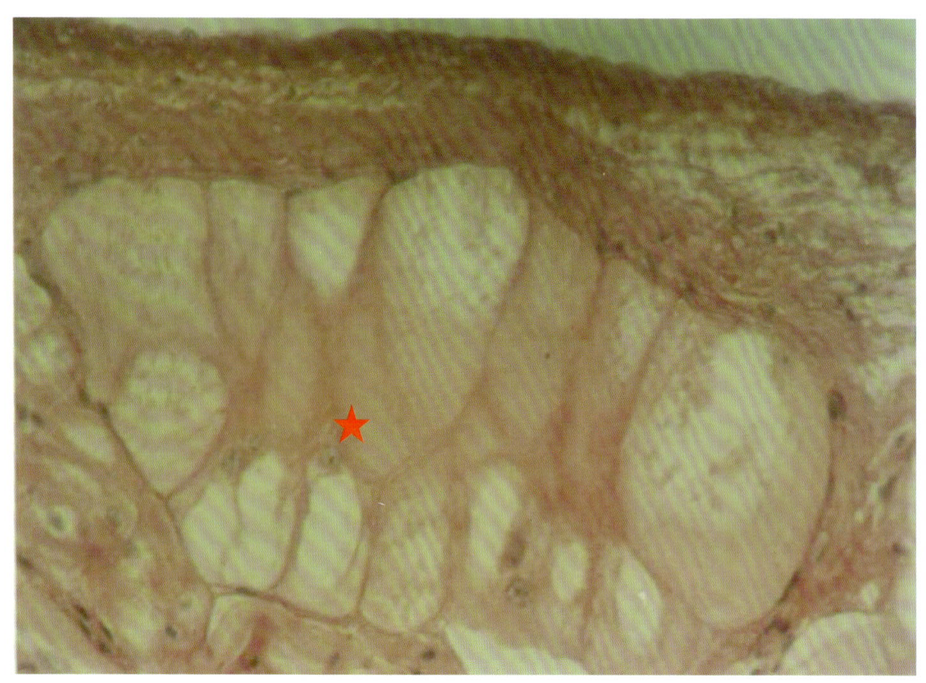

■ 图1-44　羊心室束细胞多裂（3）

苏木素-伊红染色　×100

★示多个束细胞组成的巨大细胞团，细胞挤压呈拼块形。

三、肝细胞中期细胞分裂

一个肝细胞核还可以多裂方式形成3个（图1-45）或4个子细胞核（图1-46）。

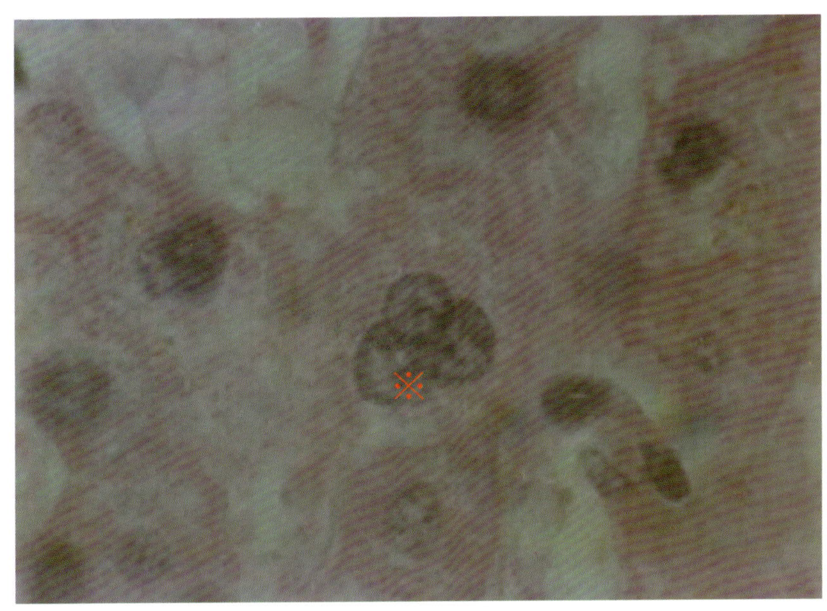

■ **图1-45　人肝细胞核三裂类直接分裂**

苏木素-伊红染色　×100

※示肝细胞核三裂类直接分裂。

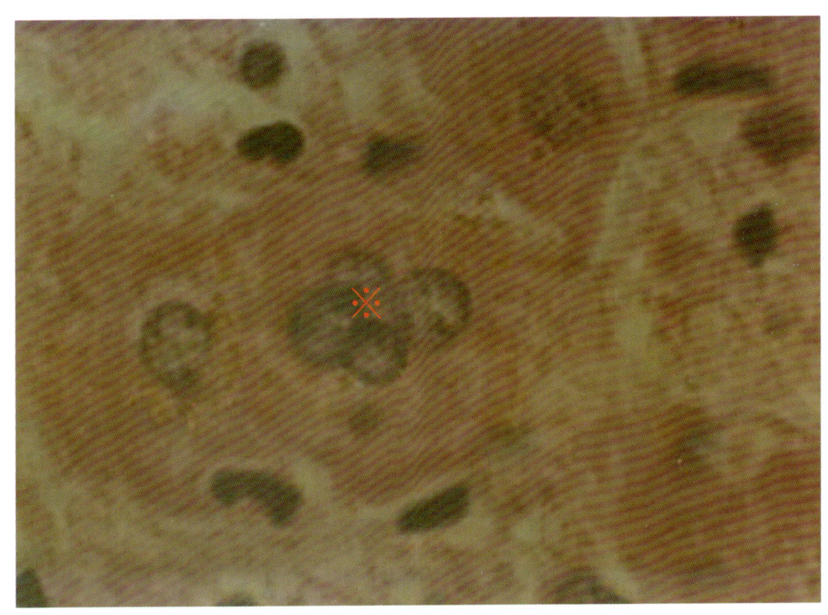

■ **图1-46　人肝细胞核四裂类直接分裂**

苏木素-伊红染色　×1 000

※示肝细胞核四裂类直接分裂。

第四节　晚期细胞分裂

培养晚期PC12细胞二裂类细胞分裂最为普遍，且以细胞直接分裂占优势。人和高等动物在体细胞占绝对优势的细胞分裂类型也是二裂类细胞直接分裂，少数细胞在一定条件下可见间接分裂。

一、细胞直接分裂

广义的直接分裂包括早期、中期和晚期的直接分裂，狭义的直接分裂专指晚期二裂类直接细胞分裂。晚期二裂类直接细胞分裂有隔膜型、横缢型和侧凹型三种分裂方式，其中隔膜型居多，而隔膜型又分横隔式和纵隔式。一种细胞常有多种分裂方式，不同细胞各有其占优势的分裂方式，同一分裂方式的分裂过程又各有特点。

（一）细胞直接分裂的普遍性

直接分裂常被称作无丝分裂。有人认为无丝分裂不是正常细胞的增殖方式，而是一种异常分裂现象；另一些人则主张无丝分裂并不是衰老和病态的象征，而是细胞繁殖的一种普遍存在的正常细胞的增殖方式。作者观察发现直接分裂普遍发生于人与高等动物在体细胞各系统器官、组织和细胞之中。本条目汇集描述人和高等动物部分在体细胞的直接分裂现象，以使人们对直接分裂有更深入、更全面的认识。

1．工作心肌细胞直接分裂　工作心肌细胞直接分裂可明显分为工作心肌细胞核分裂和工作心肌细胞（质）分裂两个阶段。这里重点描述工作心肌细胞核分裂。工作心肌细胞核分裂主要是核横裂，主要有横隔式核分裂和横缢型核分裂两种方式。

（1）横隔式核分裂　正常成体少部分羊心室肌细胞核为椭圆形，大部分心肌细胞核呈胶囊形，二者均可见横隔式直接核分裂。椭圆形核横隔式分裂首先表现在核赤道面逐渐出现致密颗粒聚集，致密颗粒可相互连结、融合（图1-47），逐渐形成由不完整到完整的赤道横隔膜（图1-48）。横隔膜逐渐增厚，并劈裂为两层，成为将来细胞核分离面的核膜（图1-49、图1-50）。最后，具有完整核膜的两部分完全分开成为两个独立的子细胞核。

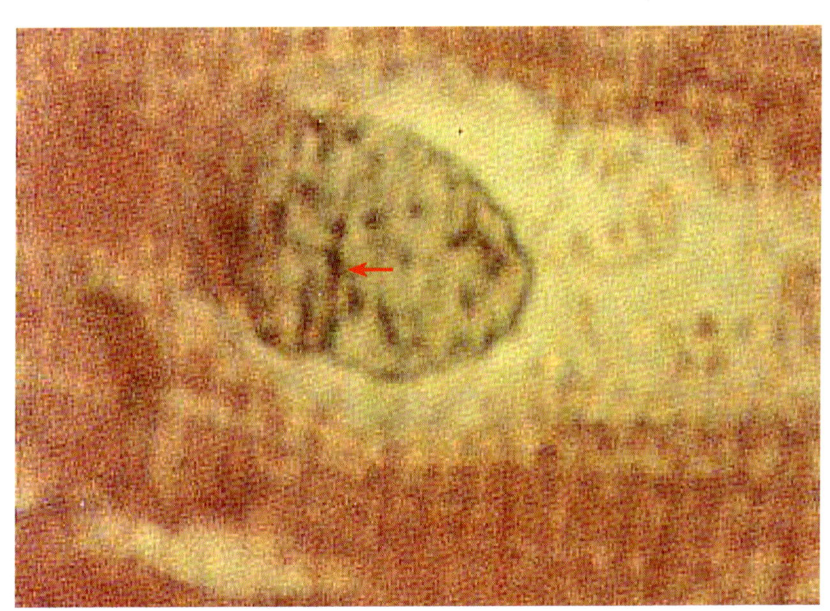

■ **图1-47　羊心室肌细胞横隔式核分裂（1）**

苏木素-伊红染色　×1 000

←示相当于细胞核赤道平面致密颗粒层，并相互联结。

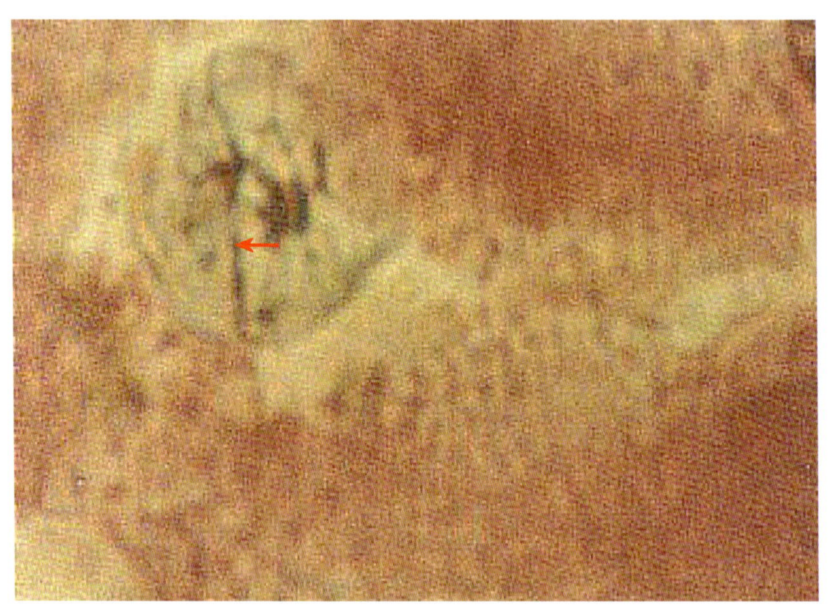

■ 图1-48　羊心室肌细胞横隔式核分裂（2）

苏木素-伊红染色　×1 000

←示细胞核中央基本完整的横隔。

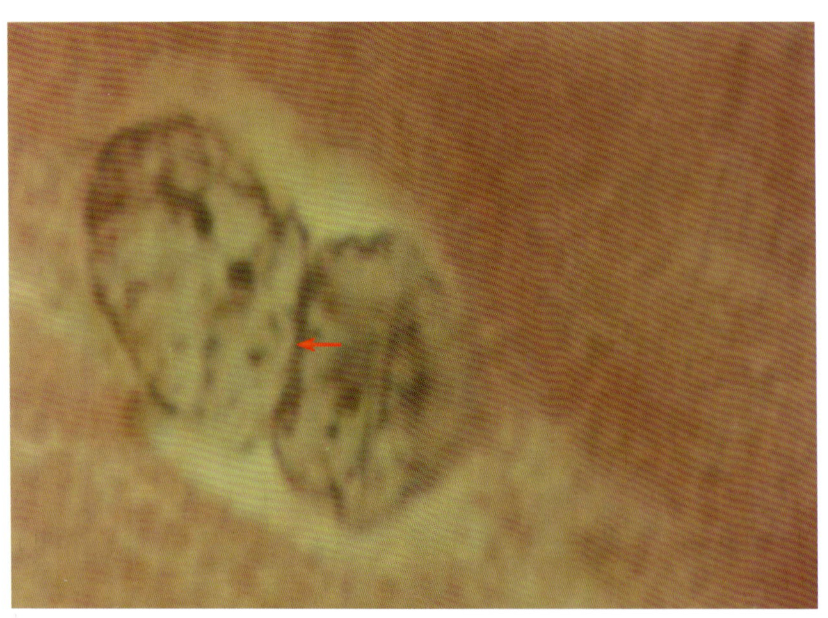

■ 图1-49　羊心室肌细胞横隔式核分裂（3）

苏木素-伊红染色　×1 000

←示细胞核中央横隔从周边开始分开为两层。

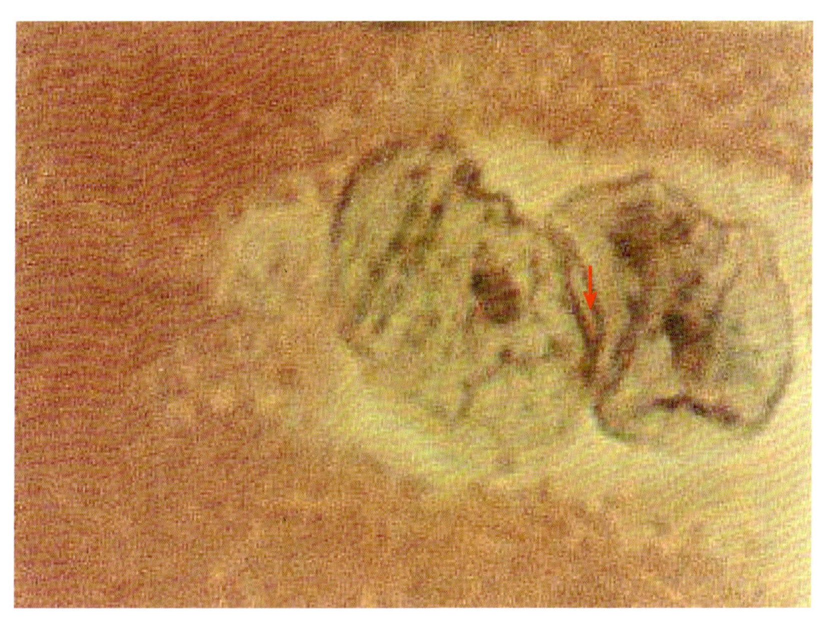

■ 图1-50　羊心室肌细胞横隔式核分裂（4）

苏木素-伊红染色　×1 000

图示中央横隔几乎完全分为两层。↓示横隔两层间的间隙，其两侧各有一核仁。

（2）横缢型核分裂　横缢型核分裂多见于胶囊形核心肌细胞。首先见围绕细胞核中部的核膜凹陷，形成缢缩环，通常两个核仁也被分在两边，可无明显横隔形成（图1-51），但稍后核膜凹陷加深，相应的赤道面可见少数致密颗粒集聚（图1-52）。而后，环形缢痕进一步加深，核中部致密颗粒仍未连结成隔膜（图1-53）。在背向牵拉力作用下使核两段连接部越来越延长、变细（图1-54），最后细胞核被牵拉断裂，形成以尖细断端相对的两个核（图1-55）。

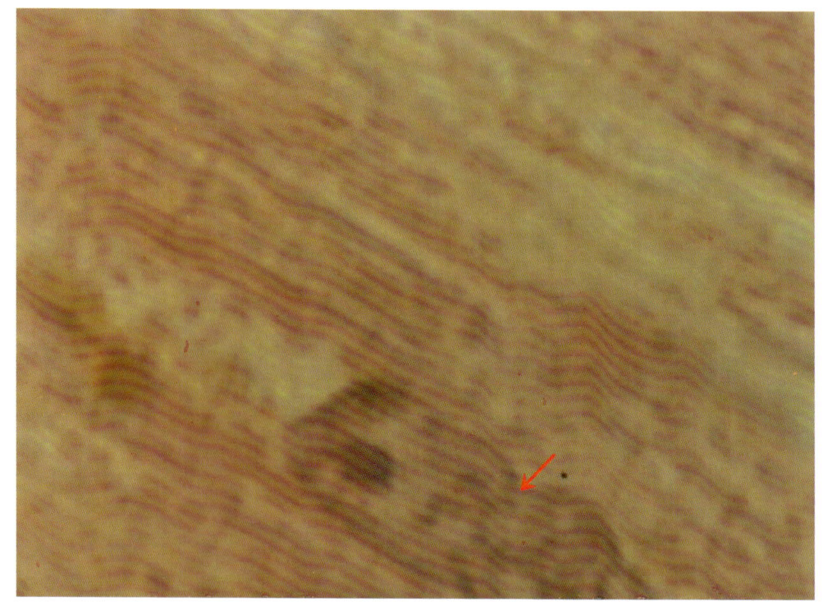

■ 图1-51 羊心室肌细胞横缢型核分裂（1）

苏木素-伊红染色 ×1 000

↙示环行缢痕进一步加深，细胞核中间见少数致密颗粒。

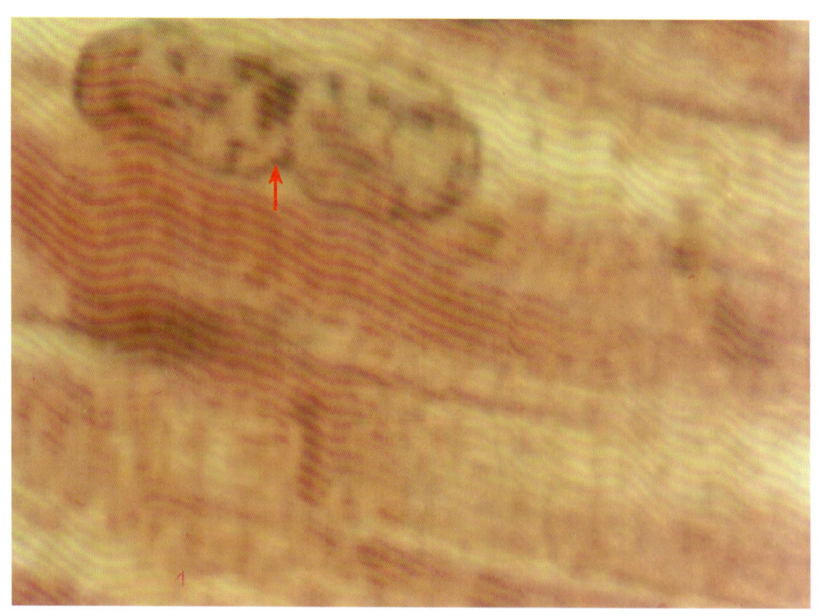

■ 图1-52 羊心室肌细胞横缢型核分裂（2）

苏木素-伊红染色 ×1 000

↑示细胞核中部环行缢痕更深，不伴有明显的横隔。

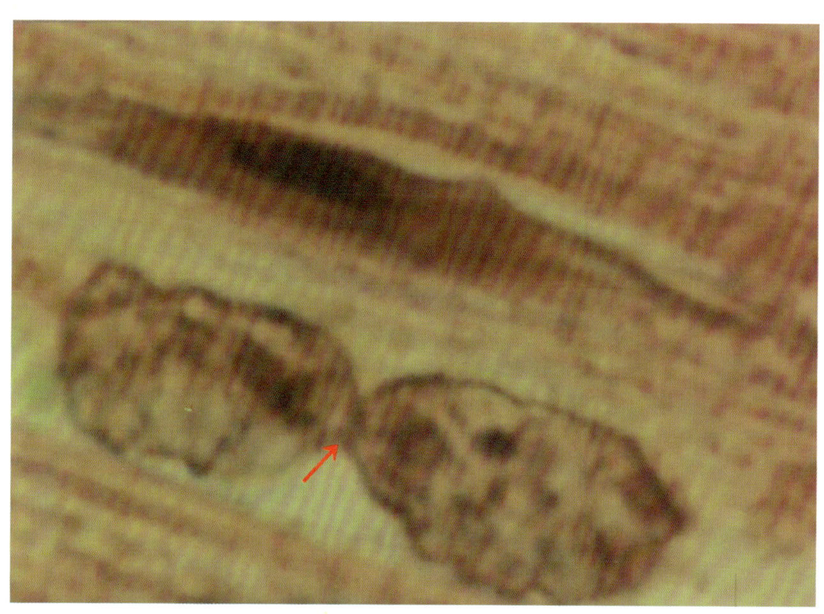

■ 图1-53　羊心室肌细胞横缢型核分裂（3）

苏木素-伊红染色　×1 000

↗示环行凹陷很深的分裂细胞核。

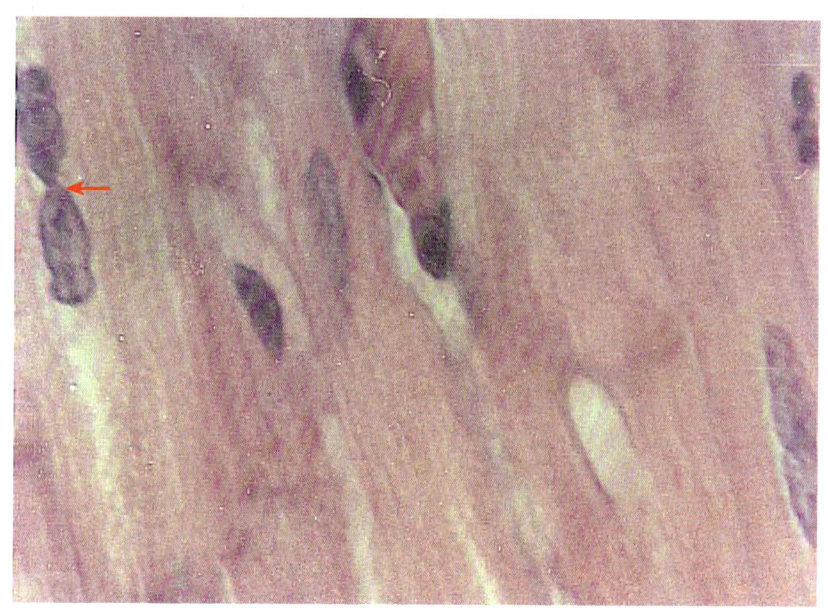

■ 图1-54　羊心室肌细胞横缢型核分裂（4）

苏木素-伊红染色　×400

←示环行凹陷极度加深，只留极窄细部分相连。

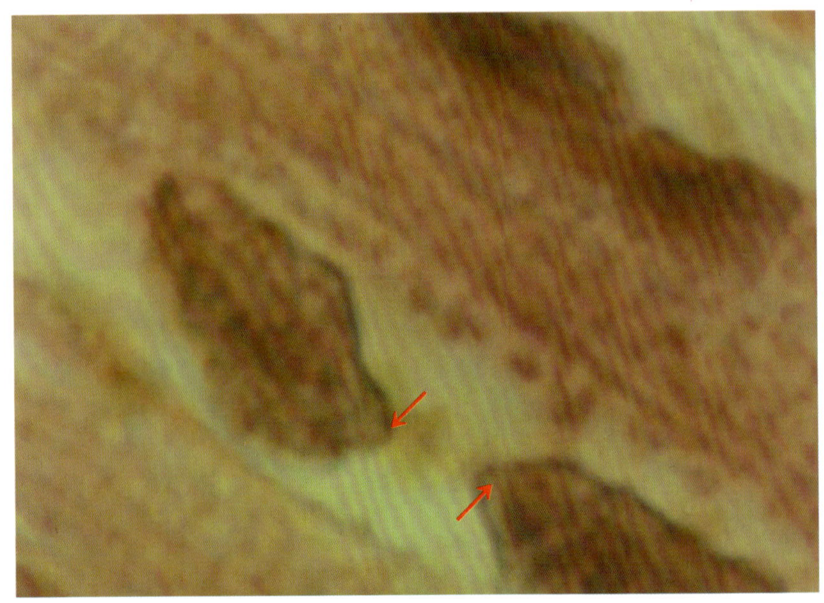

■ 图1-55　羊心室肌细胞横缢型核分裂（5）

苏木素-伊红染色　×1 000

↙和↗分别示两分裂核的圆锥状断端。

2. 心脏束细胞直接分裂　心脏束细胞分裂主要是束细胞核分裂，束细胞的核分裂可见横隔膜式核分裂、纵隔式核分裂、横缢型核分裂和侧凹型核分裂。

（1）束细胞横隔式核分裂　束细胞核的横隔式核分裂与工作心肌细胞相似，核中央逐渐出现明显的横隔膜，而后逐渐分开为两个核，核仁通常平均分配于两个新核内（图1-56）。通常经横隔式核分裂形成的两个细胞核断面整齐、有完整的核膜被覆（图1-57）。

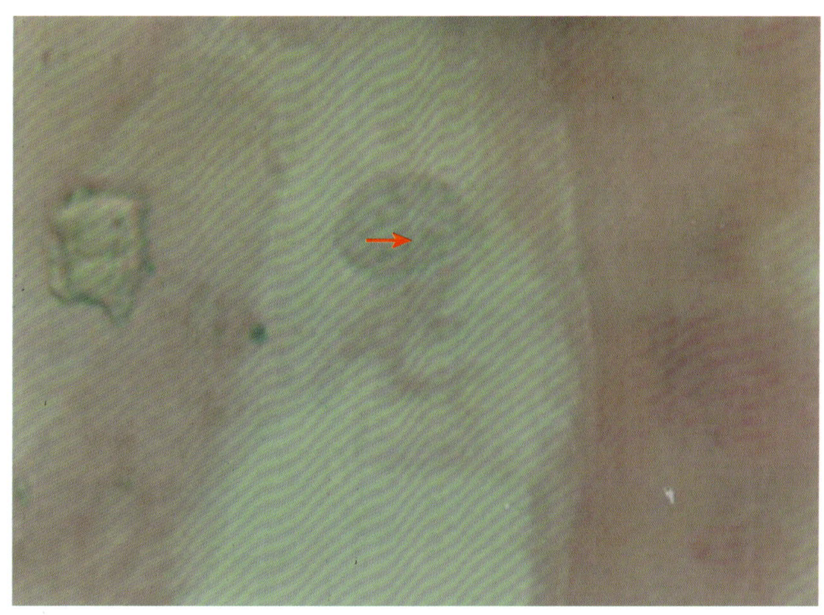

■ 图1–56 羊心室束细胞横隔式核分裂（1）

苏木素–伊红染色 ×1 000

→示横隔式分裂较早期核内横隔逐渐明显。

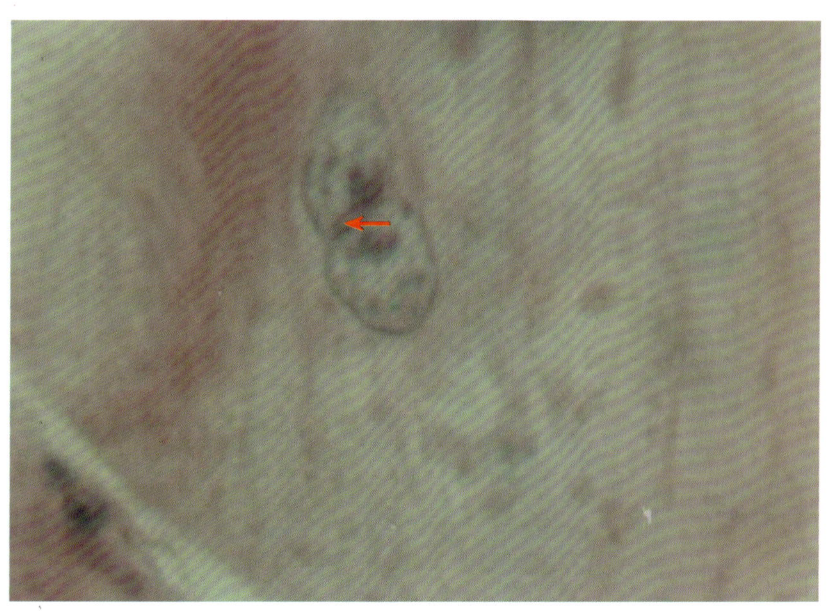

■ 图1–57 羊心室束细胞横隔式核分裂（2）

苏木素–伊红染色 ×1 000

←示羊心室内膜下层束细胞核从增厚横隔中间一分为二，新形成核的分离面有完整的核膜。

（2）束细胞纵隔式核分裂　沿椭圆形束细胞核的纵轴逐渐由成行排列的致密颗粒形成纵行隔膜（图1-58），而后隔膜逐渐增厚并从隔膜中间分开（图1-59），最后成为两个细胞核（图1-60）。

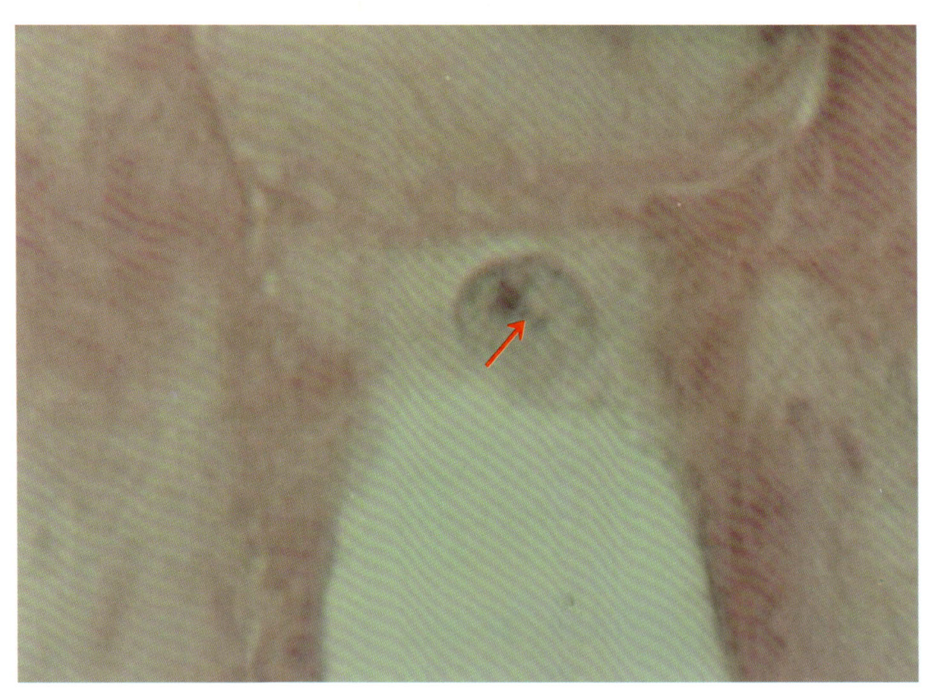

■ 图1-58　羊心室束细胞纵隔式核分裂（1）

苏木素-伊红染色　×1 000

图示羊心室内膜下层束细胞纵隔式核分裂早期。↗示核内纵隔形成。

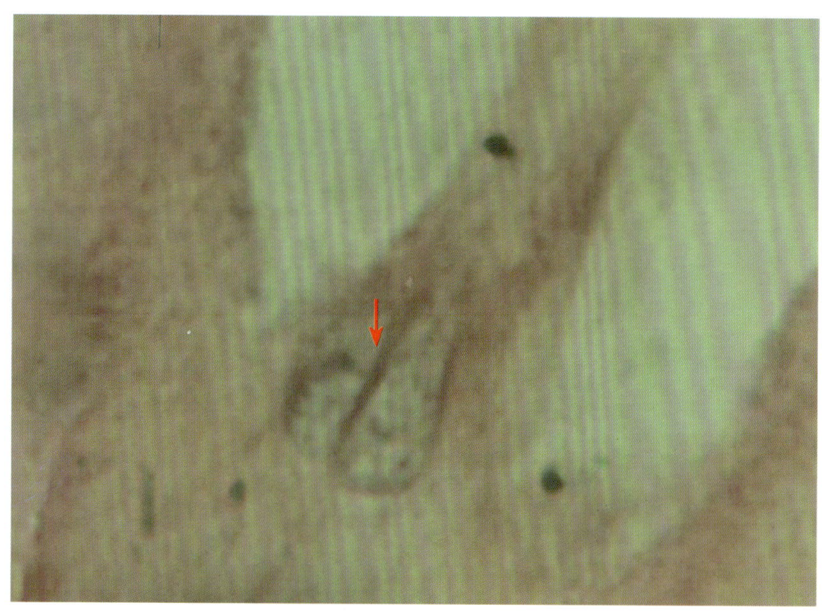

■ 图1-59　羊心室束细胞纵隔式核分裂（2）

苏木素-伊红染色　×1 000

图示羊心室内膜下层束细胞纵隔式核分裂中期。↓示部分纵隔已从中间分开。

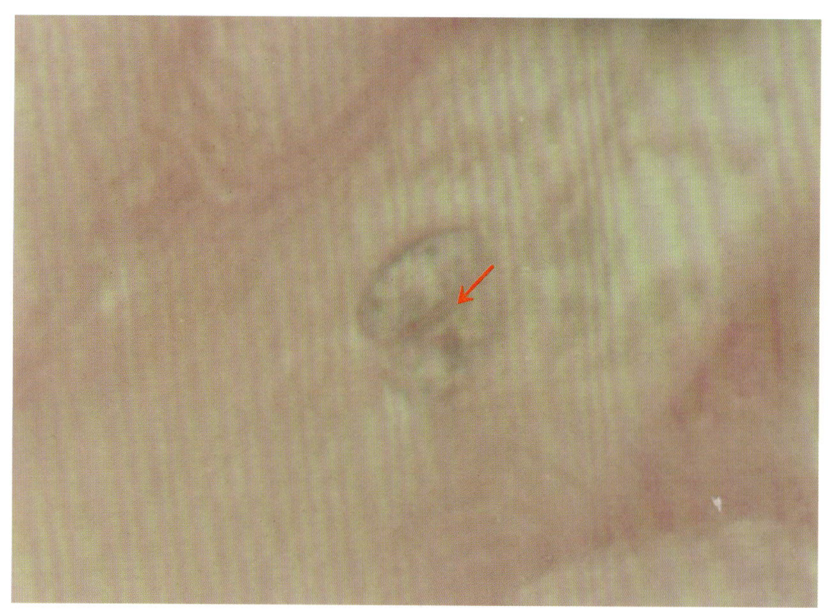

■ 图1-60　羊心室束细胞纵隔式核分裂（3）

苏木素-伊红染色　×1 000

↙示羊心室内膜下层束细胞纵隔式核分裂中期。细胞核已从纵隔中间分离开，成为两个细胞核。

（3）束细胞横缢型核分裂　细胞核中部形成越来越明显的缩窄环（图1-61、图1-62），而后从相连的最细处断开，形成两个细胞核（图1-63）。

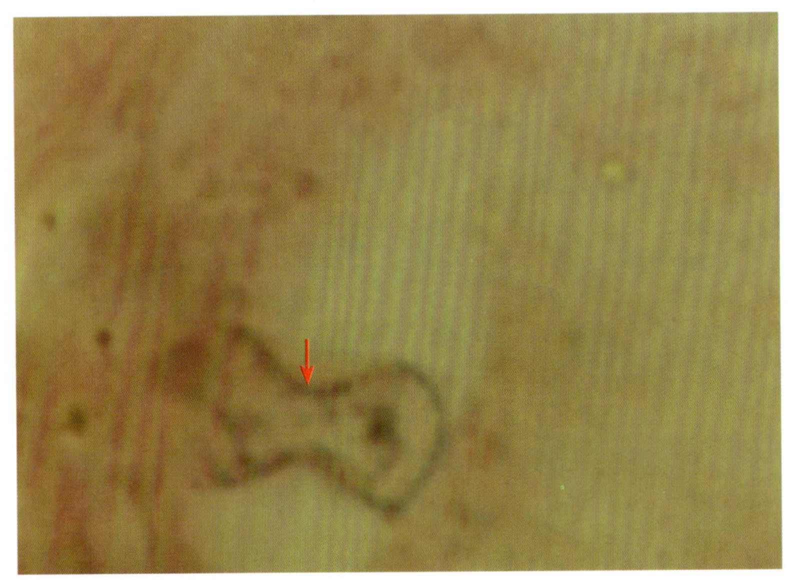

■ **图1-61　羊心室束细胞横缢型核分裂（1）**

苏木素-伊红染色　×1 000

↓示羊心室内膜下层束细胞核中部出现环形缢痕，核仁分居两侧。

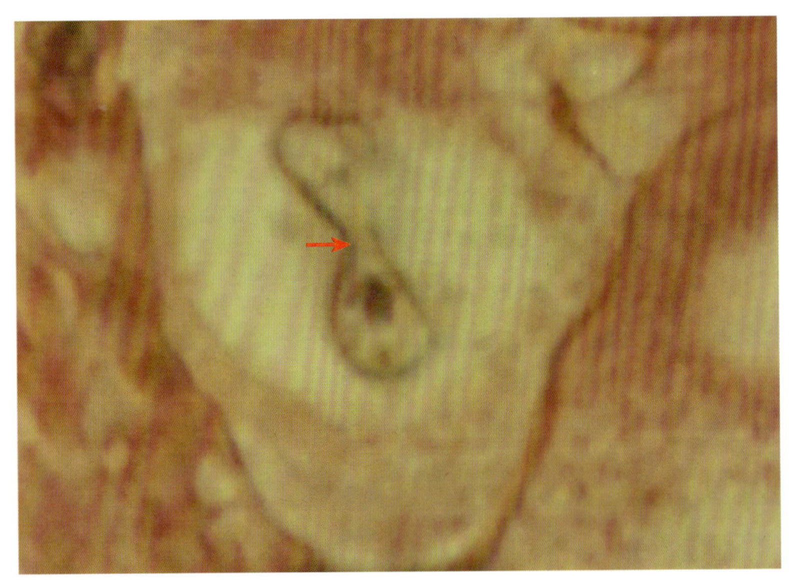

■ **图1-62　羊心室束细胞横缢型核分裂（2）**

苏木素-伊红染色　×1 000

→示羊心室内膜下层束细胞核中部环形缢痕加深，使连接两部分的核质桥更加窄细。

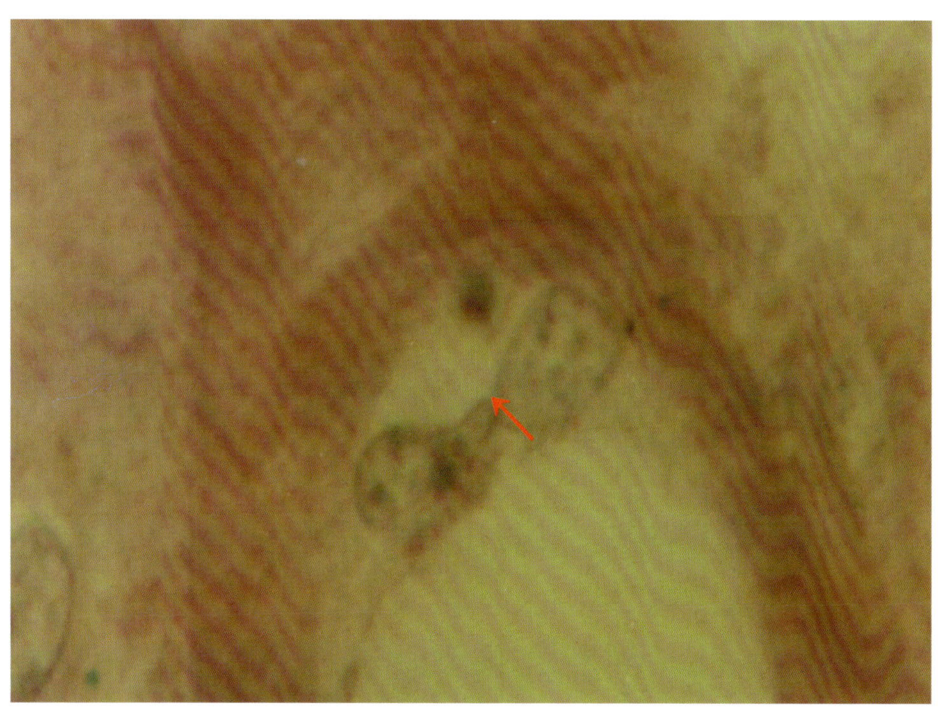

■ 图1-63　羊心室束细胞横缢型核分裂（3）

苏木素-伊红染色　×1 000

↖示羊心室内膜下层束细胞核，连接两部分的核质桥断离。

（4）束细胞侧凹型核分裂　侧凹型核分裂是核膜从一侧深陷，使细胞核裂开为对称或不对称的两部分（图1-64），并见完整的核仁可影响侧裂式核分裂的进程（图1-65）。

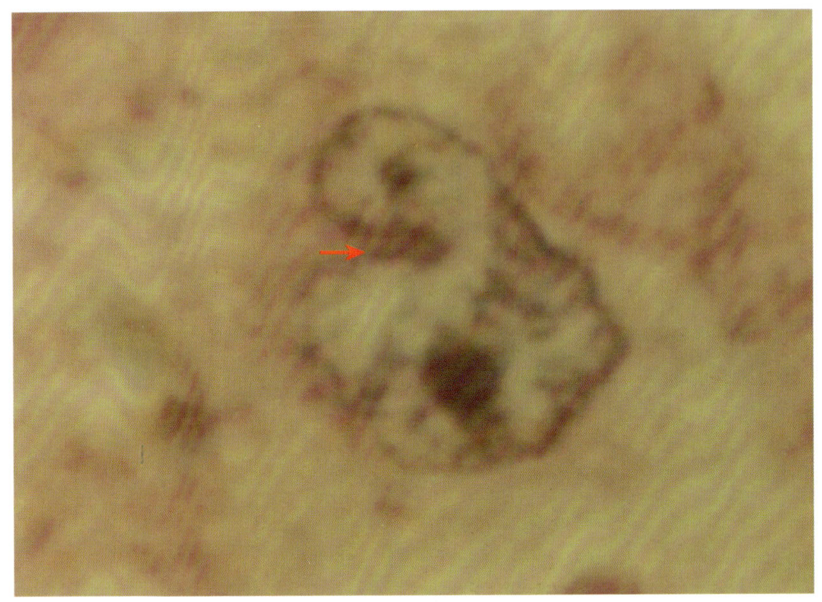

■ 图1-64 羊心室束细胞侧凹型核分裂（1）

苏木素–伊红染色 ×1 000

→示核膜从一侧形成凹陷，因内陷部位偏于一侧，形成大小悬殊的两部分，将进行明显不对称性核分裂。

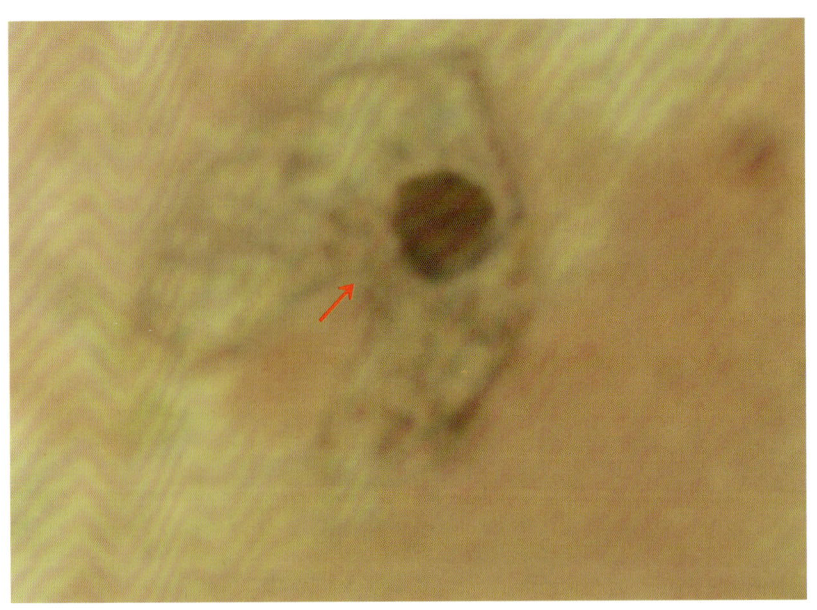

■ 图1-65 羊心室束细胞侧凹型核分裂（2）

苏木素–伊红染色 ×1 000

↗示羊心室膜下层束细胞核核膜从一侧形成深的凹陷，但因遭遇核仁而受阻。

3. 气管软骨细胞直接分裂 气管软骨细胞以横隔式、纵隔式、横缢型、劈裂型和撕裂型等直接分裂增殖。

（1）软骨细胞横隔式核分裂 直接分裂的软骨细胞核最早在核赤道部聚集致密颗粒（图1-66），致密颗粒相互融合形成横隔膜（图1-67），横隔膜分开成两层，则原细胞核分成两个子细胞核（图1-68、图1-69）。

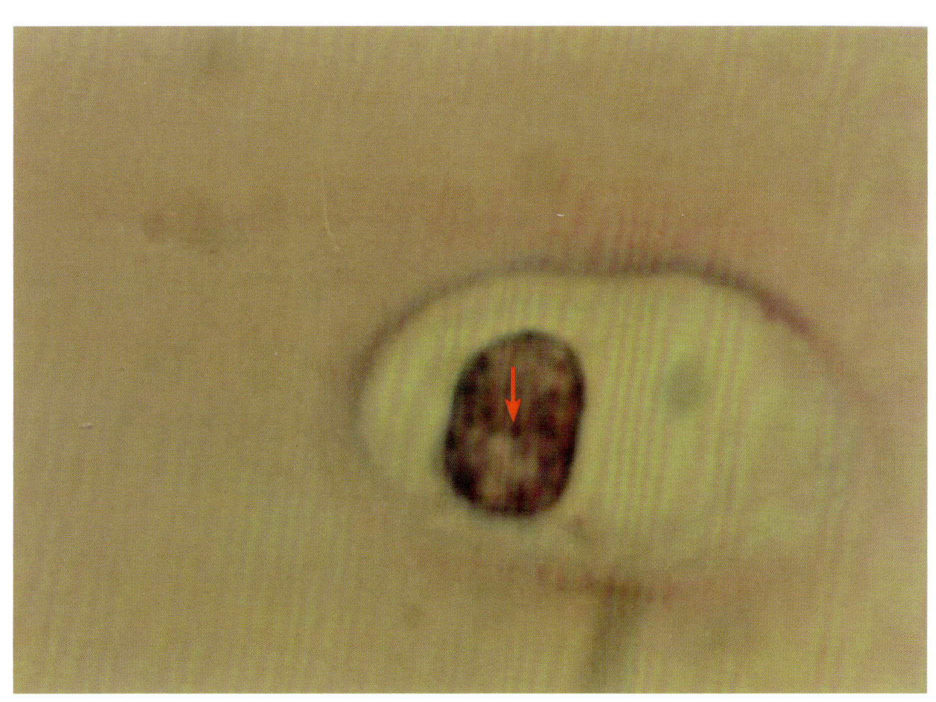

■ **图1-66 人气管软骨细胞横隔式核分裂（1）**
苏木素-伊红染色 ×1 000
↓示软骨细胞核集聚致密颗粒。

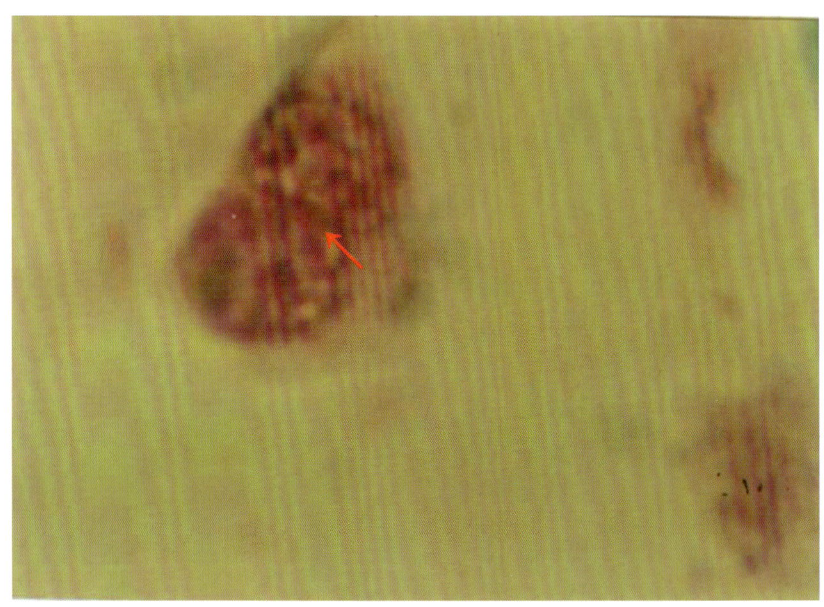

■ 图1-67　人气管软骨细胞横隔式核分裂（2）

苏木素-伊红染色　×1 000

↖示软骨细胞核横隔膜。

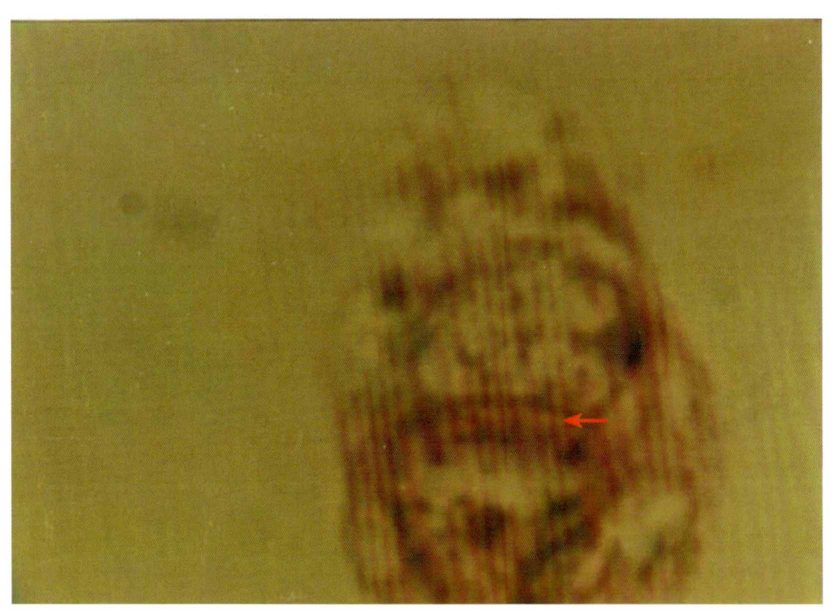

■ 图1-68　人气管软骨细胞横隔式核分裂（3）

苏木素-伊红染色　×1 000

←示软骨细胞核横隔膜分为两层。

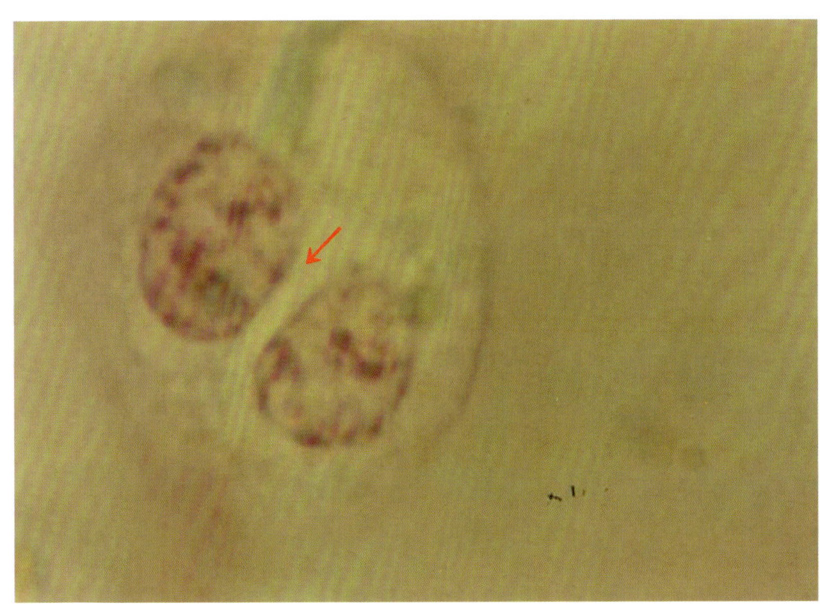

■ **图1-69　人气管软骨细胞横隔式核分裂（4）**

苏木素-伊红染色　×1 000

↙示两个子核之间距离进一步增大。

（2）软骨细胞纵隔式核分裂　直接分裂细胞核的长轴中线形成纵隔膜（图1-70），纵隔膜纵向分成两个子细胞核（图1-71）。

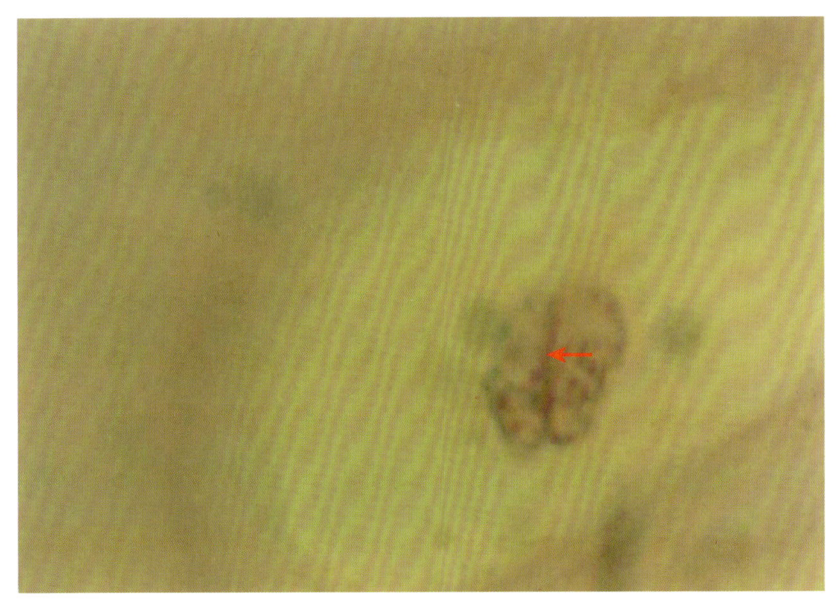

■ **图1-70　人气管软骨细胞纵隔式核分裂（1）**

苏木素-伊红染色　×1 000

←示早期纵隔式核分裂，纵隔膜增厚。

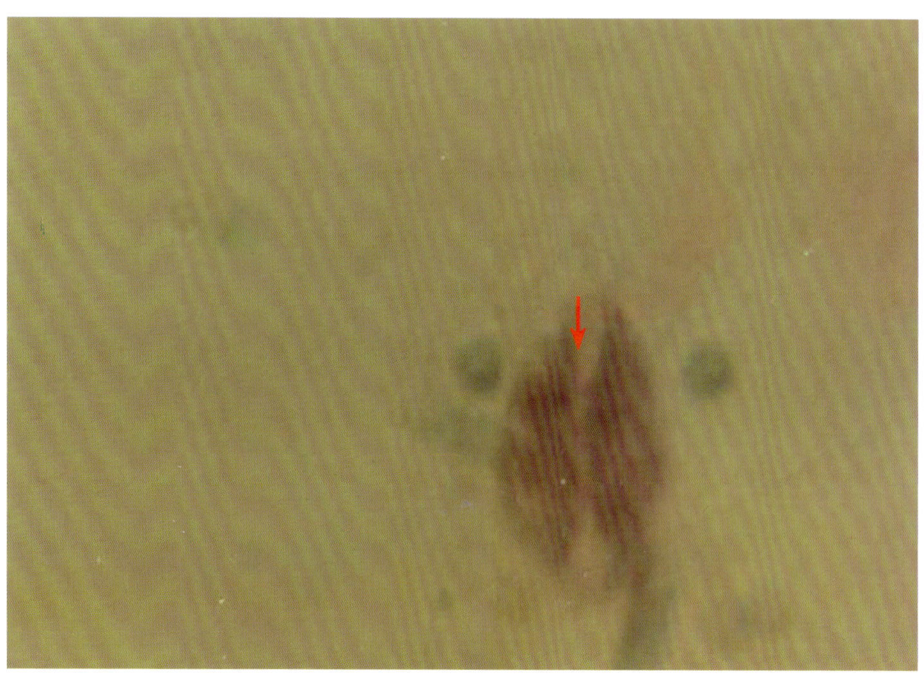

■ 图1-71　人气管软骨细胞纵隔式核分裂（2）

苏木素-伊红染色　×1 000

↓示晚期纵隔式核分裂，细胞核纵分为二。

（3）软骨细胞横缢型核分裂　最早直接分裂的软骨细胞核赤道部出现逐渐明显的环形缢痕（图1-72），环形缢痕逐步加深（图1-73），致使中间连接部明显缩细（图1-74），最终连接部断离成为两个子细胞核（图1-75）。

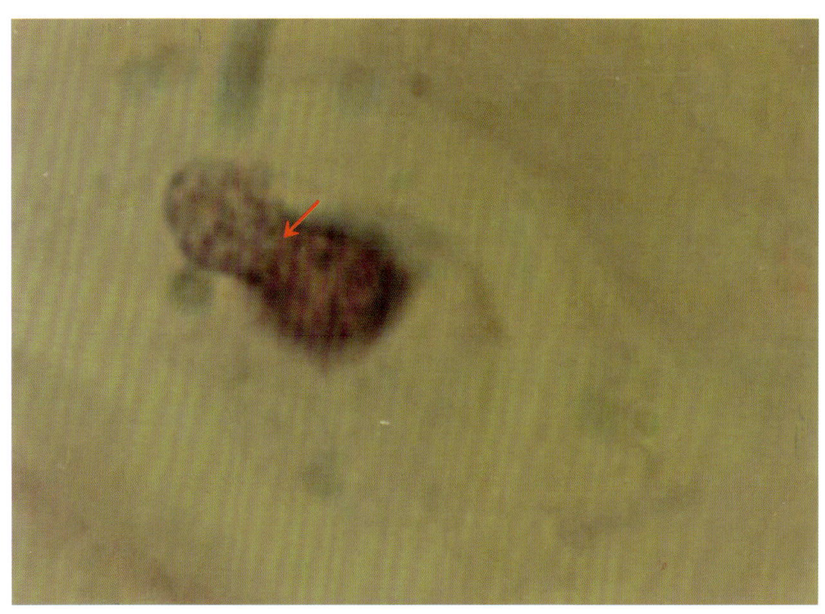

■ 图1-72 人气管软骨细胞横缢型核分裂（1）

苏木素-伊红染色 ×1 000

↙示早期横缢型分裂软骨细胞核双侧浅缢痕加深。

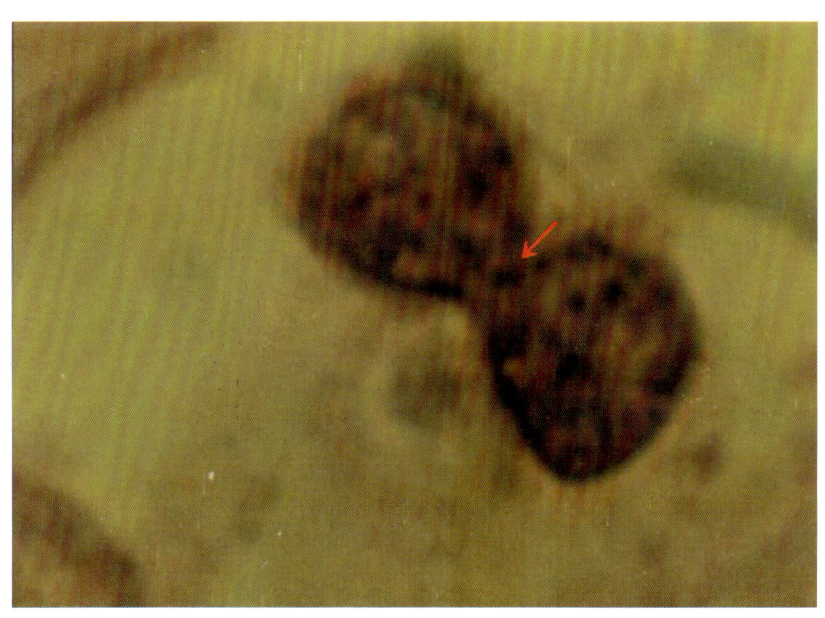

■ 图1-73 人气管软骨细胞横缢型核分裂（2）

苏木素-伊红染色 ×1 000

↙示横缢型分裂软骨细胞核连接部缩窄。

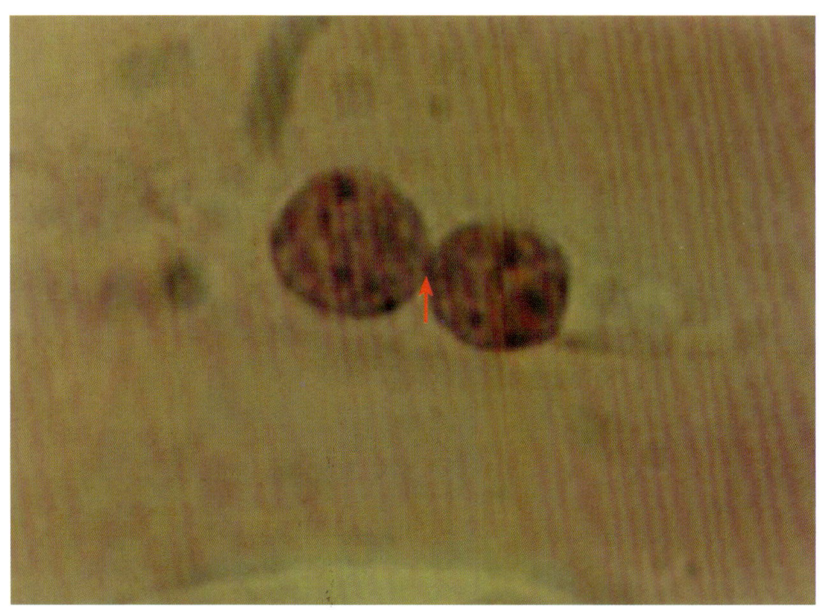

■ **图1-74　人气管软骨细胞横缢型核分裂（3）**

苏木素-伊红染色　×1 000

↑示横缢型分裂软骨细胞核连接部将断离。

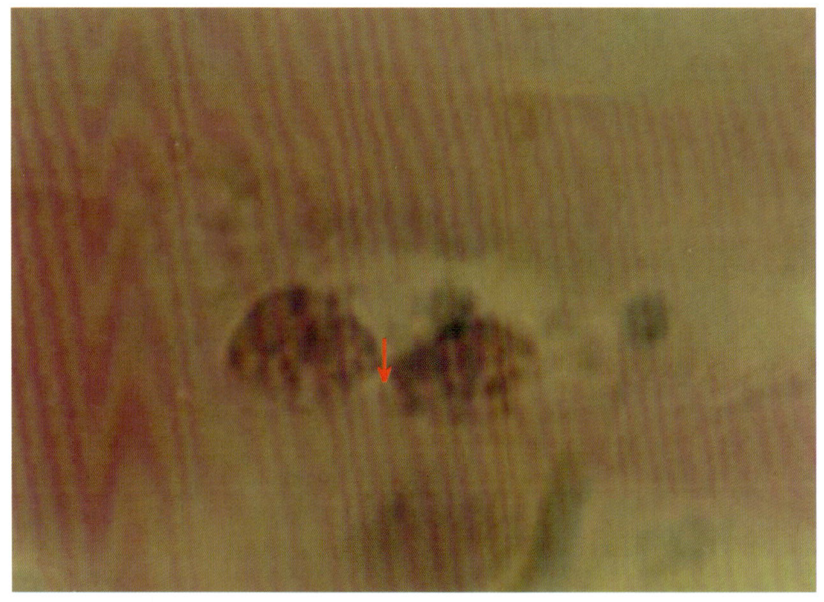

■ **图1-75　人气管软骨细胞横缢型核分裂（4）**

苏木素-伊红染色　×1 000

↓示横缢型分裂晚期软骨细胞核断为两个子细胞核，其间留有牵拉丝。

（4）软骨细胞劈裂型核分裂　细胞核可从一侧楔形劈裂（图1-76），劈裂口加深。直至核完全断裂成两个子细胞核，有时也可见从细胞核一端纵向劈裂开（图1-77）。

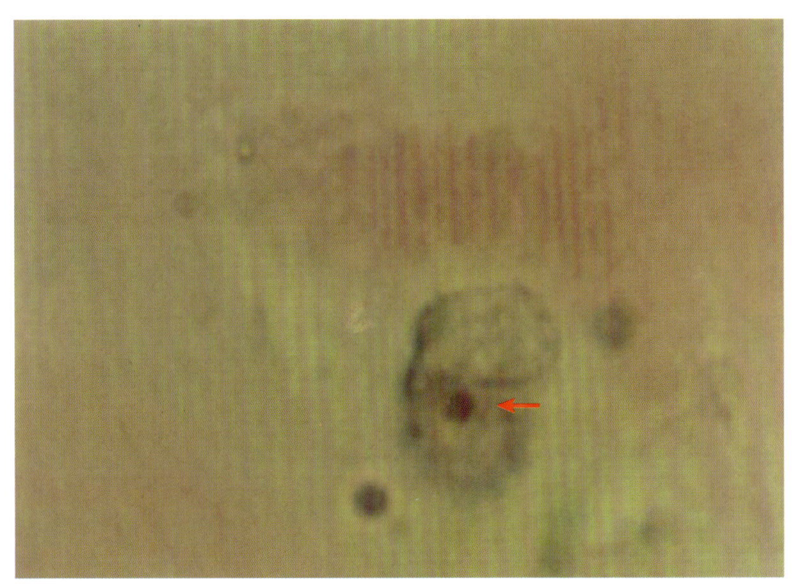

图1-76　人气管软骨细胞劈裂型核分裂（1）

苏木素-伊红染色　×1 000

←示从细胞核一侧楔形劈裂开。

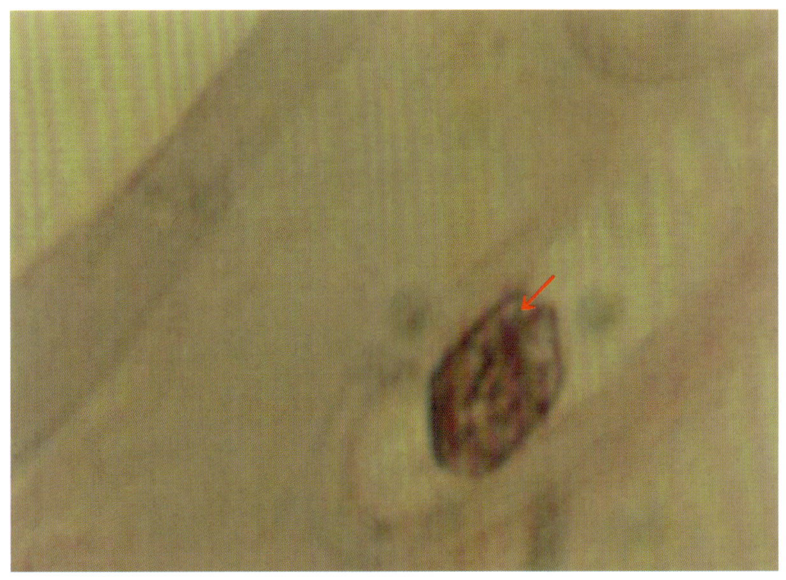

图1-77　人气管软骨细胞劈裂型核分裂（2）

苏木素-伊红染色　×1 000

↙示从细胞核一端劈裂开。

（5）软骨细胞撕裂型核分裂　细胞核受两侧或两端背向牵拉力被撕裂成两部分（图1–78）。

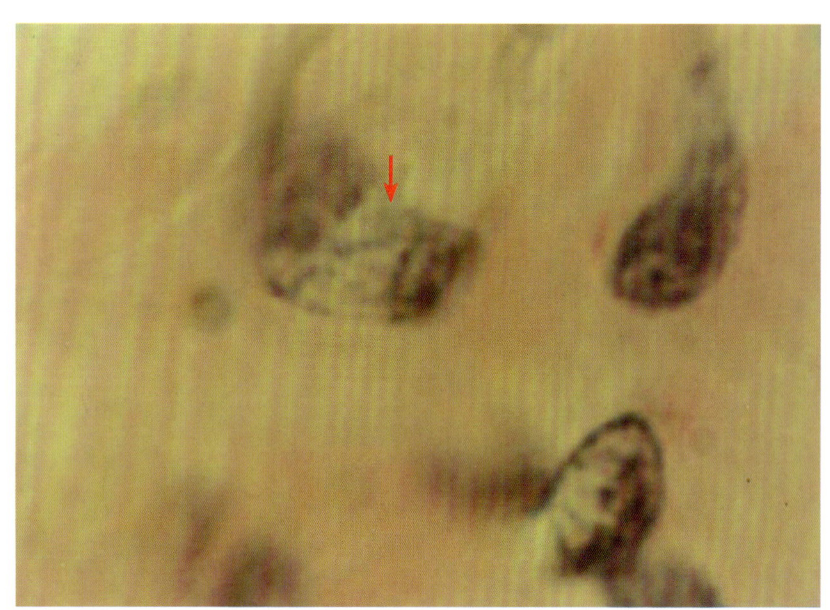

■ 图1–78　人气管软骨细胞撕裂型核分裂

苏木素–伊红染色　×1 000

↓示细胞核受两侧背向牵拉力被撕扯成两半，其间有许多核质细丝相连。

4. 肝细胞直接分裂　在体肝细胞直接分裂除横隔式外，还有“8”字型直接分裂方式。

（1）肝细胞横隔式直接分裂　横隔式直接分裂是肝细胞常见分裂方式，细胞核赤道部出现横隔膜（图1–79），横隔膜增厚（图1–80），而后横隔膜分开成两层(图1–81)，横隔膜的两部分逐渐分离，成为两个子细胞核的核膜（图1–82）。

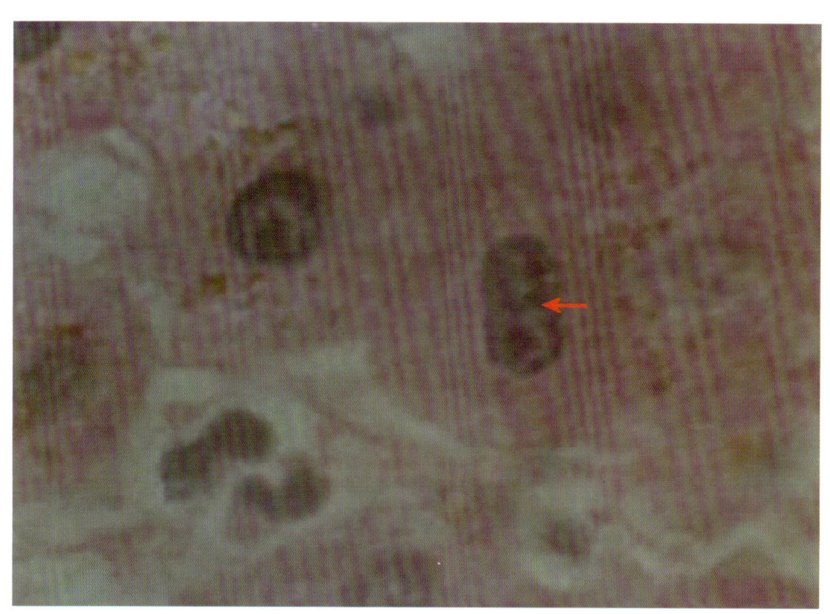

■ 图1–79　人肝细胞横隔式直接分裂（1）

苏木素–伊红染色　×1 000

←示肝细胞核赤道部横隔膜。

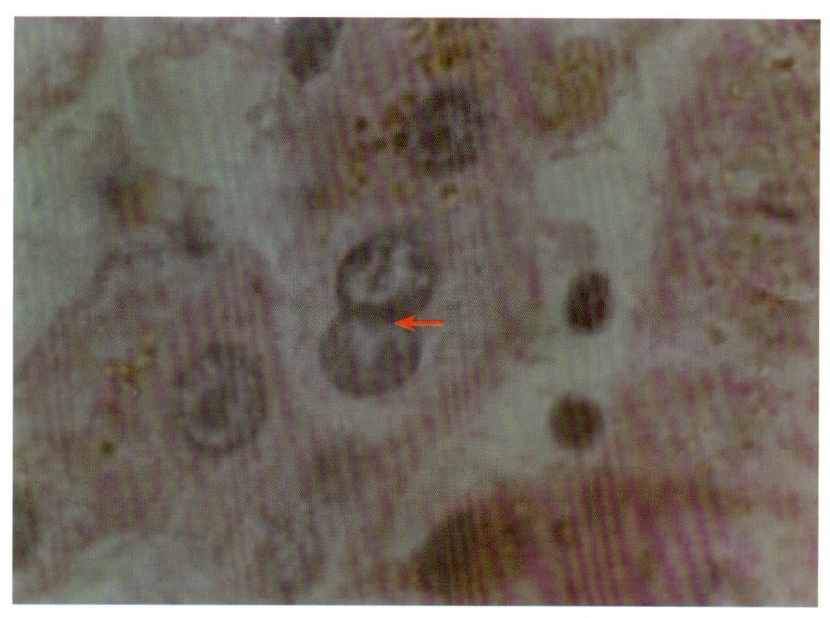

■ 图1–80　人肝细胞横隔式直接分裂（2）

苏木素–伊红染色　×1 000

←示肝细胞核横隔膜增厚。

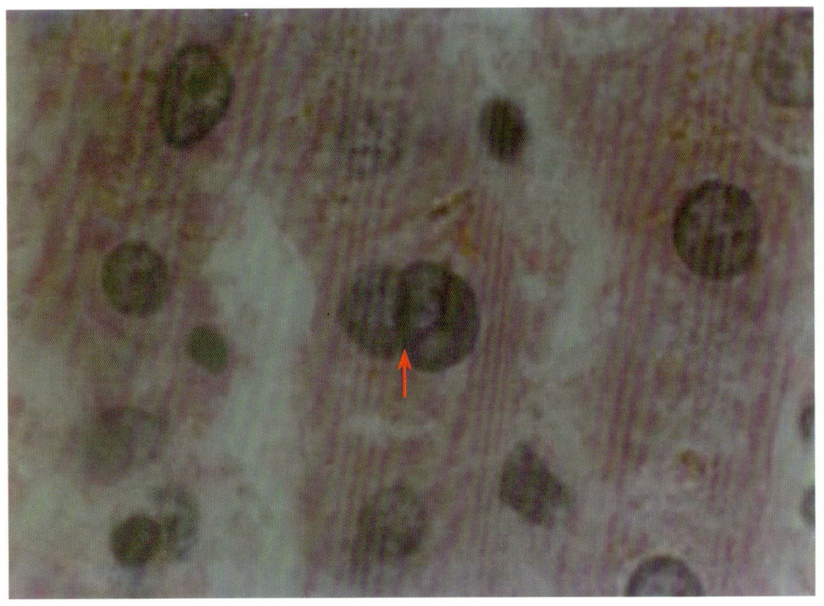

■ 图1-81 人肝细胞横隔式直接分裂（3）

苏木素-伊红染色 ×1 000

↑示肝细胞核横隔膜分成两层。

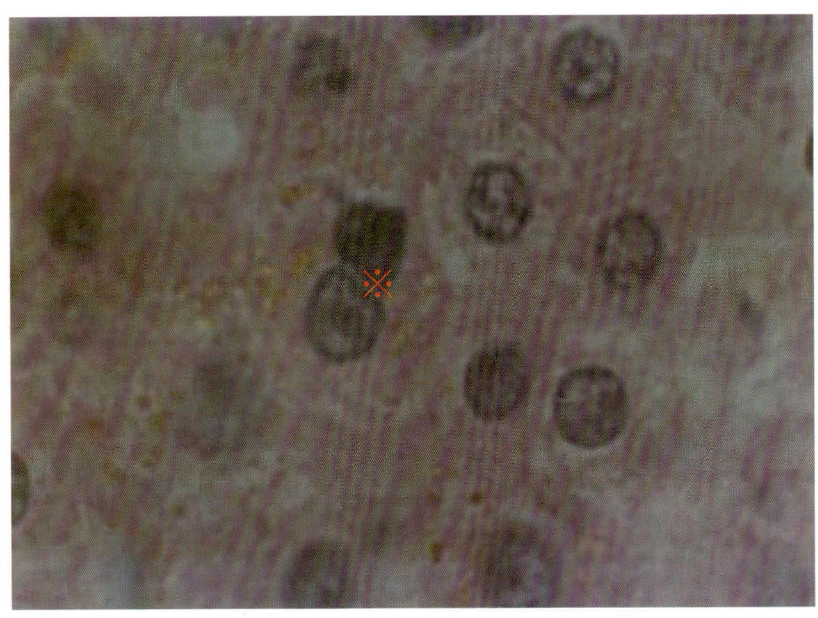

■ 图1-82 人肝细胞横隔式直接分裂（4）

苏木素-伊红染色 ×1 000

※示分成两个子细胞核。

（2）肝细胞“8”字型直接分裂 “8”字型直接分裂是肝细胞特有的核分裂方式，首先，胶囊形细胞核出现两个对称的核仁（图1-83），而后两端像拧麻花一样相反方向扭转（图1-84），扭结处逐渐断裂（图1-85、图1-86），最后形成两个子细胞核。

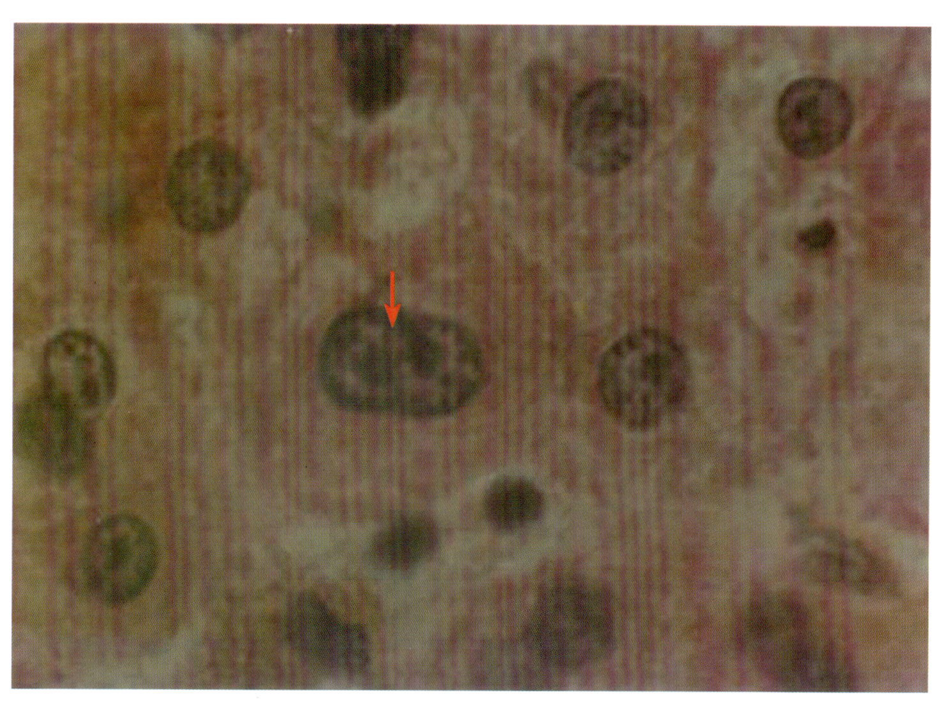

■ 图1-83 人肝细胞“8”字型直接分裂（1）

苏木素-伊红染色 ×1 000

↓示核的两端对称出现两个核仁。

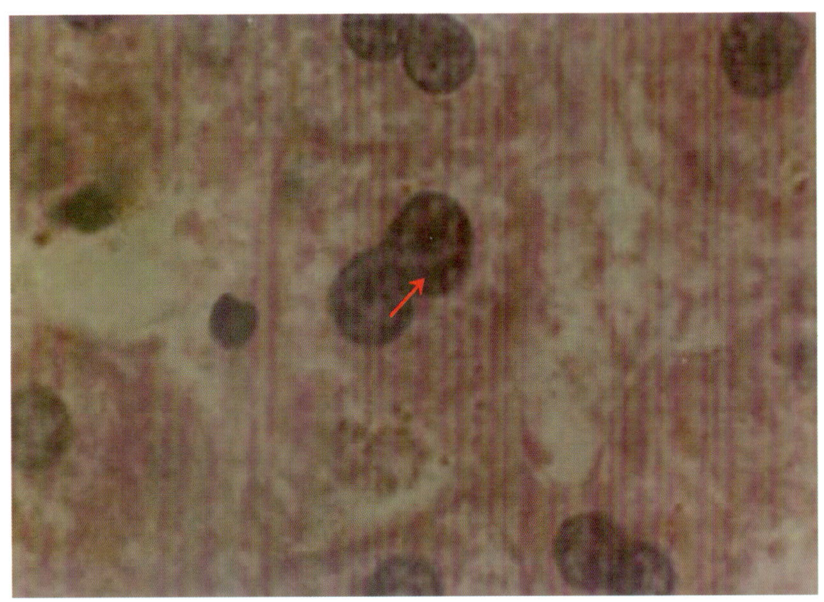

■ 图1–84　人肝细胞“8”字型直接分裂（2）

苏木素–伊红染色　×1 000

↗示核的两端相反方向扭转。

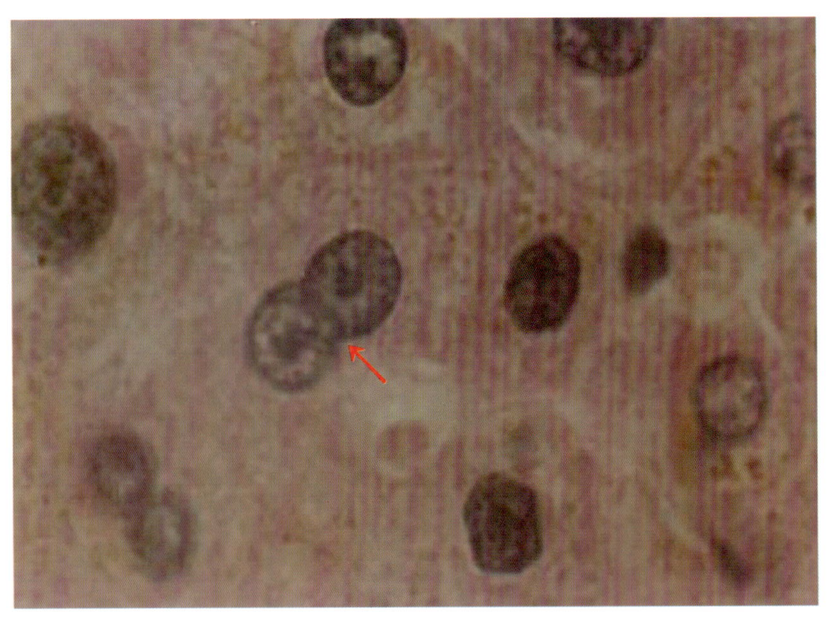

■ 图1–85　人肝细胞“8”字型直接分裂（3）

苏木素–伊红染色　×1 000

↖示从核的两部分扭结处断裂。

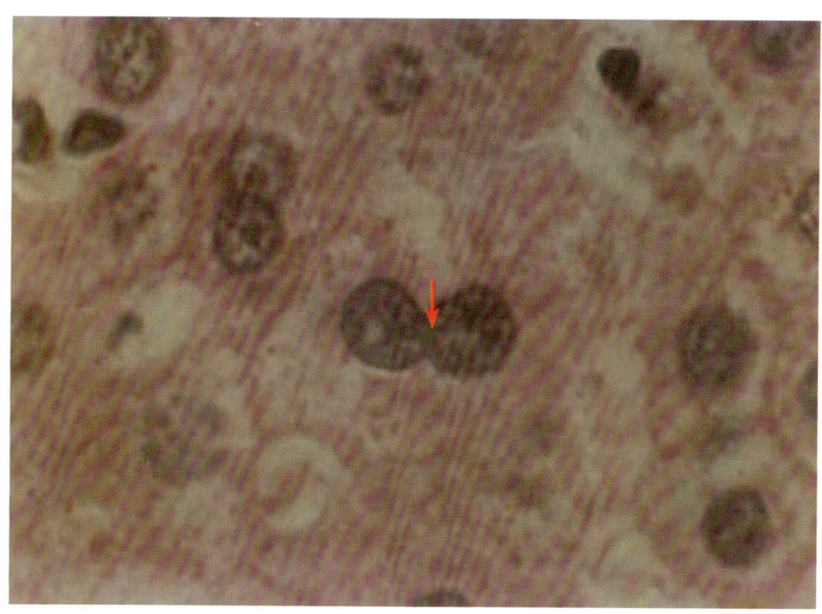

■ 图1-86 人肝细胞“8”字型直接分裂（4）

苏木素-伊红染色 ×1 000

↓示从核的两部分扭结处断裂。

5. 心内皮细胞直接分裂 人心室可见内皮细胞横裂型直接分裂（图1-87~图1-90）。

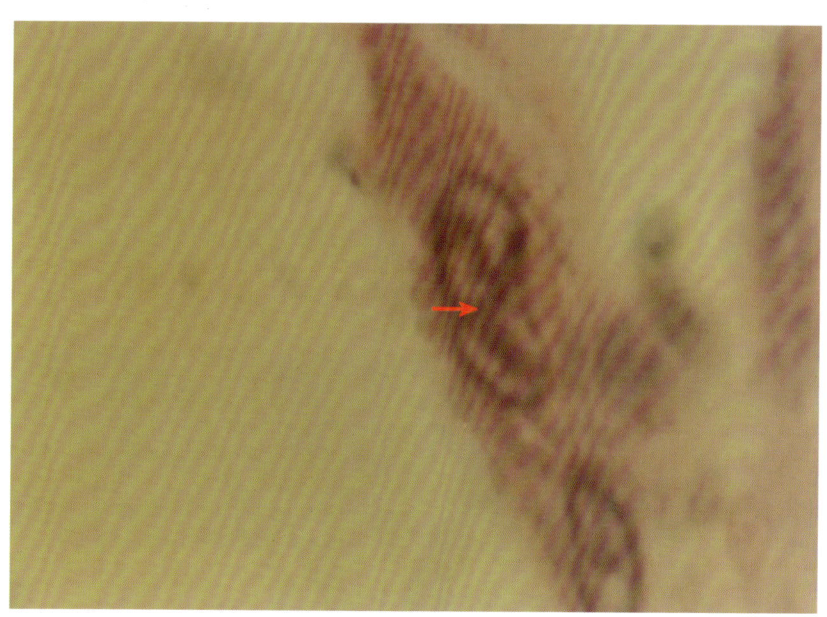

■ 图1-87 人心室心内皮细胞核横裂（1）

苏木素-伊红染色 ×1 000

→示心内膜较幼稚的内皮细胞横隔式核分裂，横隔形成。

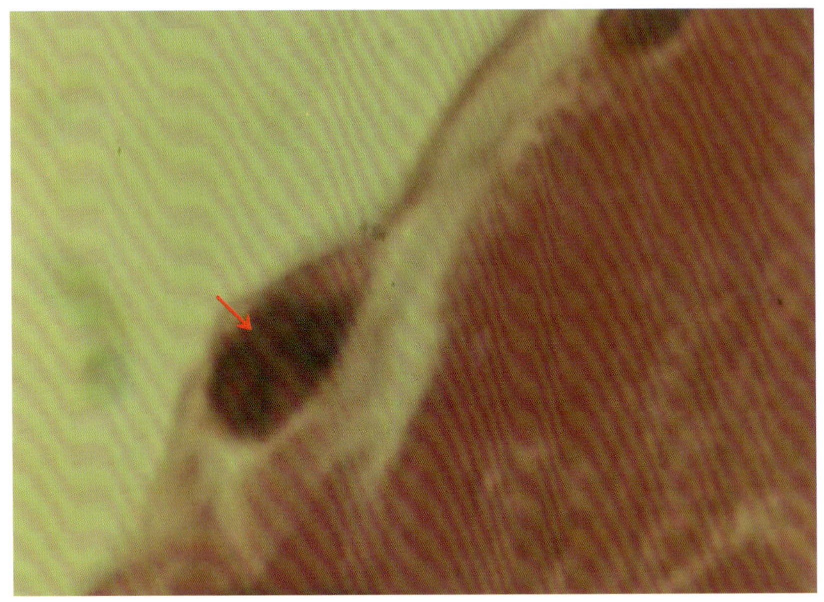

■ 图1-88　人心室心内皮细胞核横裂（2）

苏木素-伊红染色　×1 000

↘示心内膜由直接分裂形成的较幼稚双核内皮细胞。

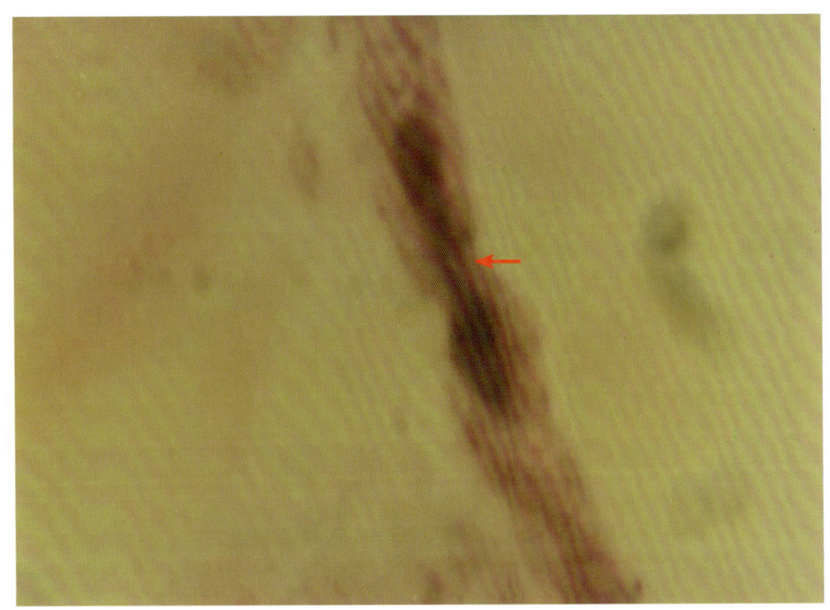

■ 图1-89　人心室心内皮细胞核横裂（3）

苏木素-伊红染色　×1 000

←示心内膜较成熟的内皮细胞核拉伸型分裂，细胞核因受两端牵拉，连接部变细、断离。

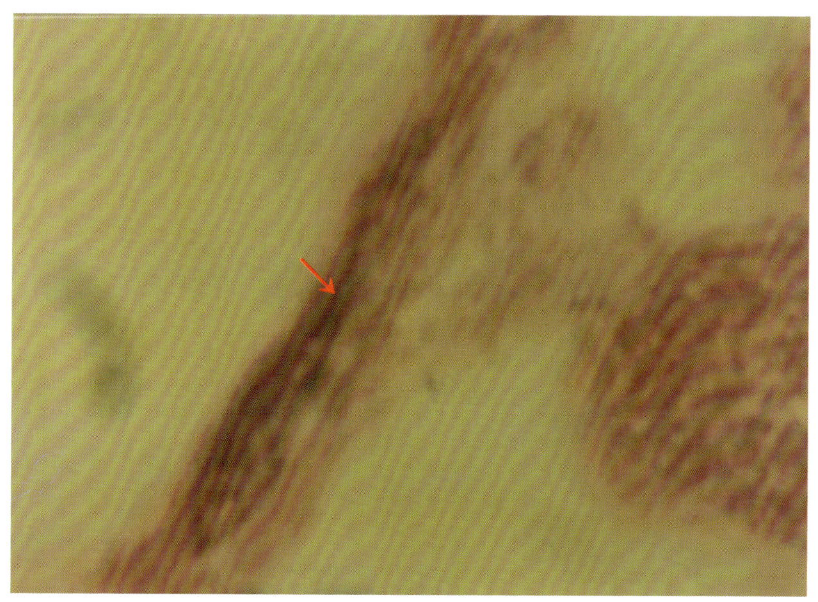

■ 图1–90　人心室心内皮细胞核横裂（4）

苏木素–伊红染色　×1 000

↘示心内膜较幼稚的内皮细胞拉伸型核分裂，细胞核因受两端牵拉，导致连接部变细，逐渐断离。

6．脊神经节细胞直接分裂　人脊神经节细胞可见横裂型直接分裂（图1–91～图1–94）。

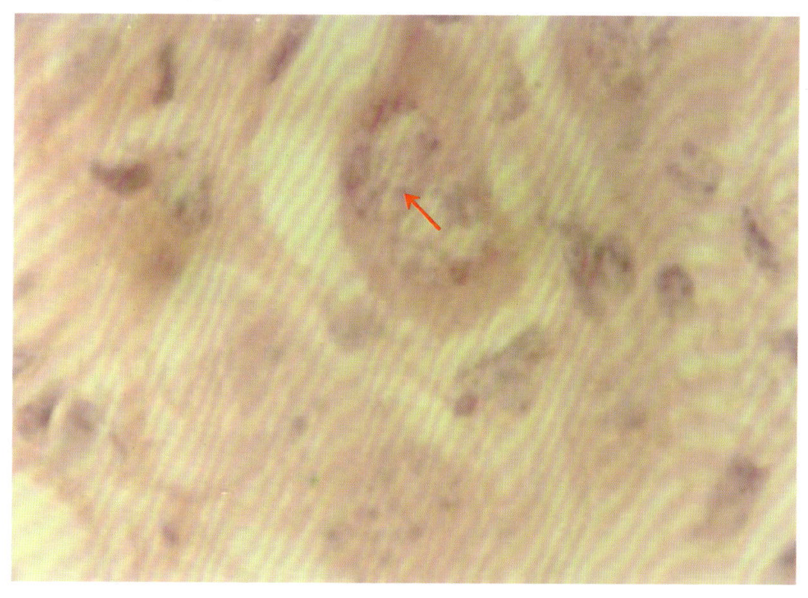

■ 图1–91　人脊神经节细胞直接分裂（1）

苏木素–伊红染色　×400

↖示脊神经节细胞核将从赤道部横隔处分开。

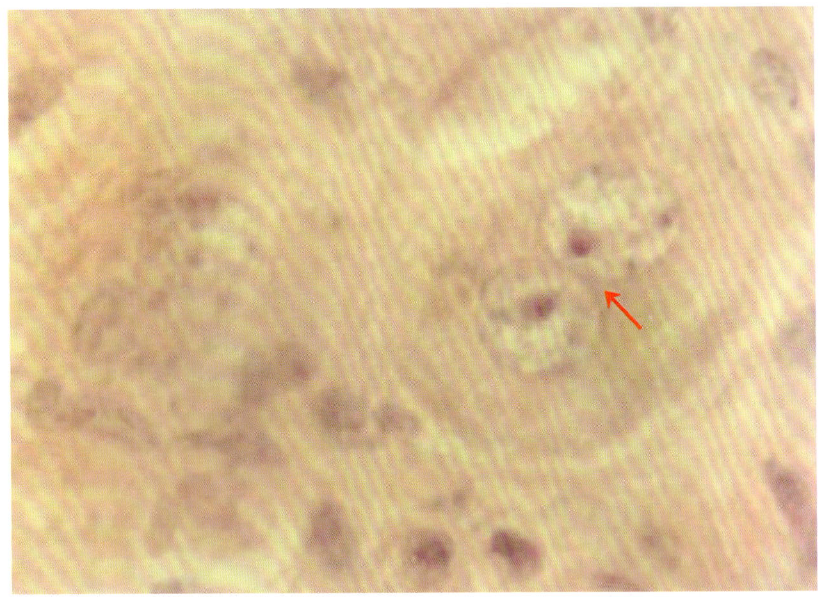

■ 图1-92　人脊神经节细胞直接分裂（2）

苏木素-伊红染色　×400

↖示脊神经节细胞核一分为二，形成两个细胞核。

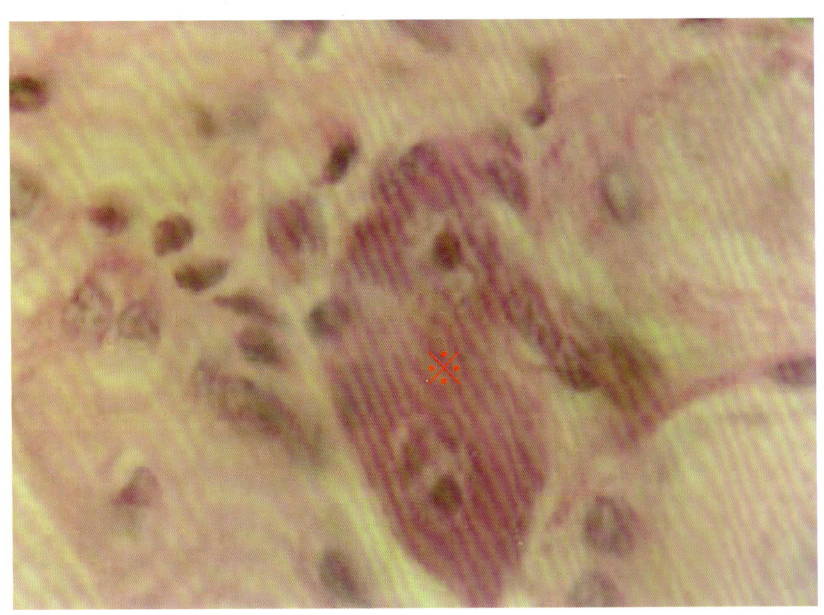

■ 图1-93　人脊神经节细胞直接分裂（3）

苏木素-伊红染色　×400

※示双核脊神经节细胞的两个核逐渐远离，但细胞质尚未完全分开。

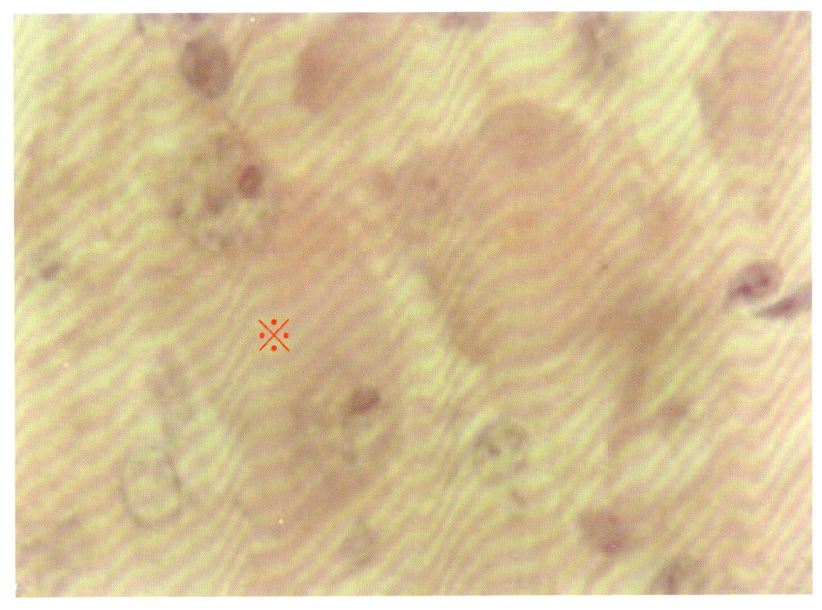

■ 图1-94　人脊神经节细胞直接分裂（4）

苏木素–伊红染色　×400

※示双核脊神经节细胞的两个核距离越来越远。

7. 脊神经节卫星细胞直接分裂　人脊神经节卫星细胞可见横隔式直接分裂（图1-95）。

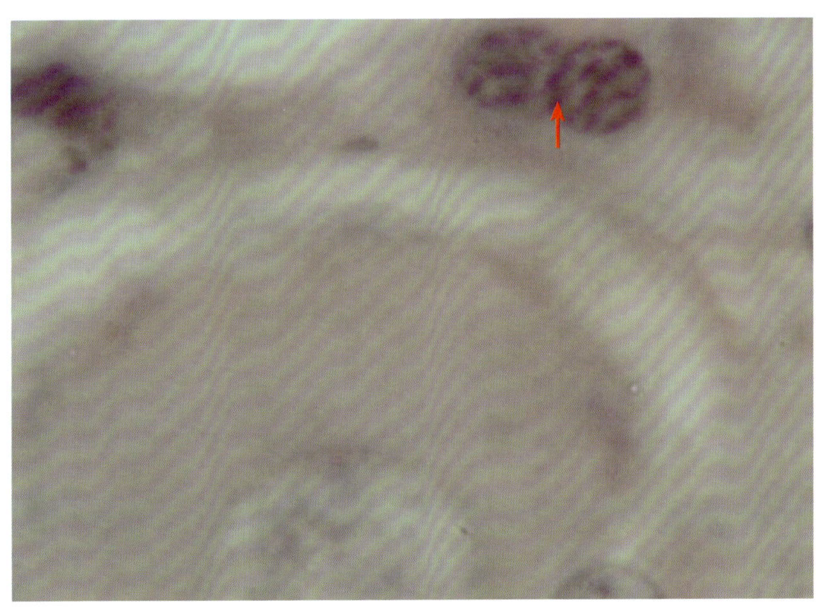

■ 图1-95　人脊神经节卫星细胞直接分裂

苏木素–伊红染色　×1 000

↑示横隔式直接分裂中的卫星细胞。

8. 脑垂体远侧部腺细胞直接分裂 Masson染色标本上可见人脑垂体远侧部嫌色细胞早期和中期横隔式直接分裂象（图1-96、图1-97），即嗜碱性细胞的横裂型直接分裂象（图1-98）。在Mallory染色标本上还可见到嗜酸性粒细胞横缢型直接分裂象（图1-99）及嗜碱性粒细胞横缢型直接分裂象（图1-100）。用PCNA免疫组织化学方法，在大白鼠垂体远侧部可见PCNA阳性腺细胞核不同阶段的横隔式直接分裂象（图1-101），还可见到不对称性横缢型直接细胞分裂象（图1-102）。

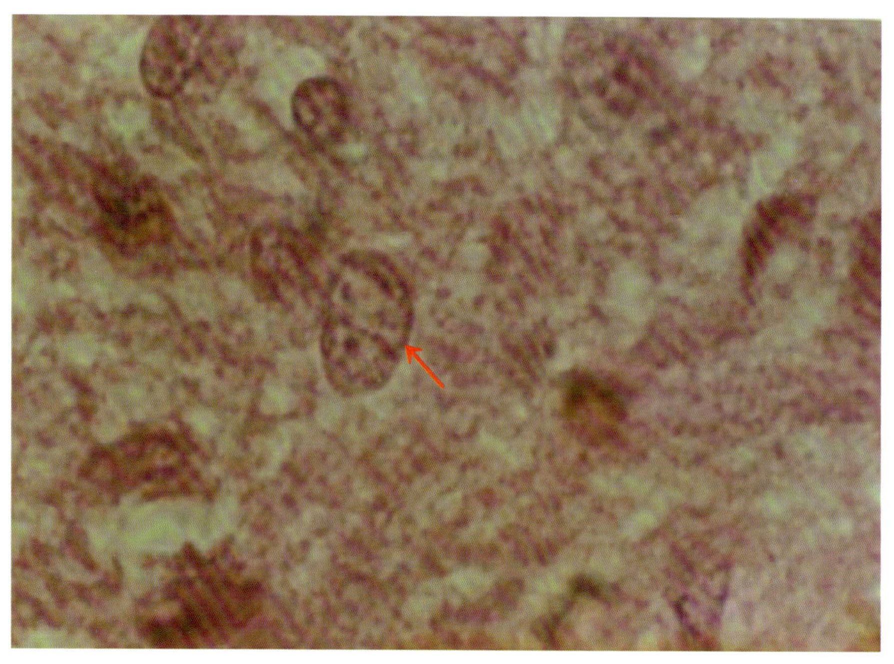

■ **图1-96　人脑垂体远侧部腺细胞直接分裂（1）**

Masson染色　×1 000

↖示人脑垂体远侧部嫌色细胞早期横隔式直接分裂。

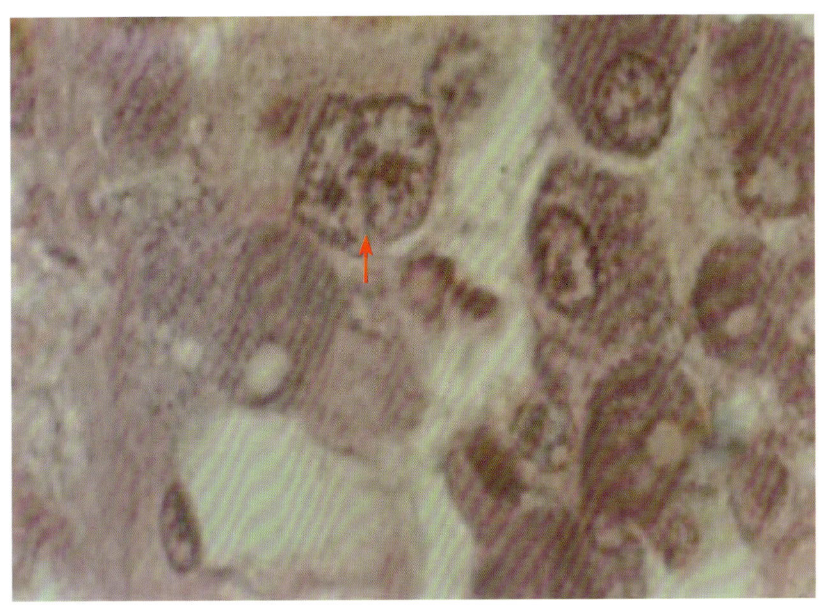

■ 图1-97　人脑垂体远侧部腺细胞直接分裂（2）

Masson染色　×1 000

↑示人脑垂体远侧部嫌色细胞中期横隔式直接分裂。

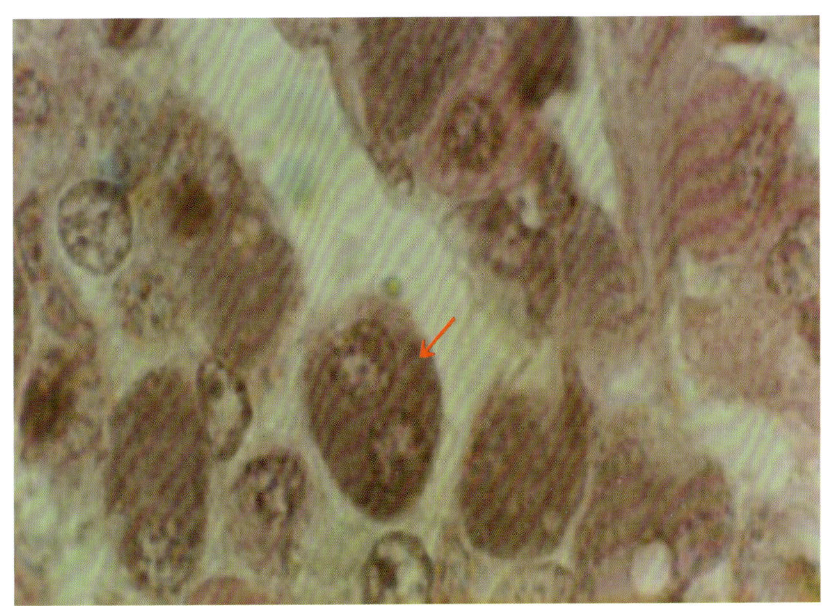

■ 图1-98　人脑垂体远侧部腺细胞直接分裂（3）

Masson染色　×1 000

↙示人脑垂体远侧部嗜碱性细胞晚期横裂型直接分裂。

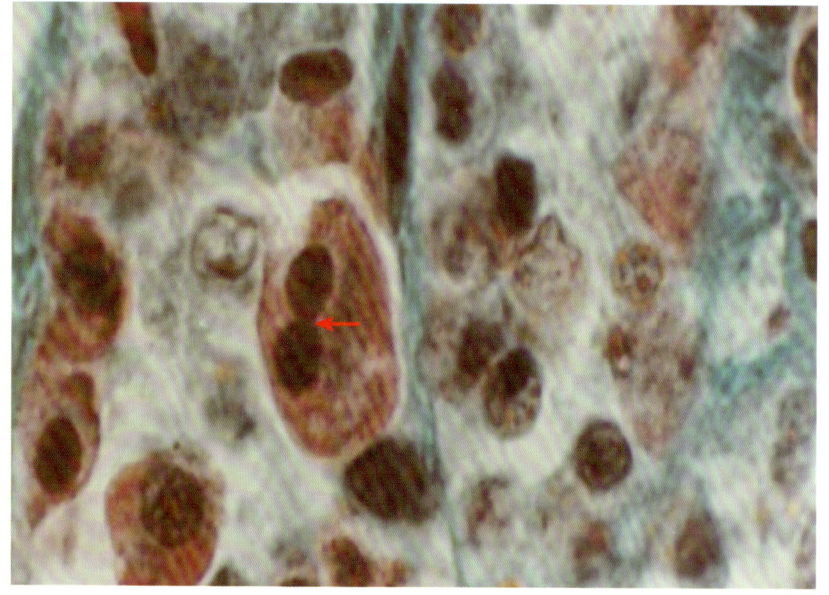

■ 图1-99　人脑垂体远侧部腺细胞直接分裂（4）

Mallory染色　×1 000

←示人脑垂体远侧部嗜酸性细胞中期横缢型直接分裂。

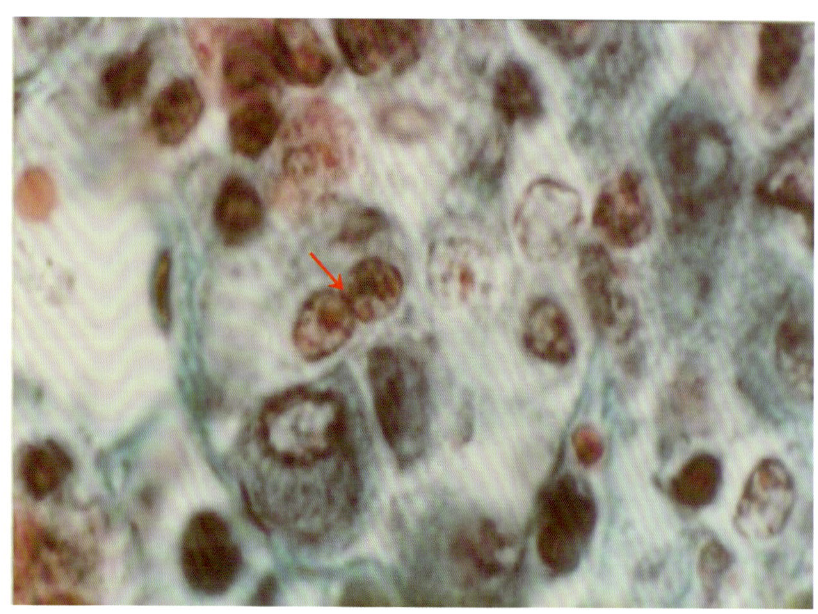

■ 图1-100　人脑垂体远侧部腺细胞直接分裂（5）

Mallory染色　×1 000

↘示人脑垂体远侧部弱嗜碱性细胞中期横缢型直接分裂。

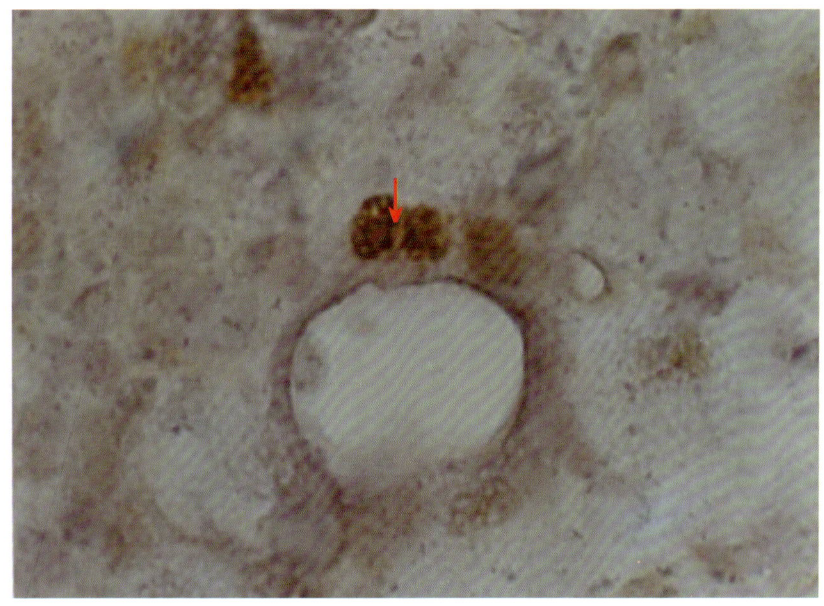

■ 图1-101　大白鼠脑垂体远侧部腺细胞直接分裂（1）

PCNA染色　×1 000

↓示大白鼠脑垂体远侧部一个处于直接分裂晚期的PCNA阳性腺细胞核。

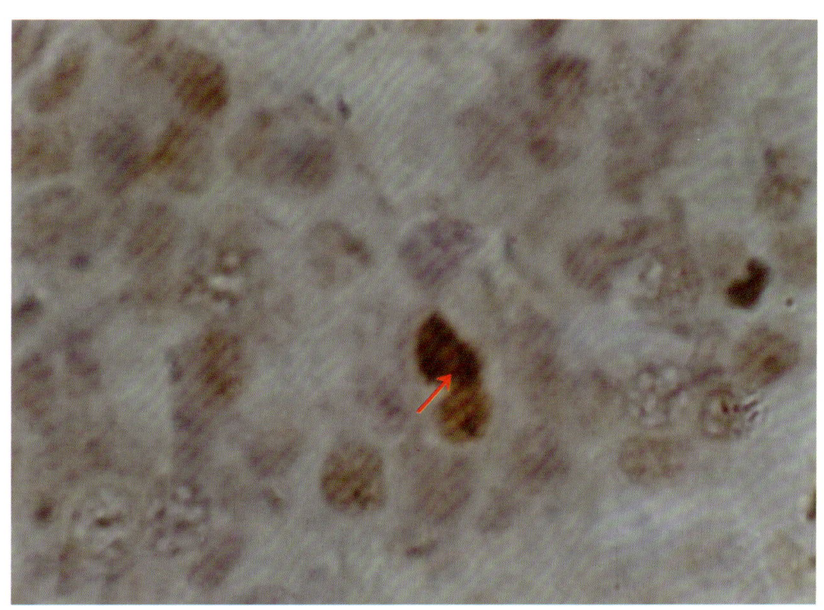

■ 图1-102　大白鼠脑垂体远侧部腺细胞直接分裂（2）

PCNA染色　×1 000

↗示大白鼠脑垂体远侧部正在不对称直接分裂的PCNA阳性腺细胞核。

9. **肾上腺被膜细胞直接分裂**　狗肾上腺被膜细胞可见直接分裂（图1-103、图1-104）。

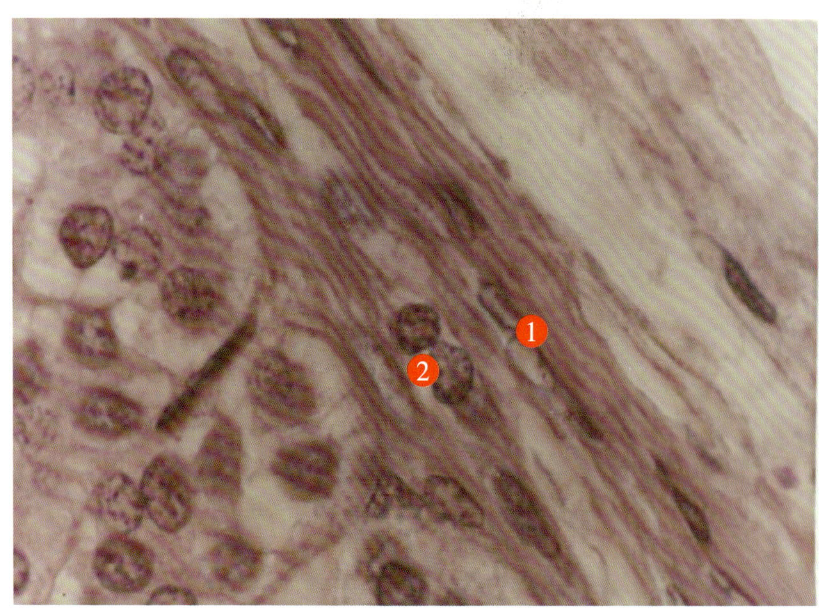

■ **图1-103　狗肾上腺被膜细胞直接分裂（1）**

苏木素-伊红染色　×1 000

❶和❷示被膜细胞直接分裂。

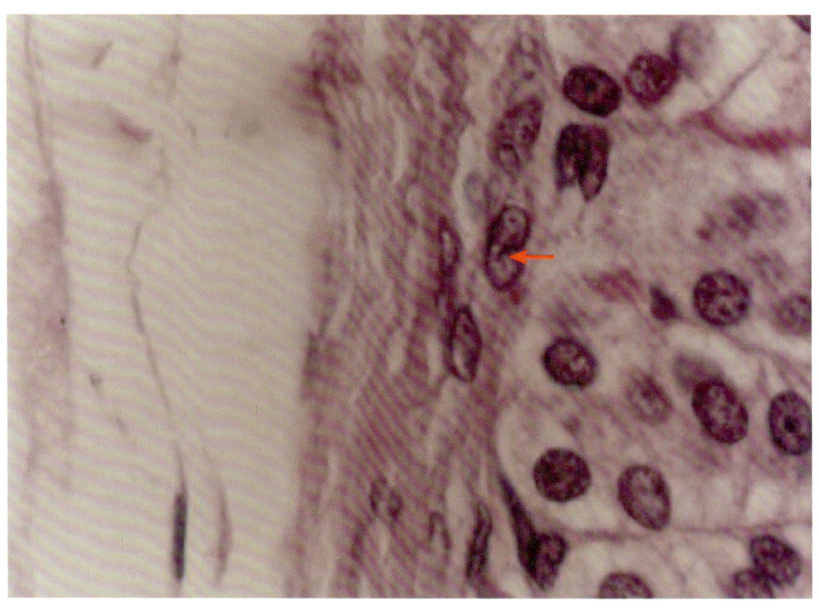

■ **图1-104　狗肾上腺被膜细胞直接分裂（2）**

苏木素-伊红染色　×1 000

←示狗肾上腺内层被膜细胞侧凹型直接分裂。

10. 肾上腺皮质细胞直接分裂 狗肾上腺皮质球状带细胞与束状带细胞可见横隔式（图1-105、图1-106）、横缢型（图1-107）和纵隔式直接分裂（图1-108）；人肾上腺网状带细胞也见横裂型直接分裂（图1-109）；大白鼠肾上腺皮质透明细胞也可见横裂型直接分裂（图1-110）。

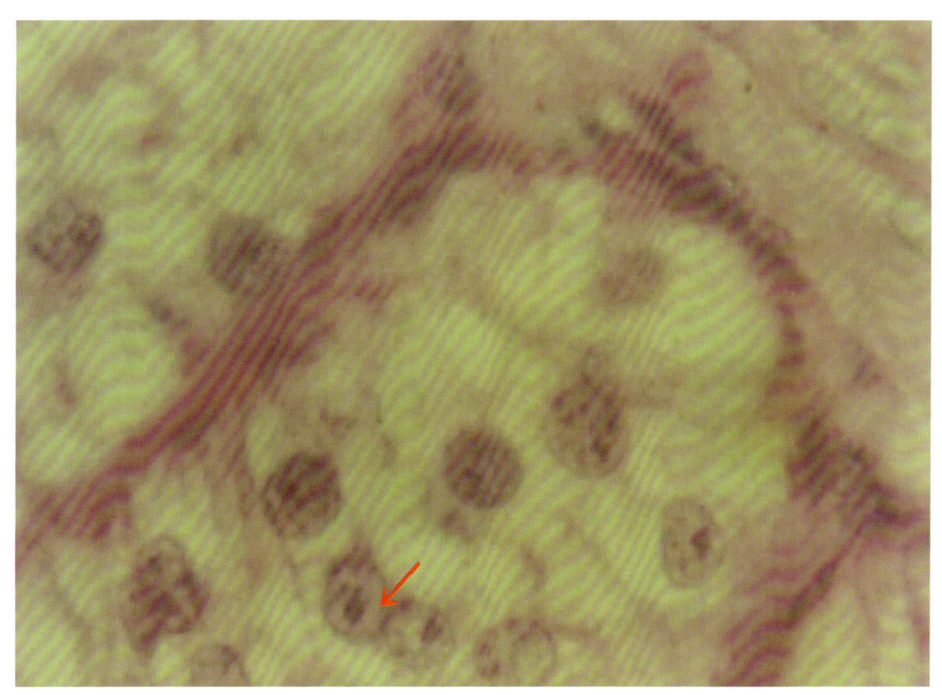

■ **图1-105 狗肾上腺皮质球状带细胞直接分裂（1）**

苏木素-伊红染色 ×1 000

↙示球状带细胞横隔式直接分裂。

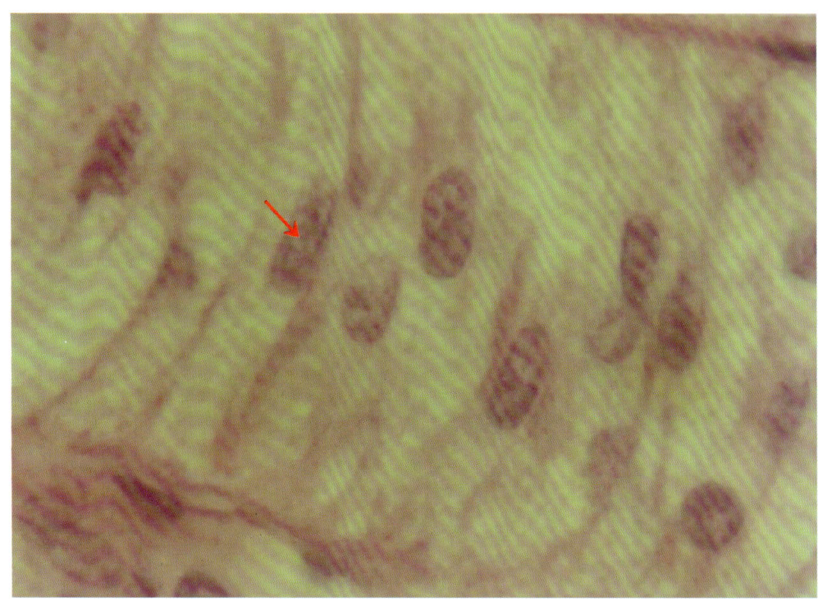

■ 图1-106　狗肾上腺皮质球状带细胞直接分裂（2）

苏木素-伊红染色　×1 000

↘示球状带下段细胞横隔式直接分裂。

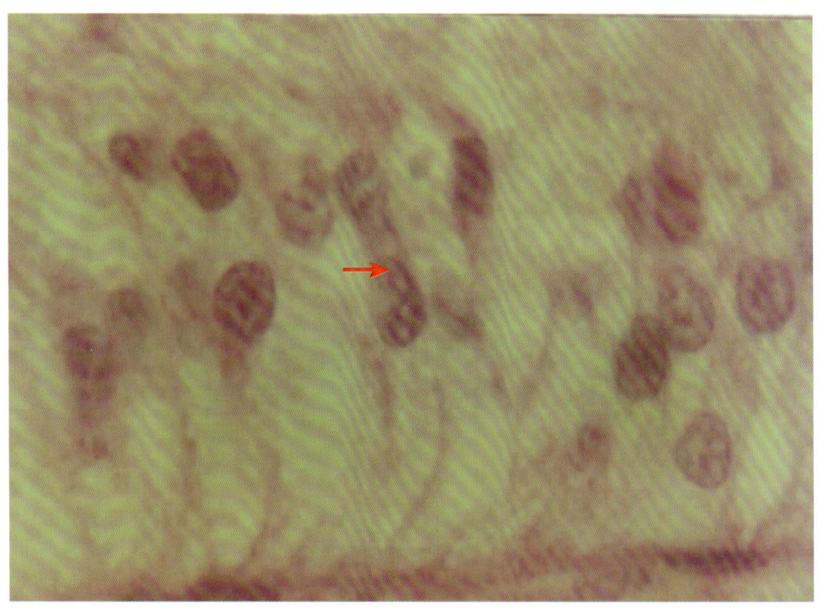

■ 图1-107　狗肾上腺皮质球状带细胞直接分裂（3）

苏木素-伊红染色　×1 000

→示球状带下段细胞横缢型直接分裂。

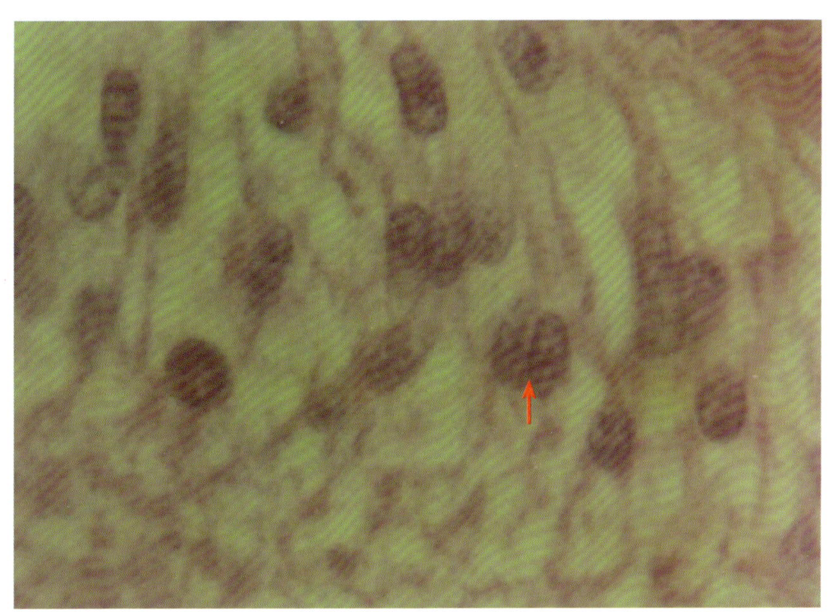

■ 图1-108　狗肾上腺皮质球状带细胞直接分裂（4）

苏木素-伊红染色　×1 000

↑示球状带下段细胞纵隔式直接分裂。

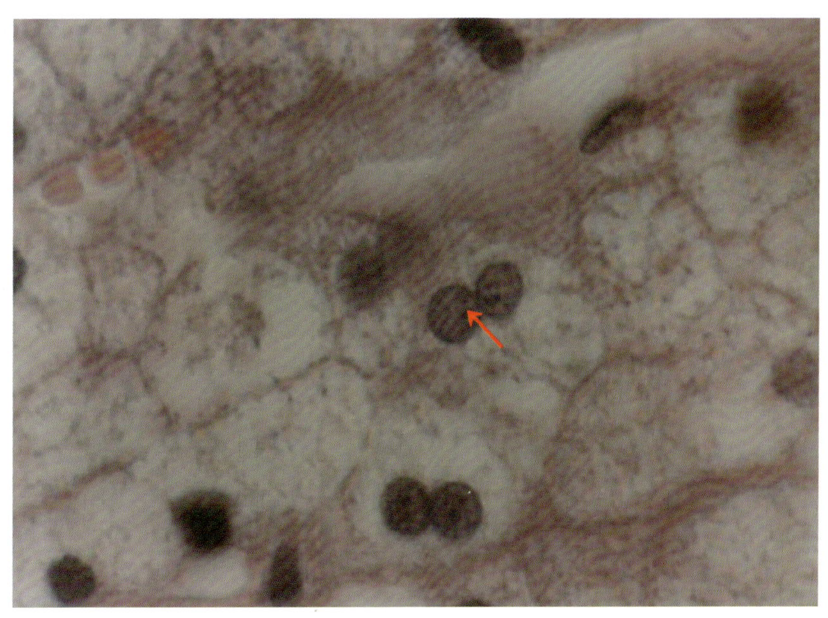

■ 图1-109　人肾上腺皮质网状带细胞直接分裂

苏木素-伊红染色　×1 000

↖示网状带细胞直接分裂。

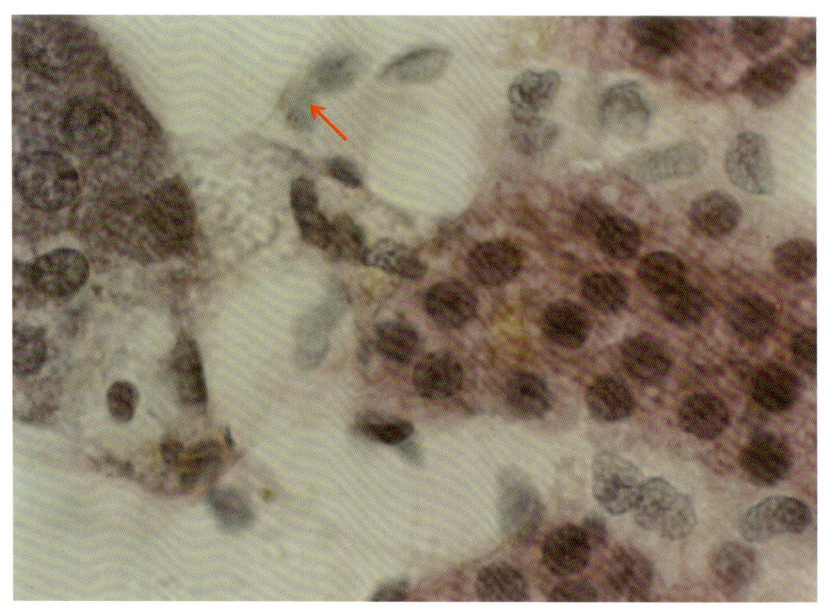

■ 图1-110　大白鼠肾上腺皮质透明细胞直接分裂

苏木素-伊红染色　×1 000

↖示网状带透明细胞直接分裂。

11．肾上腺髓质母细胞直接分裂　狗肾上腺髓质母细胞可见横缢型直接分裂（图1-111）。

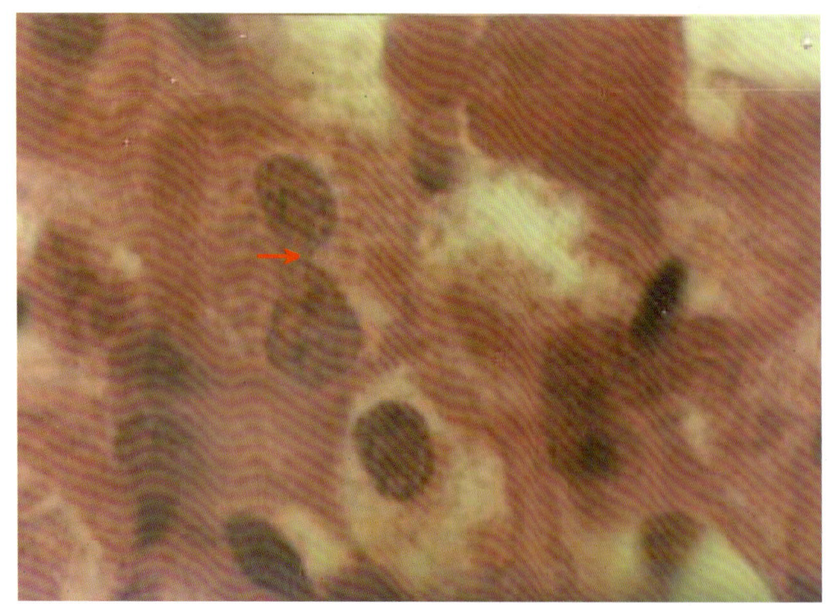

■ 图1-111　狗肾上腺早期髓质母细胞直接分裂

苏木素-伊红染色　×1 000

→示肾上腺早期髓质母细胞横缢型直接分裂。

12. 松果体细胞直接分裂 人松果体细胞可见横隔式、纵隔式及侧凹型直接分裂（图1-112～图1-114）。

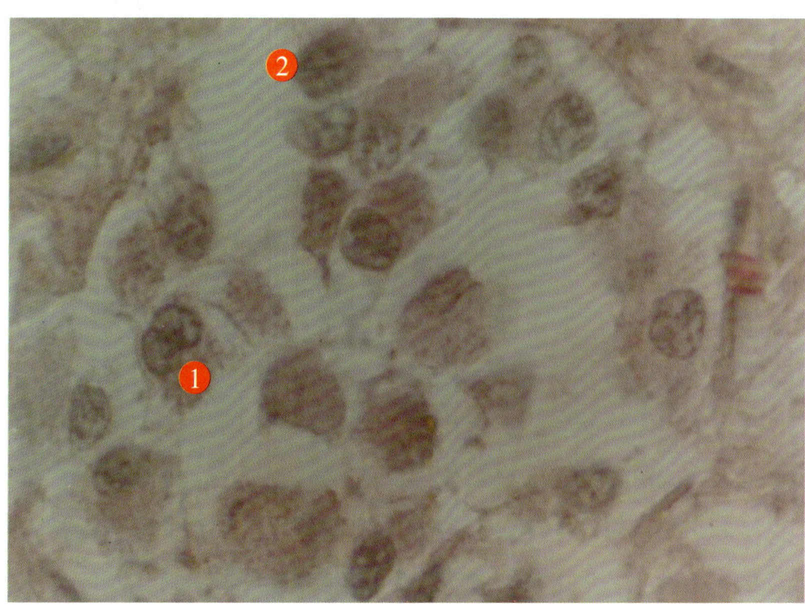

图1-112 人松果体细胞直接分裂（1）

苏木素-伊红染色 ×1 000

❶示横隔式无丝核分裂；❷示纵隔式无丝核分裂。

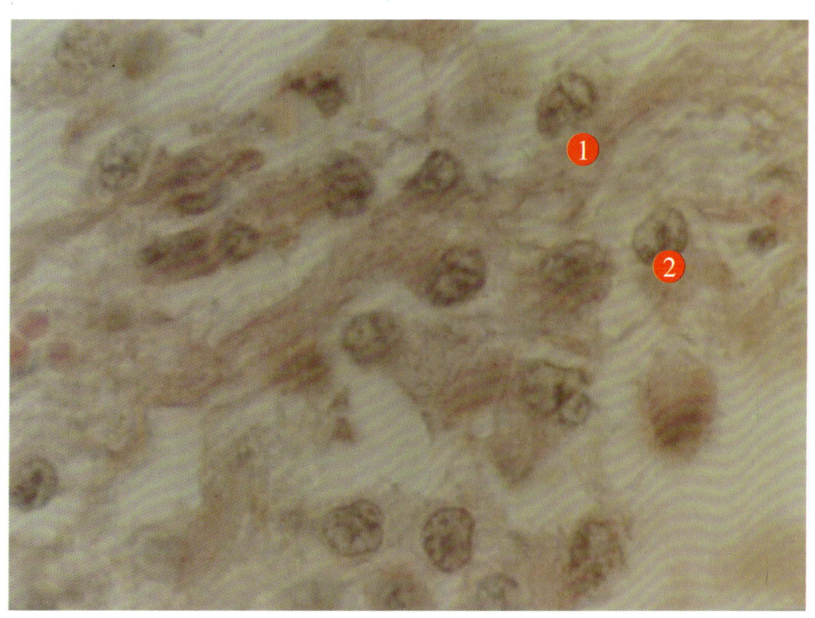

图1-113 人松果体细胞直接分裂（2）

苏木素-伊红染色 ×1 000

❶示横隔式直接核分裂；❷示侧凹型直接核分裂。

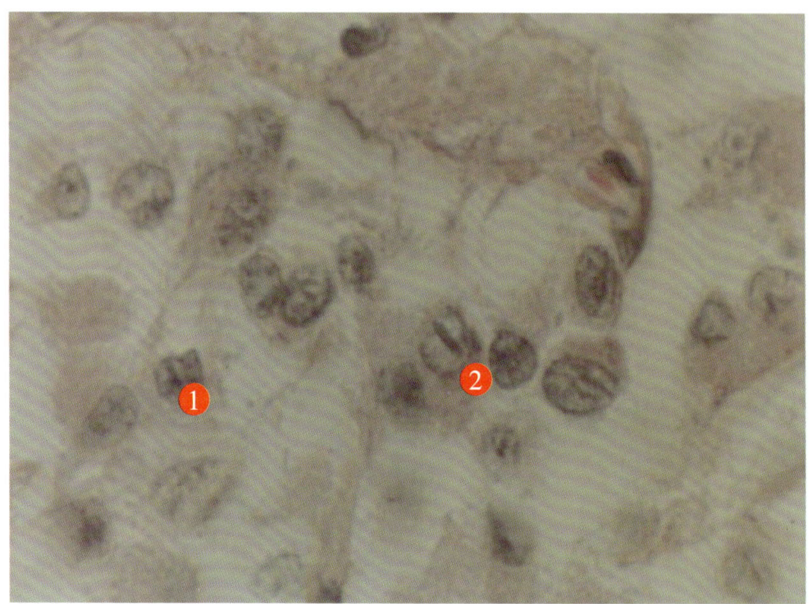

■ **图1-114　人松果体细胞直接分裂（3）**

苏木素-伊红染色　×1 000

❶示横隔式直接核分裂；❷示侧凹式直接核分裂。

13. 甲状腺细胞直接分裂　狗甲状腺亮细胞、过渡性细胞和甲状腺上皮细胞均可见横列型直接分裂（图1-115~图1-118）。

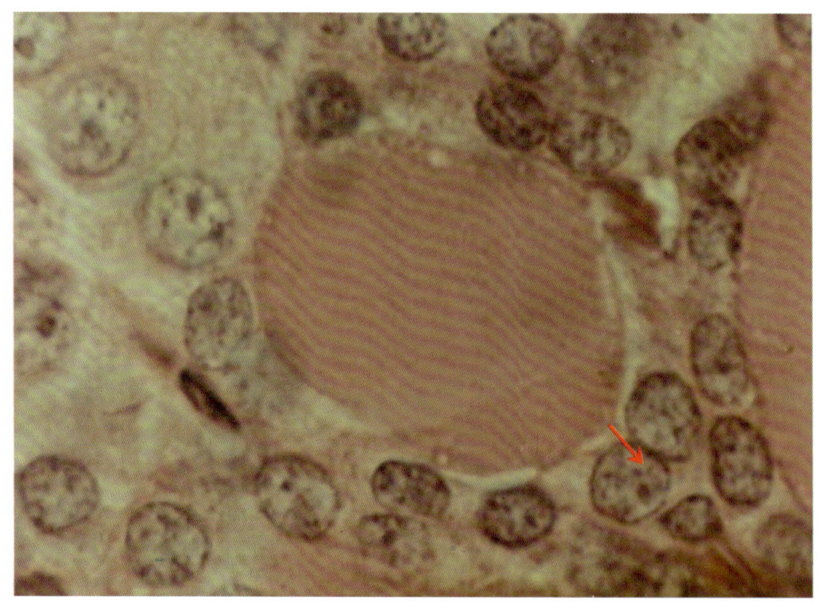

■ **图1-115　狗甲状腺亮细胞直接分裂（1）**

苏木素-伊红染色　×1 000

↘示亮细胞直接分裂。

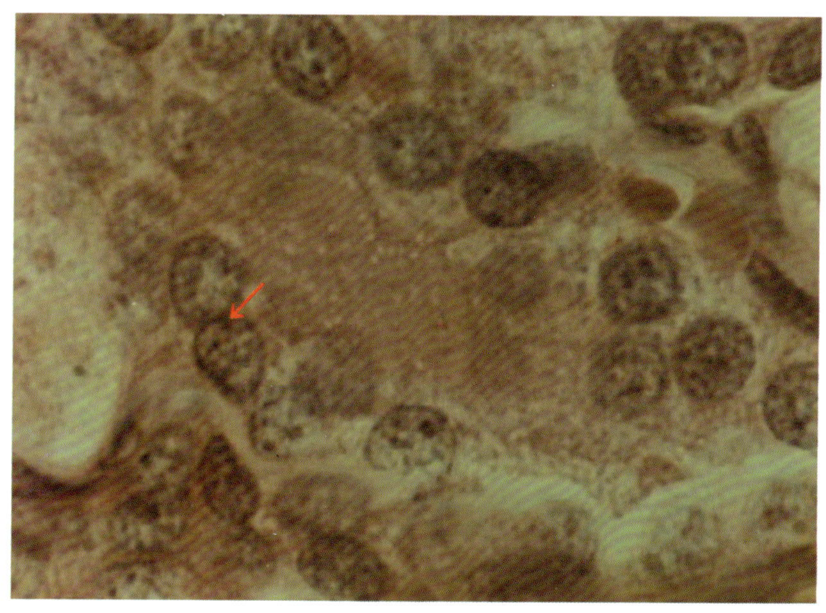

图1-116 狗甲状腺亮细胞直接分裂（2）

苏木素-伊红染色 ×1 000

↙示亮细胞直接分裂。

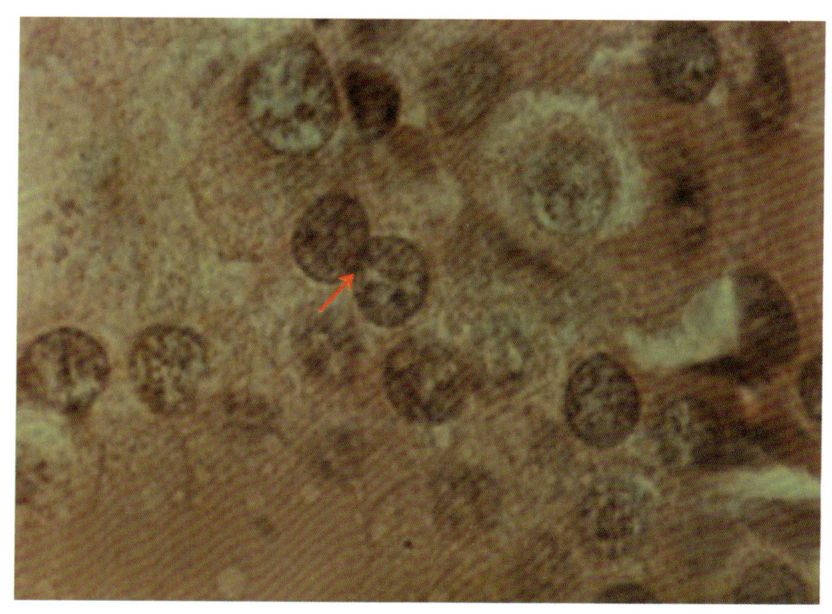

图1-117 狗甲状腺过渡性细胞直接分裂

苏木素-伊红染色 ×1 000

↗示甲状腺过渡性细胞直接分裂。

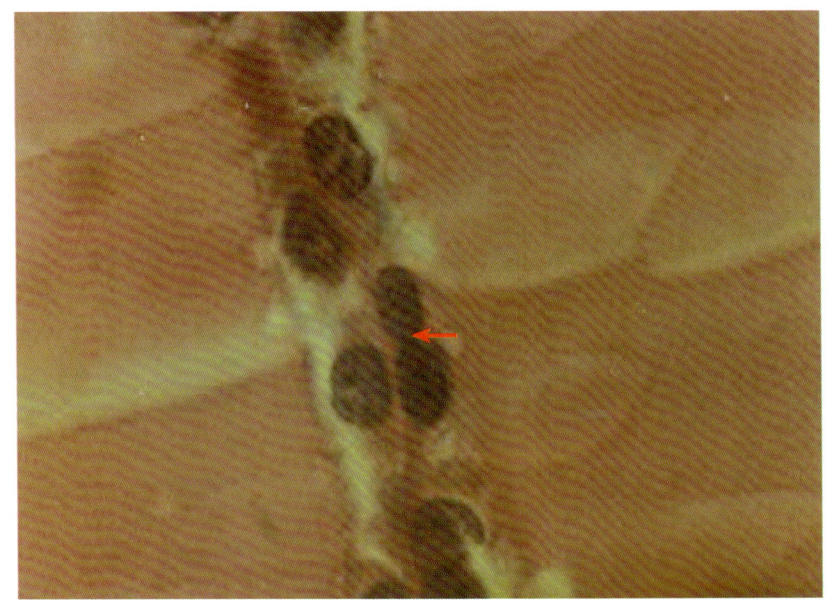

■ **图1-118　狗甲状腺滤泡上皮细胞直接分裂**

苏木素-伊红染色　×1 000

←示甲状腺滤泡上皮细胞直接分裂。

14. 视网膜节细胞直接分裂　大白鼠视网膜节细胞可见横隔式、纵隔式和横缢型直接分裂（图1-119~图1-121）。

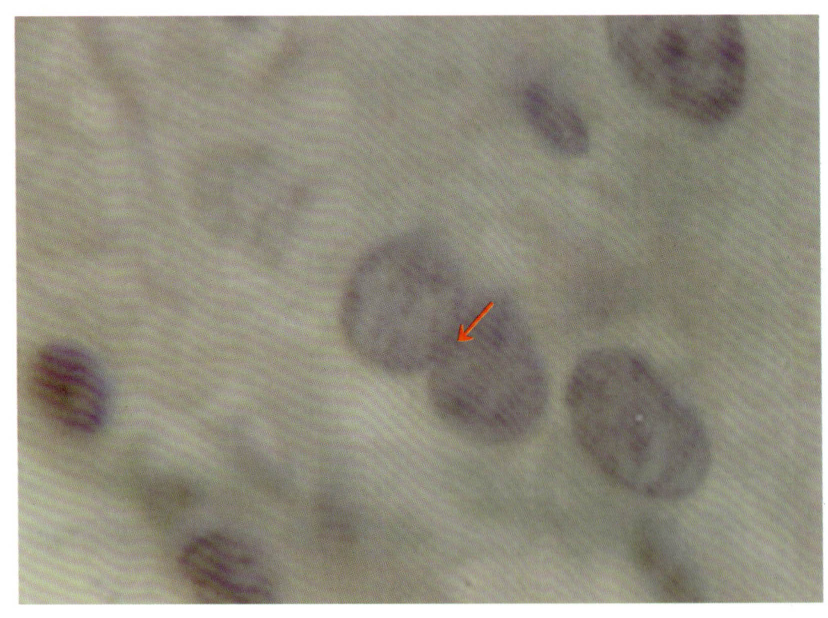

■ **图1-119　大白鼠视网膜节细胞直接分裂（1）**

苏木素-伊红染色　×1 000

↙示视网膜节细胞横隔式直接分裂。

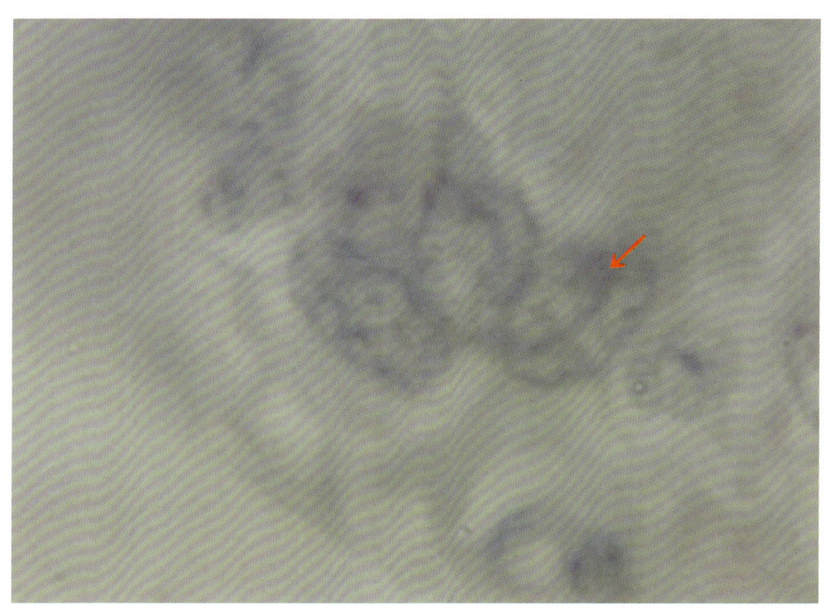

■ 图1-120　大白鼠视网膜节细胞直接分裂（2）

苏木素-伊红染色　×1 000

↙示视网膜节细胞纵隔式直接分裂。

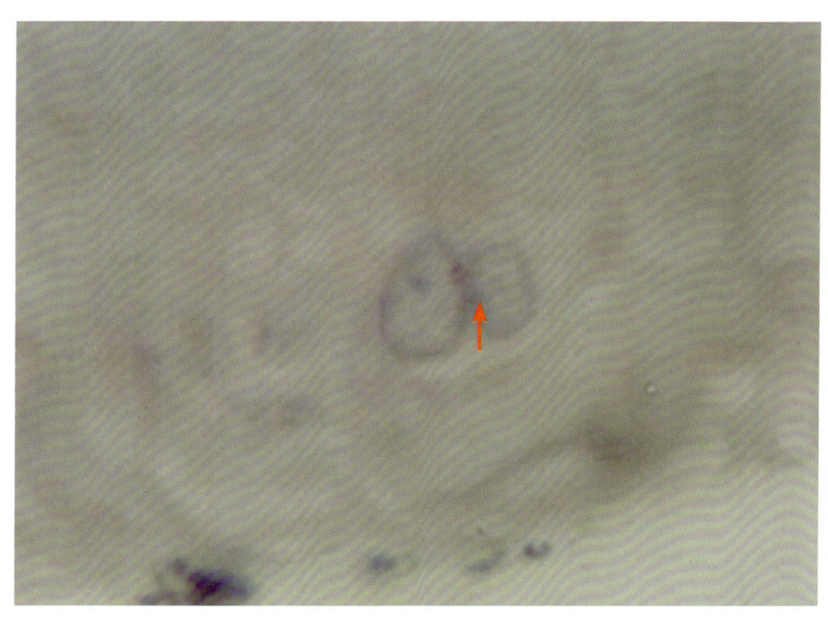

■ 图1-121　大白鼠视网膜节细胞直接分裂（3）

苏木素-伊红染色　×1 000

↑示视网膜节细胞横缢型直接分裂。

15. 食管肌细胞直接分裂 人食管横纹肌细胞可见横隔式和纵隔式直接分裂（图1-122～图1-124）。

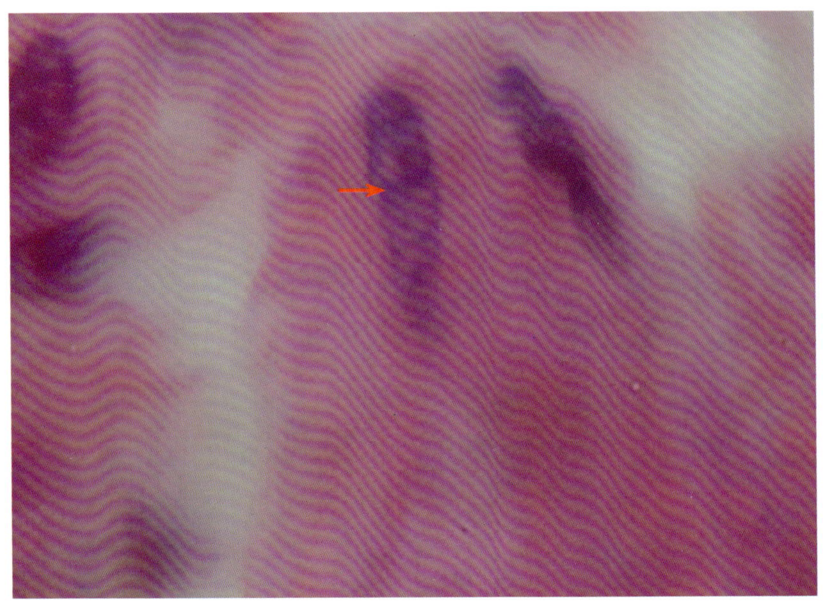

■ **图1-122 人食管横纹肌细胞核横裂**

苏木素-伊红染色 ×1 000

→示食管横纹肌细胞核横隔式直接分裂。

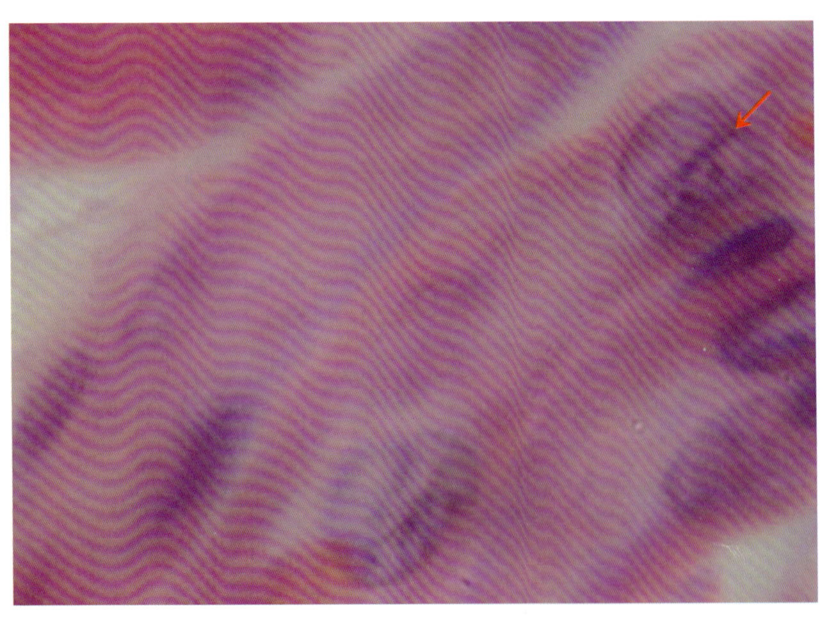

■ **图1-123 人食管横纹肌细胞核纵裂（1）**

苏木素-伊红染色 ×1 000

↙示食管横纹肌细胞纵隔式直接分裂。

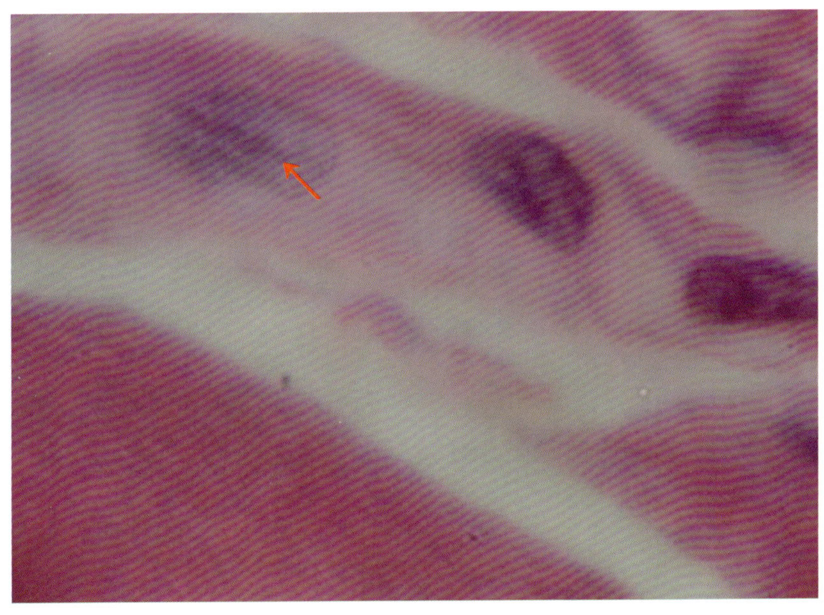

■ 图1-124 人食管横纹肌细胞核纵裂（2）

苏木素-伊红染色 ×1 000

↖示食管横纹肌细胞纵隔式直接分裂。

16. 胰腺细胞直接分裂 人胰腺细胞可见横隔式直接分裂（图1-125~图1-127）。

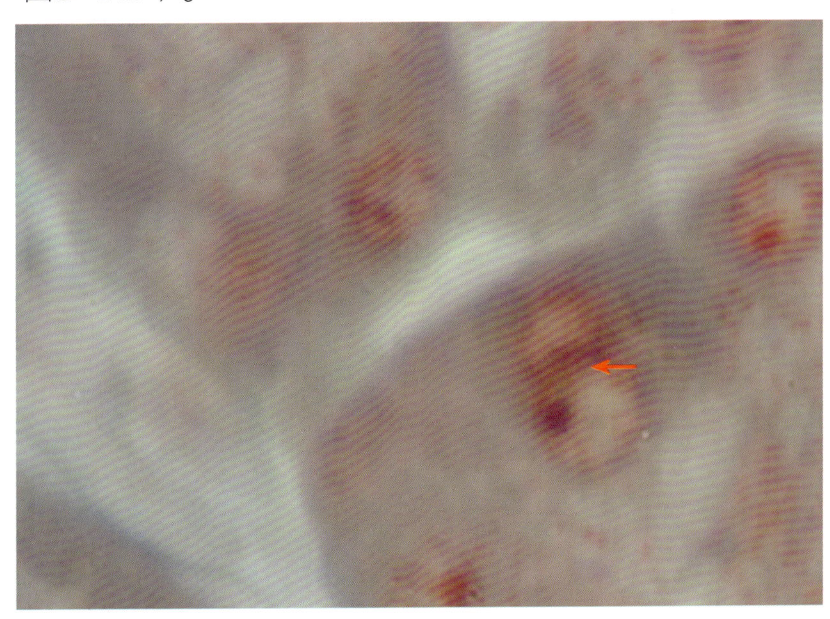

■ 图1-125 人胰腺细胞直接分裂（1）

Masson染色 ×1 000

←示胰腺细胞横隔式直接分裂。

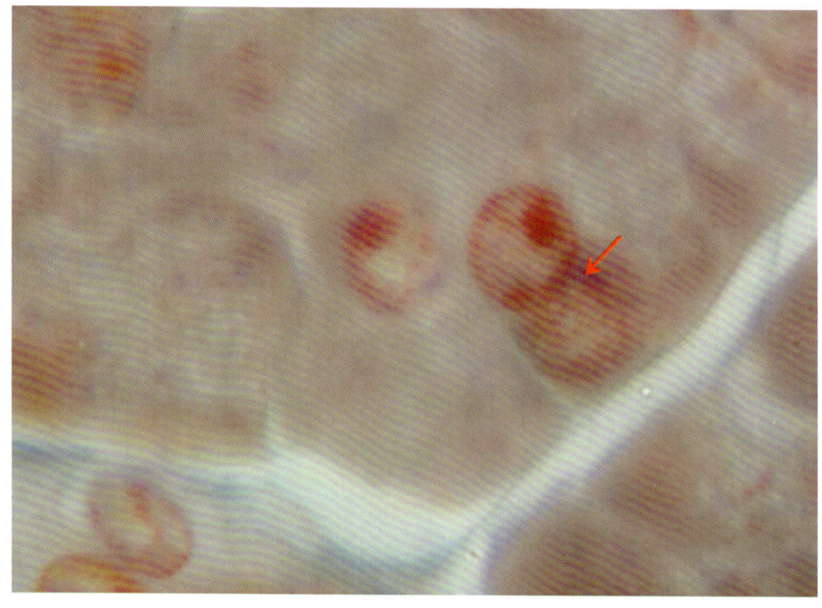

■ 图1-126　人胰腺细胞直接分裂（2）

Masson染色　×1 000

↙示胰腺细胞横隔式直接分裂。

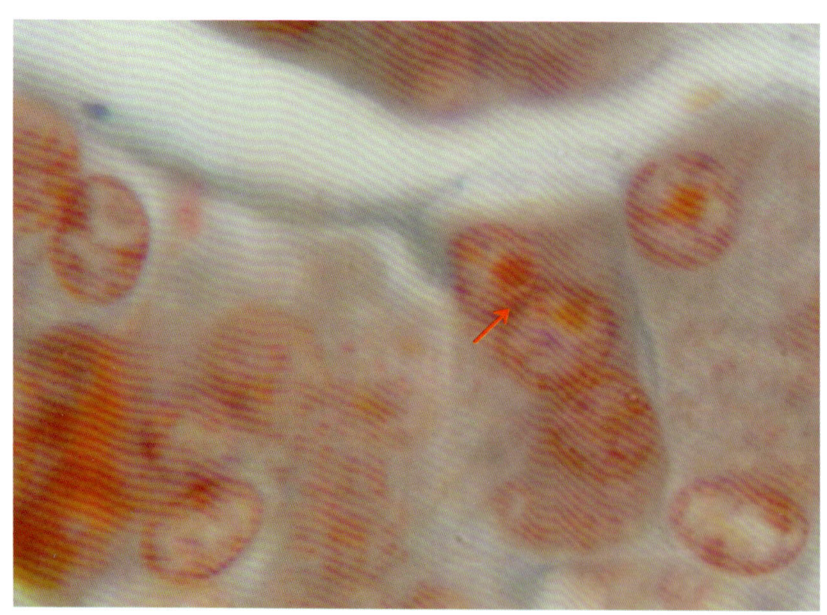

■ 图1-127　人胰腺细胞直接分裂（3）

Masson染色　×1 000

↗示胰腺细胞横隔式直接分裂。

17. 呼吸上皮细胞直接分裂 成人气管呼吸上皮细胞可见横隔式（图1-128）、纵隔式（图1-129）和斜隔式直接分裂（图1-130）。胎儿肺呼吸上皮细胞多见纵隔式直接分裂（图1-131）。

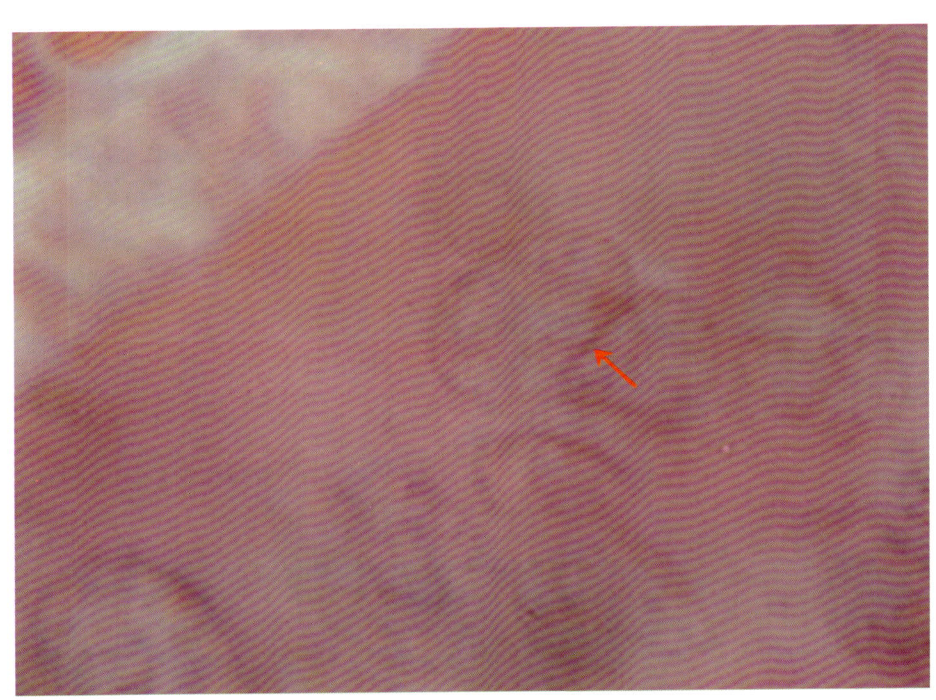

图1-128 人气管呼吸上皮细胞直接分裂（1）

苏木素-伊红染色 ×1 000

↖示横隔式直接分裂。

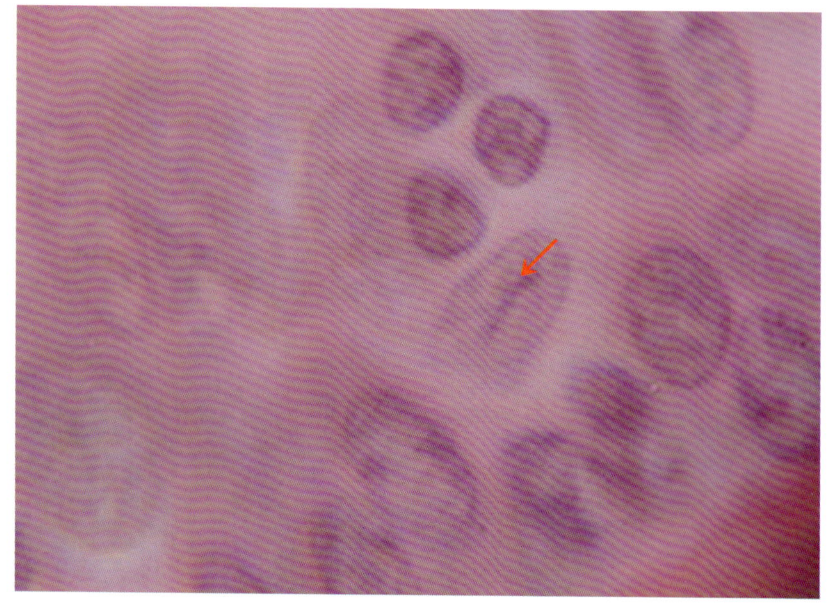

■ **图1-129　人气管呼吸上皮细胞直接分裂（2）**

苏木素-伊红染色　×1 000

↙示纵隔式直接分裂。

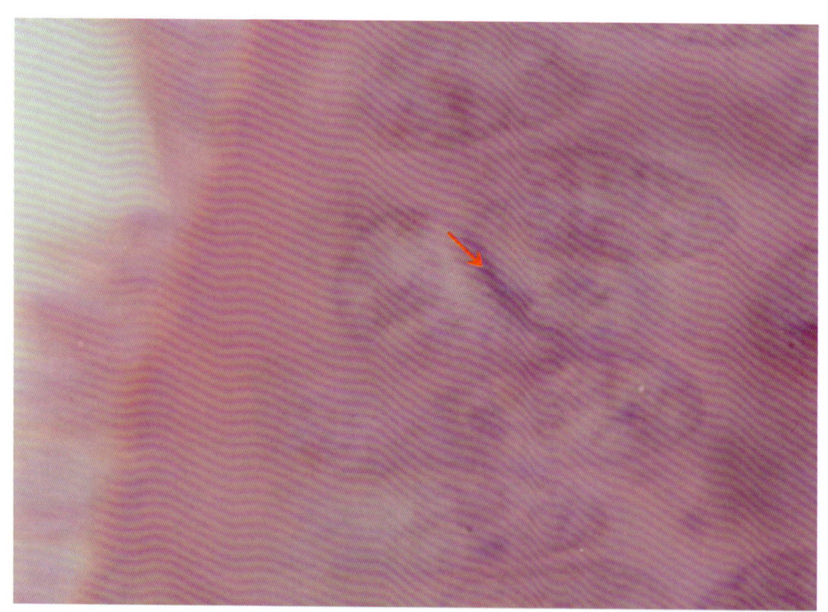

■ **图1-130　人气管呼吸上皮细胞直接分裂（3）**

苏木素-伊红染色　×1 000

↘示斜隔式直接分裂。

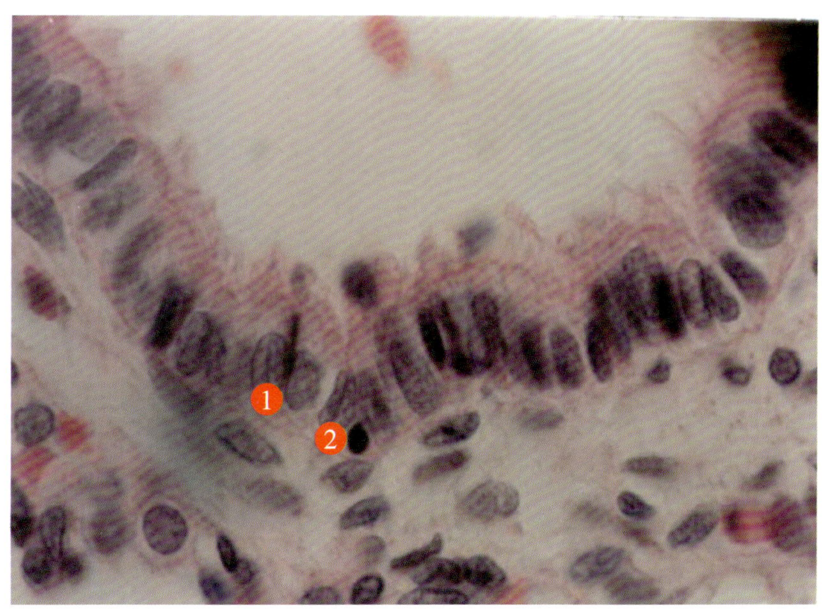

■ **图1-131　胎儿肺呼吸上皮细胞直接分裂**

苏木素-伊红染色　×400

❶和❷示呼吸上皮细胞纵隔式直接分裂。

18. 肺间质干细胞直接分裂　人肺间质干细胞可见横隔式和侧凹型直接分裂（图1-132~图1-134）。

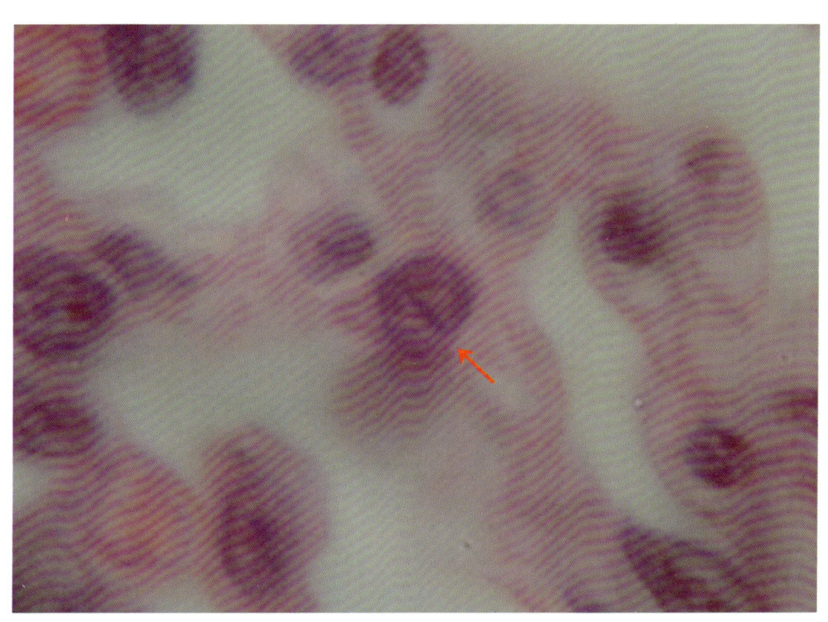

■ **图1-132　人肺间质干细胞直接分裂（1）**

苏木素-伊红染色　×1 000

↖示横隔式直接分裂早期。

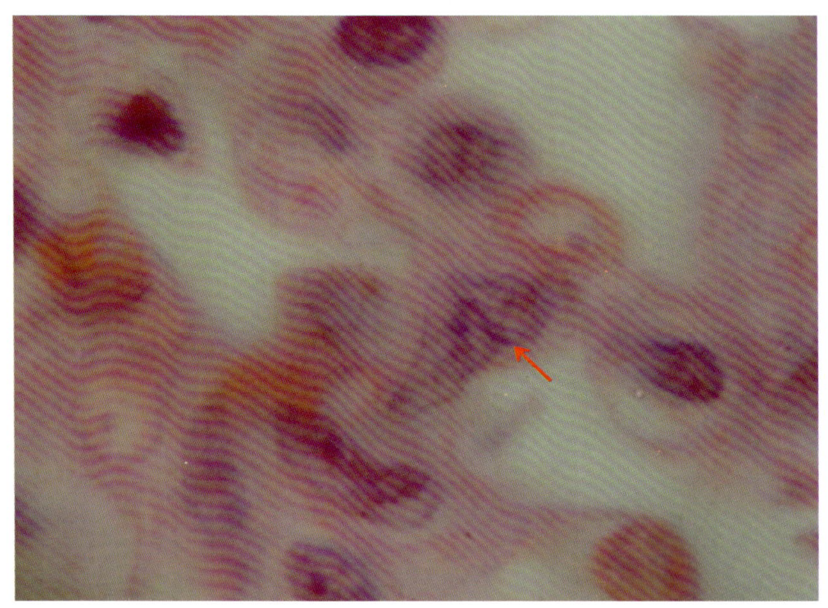

■ 图1-133　人肺间质干细胞直接分裂（2）

苏木素-伊红染色　×1 000

↖示横隔式直接分裂早期。

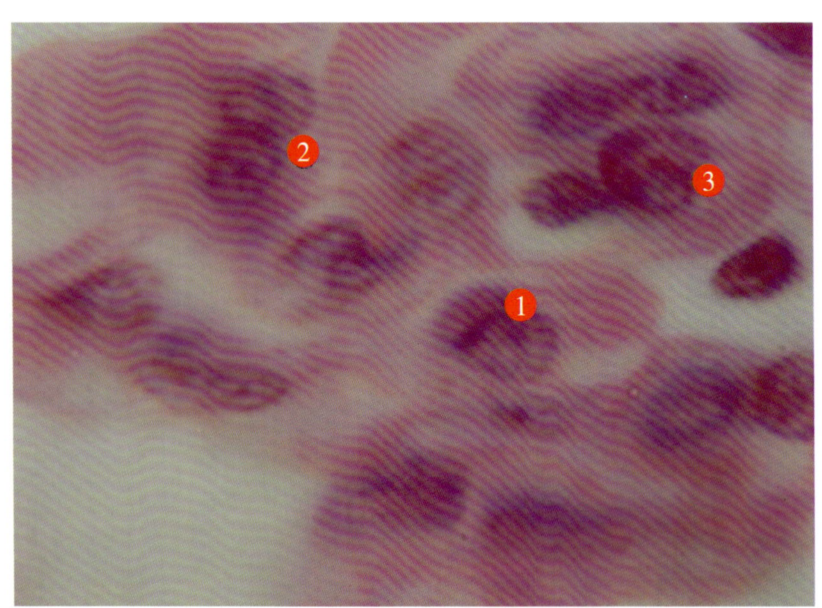

■ 图1-134　人肺间质干细胞直接分裂（3）

苏木素-伊红染色　×1 000

❶示早期横隔式直接分裂；❷示晚期横隔式直接分裂；❸示侧凹型直接分裂。

19. 肾细胞直接分裂 猴肾细胞可见横隔式直接分裂（图1-135～图1-137），也可见横缢型直接分裂（图1-138）。

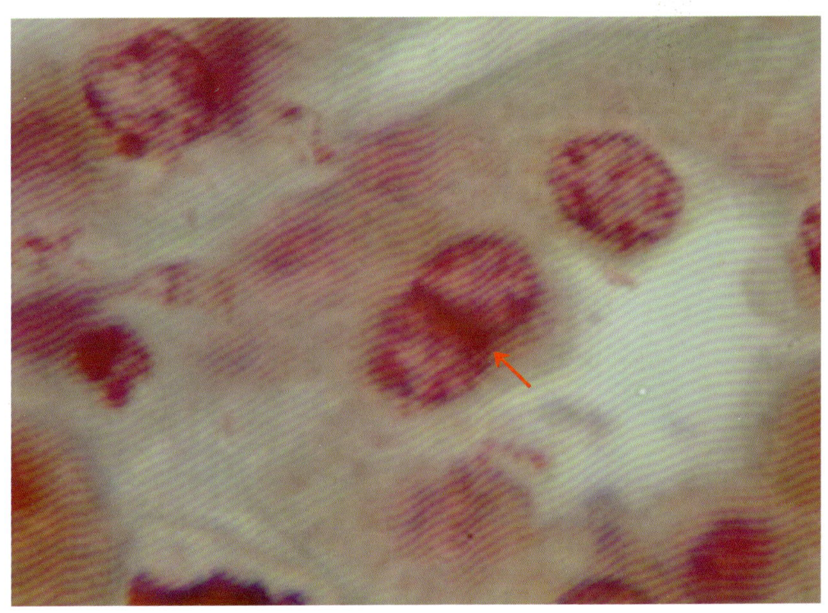

■ 图1-135 猴肾细胞横隔式直接分裂（1）

卡红染色 ×1 000

↖示肾细胞中期横隔式直接分裂。

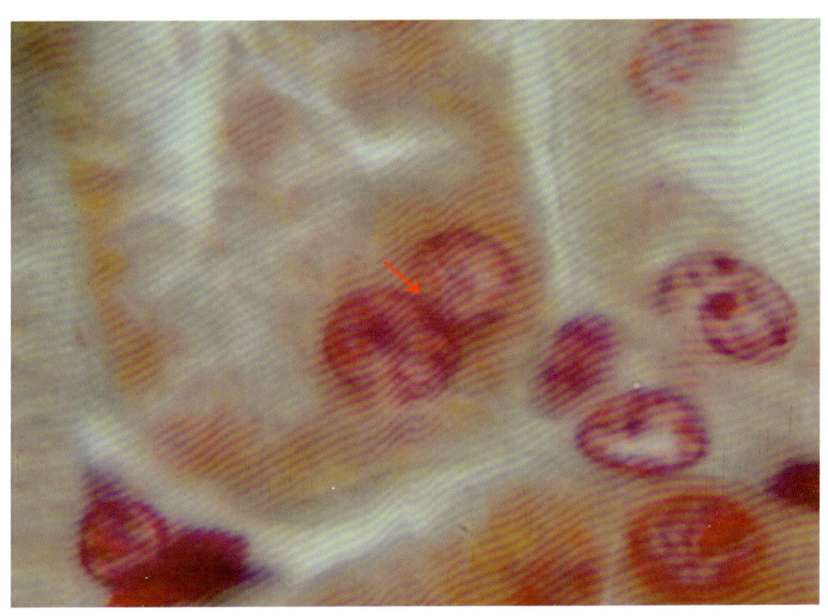

■ 图1-136 猴肾细胞横隔式直接分裂（2）

卡红染色 ×1 000

↘示肾细胞晚期横隔式直接分裂。

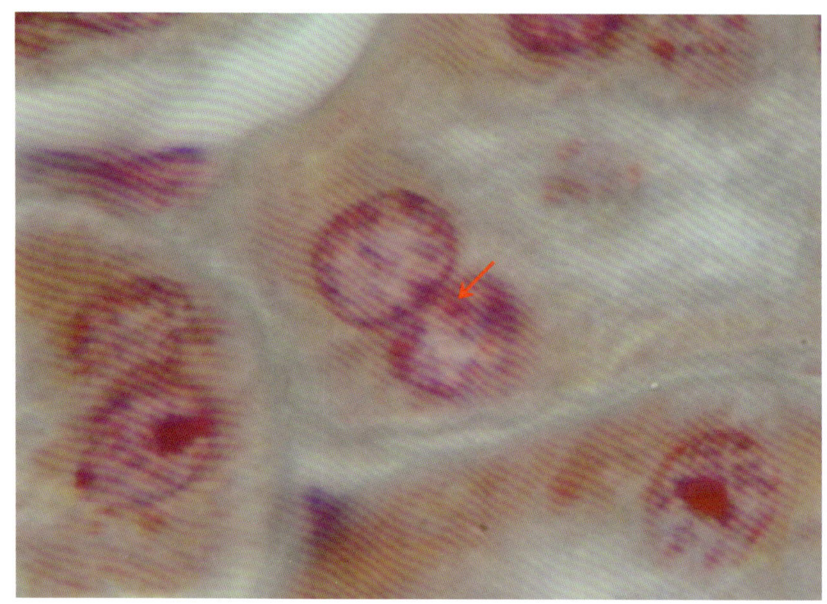

■ 图1-137　猴肾细胞横隔式直接分裂（3）

卡红染色　×1 000

↙示肾细胞晚期横隔式直接分裂。

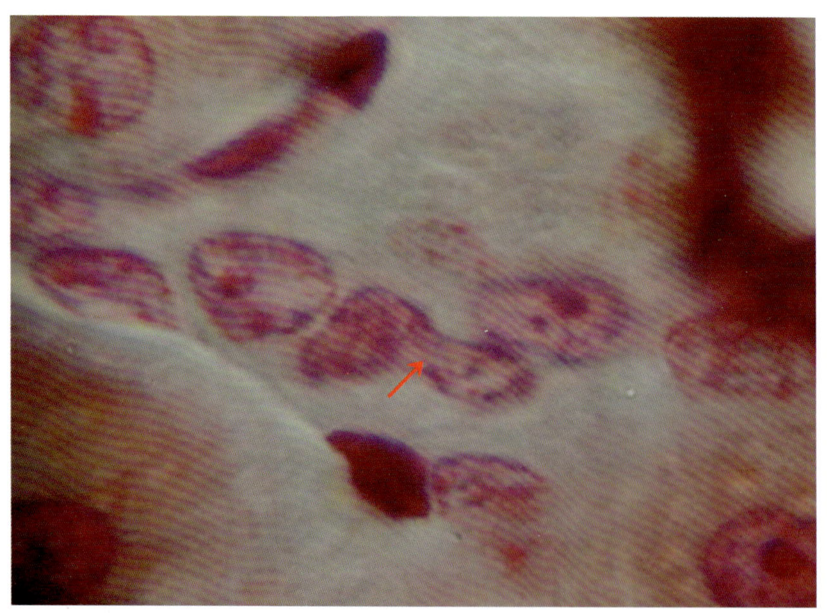

■ 图1-138　猴肾细胞横缢型直接分裂

卡红染色　×1 000

↗示成肾细胞横缢型直接分裂。

观察到直接分裂的细胞还有人和狗血管平滑肌细胞、人大脑皮层神经细胞、大白鼠小脑蛛网膜细胞、人脊髓室管膜细胞、人源甲状腺迁移干细胞巢细胞、狗甲状旁腺细胞、豚鼠螺旋器毛细胞、豚鼠螺旋神经束细胞、大白鼠视网膜内核层细胞、大白鼠视网膜外核层细胞、大白鼠视神经束细胞、人表皮细胞、人食管肌间神经丛细胞、兔胃上皮细胞、人和兔空肠平滑肌细胞、人肾被膜细胞、人肾肾细胞演化过渡性细胞、人肾盏源肾集合管上皮细胞、人膀胱上皮细胞、人生精上皮支持细胞、人精原细胞、兔次级精母细胞、人精子细胞、狗血管源干细胞-生精细胞演化过渡性细胞、狗睾丸内神经束演化过渡性细胞、狗睾丸间质干细胞、狗睾丸间质细胞、兔附睾间质干细胞、猫卵巢表面上皮细胞、猫卵巢基质细胞和人子宫腺细胞等（“图说组织动力学”系列出版物第2～9卷）。

直接分裂的细胞名单肯定还会不断增加，足见人和高等动物细胞直接分裂的普遍性、多样性和复杂性。不惜篇幅罗列长长的直接分裂细胞名单是要提醒生物医学界，是该直面人和高等动物细胞直接分裂的时候了。

（二）细胞直接分裂的对称性问题

对称性二裂类细胞分裂是晚期细胞直接分裂的普遍方式，但也可见细胞的非对称性直接分裂，主要是演化程度不对称、空间不对称和运动状态不对称，PC12细胞表现最明显。

1. 演化程度不对称性分裂

（1）PC12细胞演化程度不对称性分裂　演化程度不对称性PC12细胞分裂是指分裂的两个细胞的演化程度有明显差别。在甲绿-哌若宁标本上表现为绿色细胞核与灰色细胞核分裂（图1-139、图1-140）。在吉姆萨染色标本上，早期可见细胞核分成红、蓝两部分，之后分成两个明显不同的细胞核，细胞质嗜色性也有明显差异（图1-141），之后成为两个演化程度不同的细胞（图1-142），两个细胞核距离渐远（图1-143），细胞质连接部分由多变少，以至仅留胞质细丝相连（图1-144），最终完全断离，成为两个独立的、演化程度不同的细胞。演化程度不对称性细胞分裂是细胞分化的重要机制。

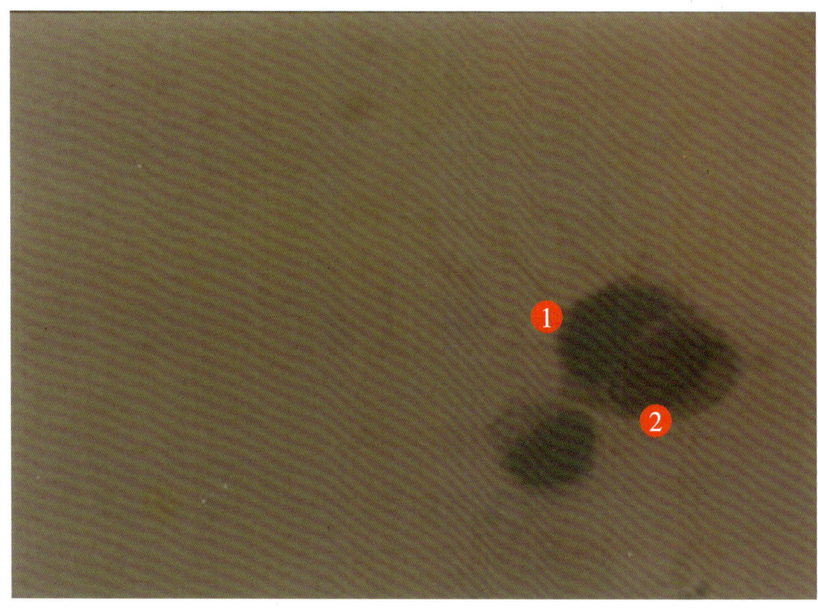

■ 图1-139　演化程度不对称性PC12细胞分裂（1）

甲绿-哌若宁染色　×1 000

❶示演化较早期PC12细胞核；❷示演化较晚期PC12细胞核。

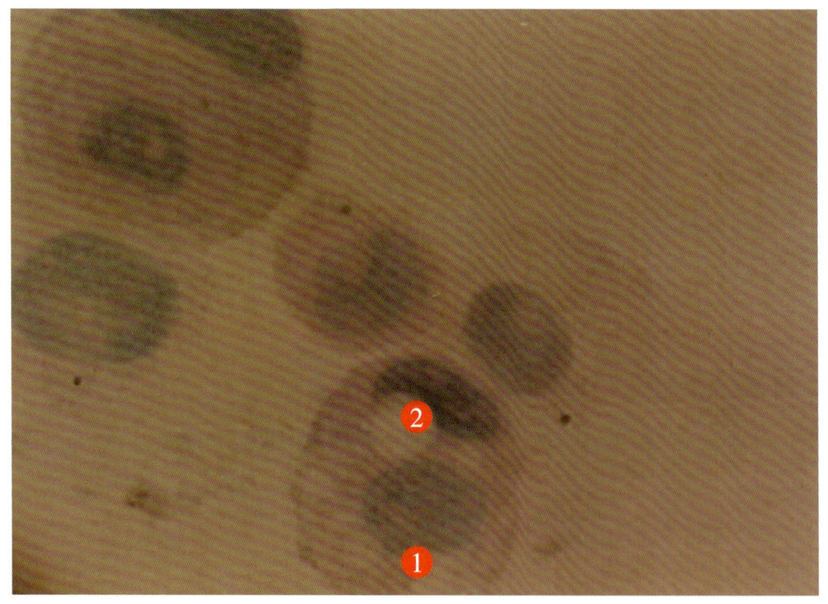

■ 图1-140　演化程度不对称性PC12细胞分裂（2）

甲绿-哌若宁染色　×1 000

❶示演化较早期PC12细胞核；❷示演化较晚期PC12细胞核。

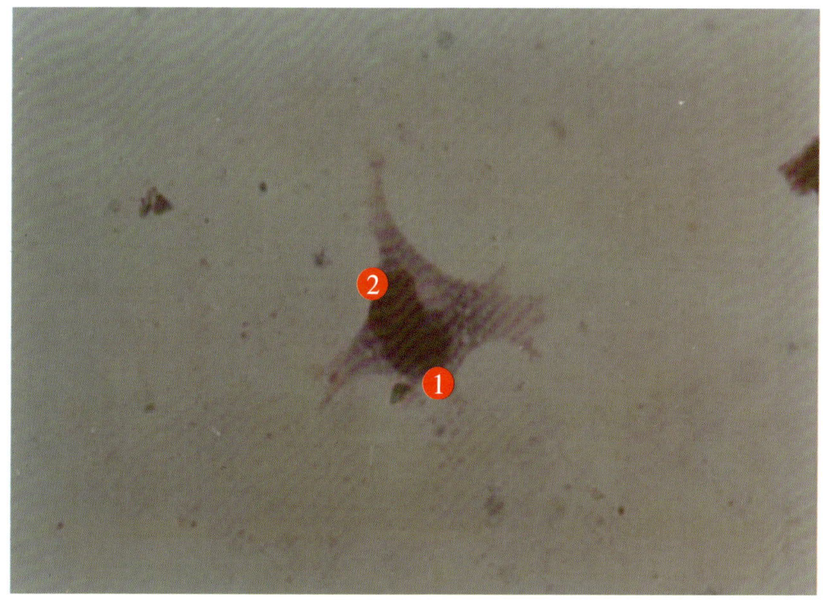

■ 图1-141　演化程度不对称性PC12细胞分裂（3）

吉姆萨染色　×400

❶示演化较早期PC12细胞核；❷示演化较晚期PC12细胞核。

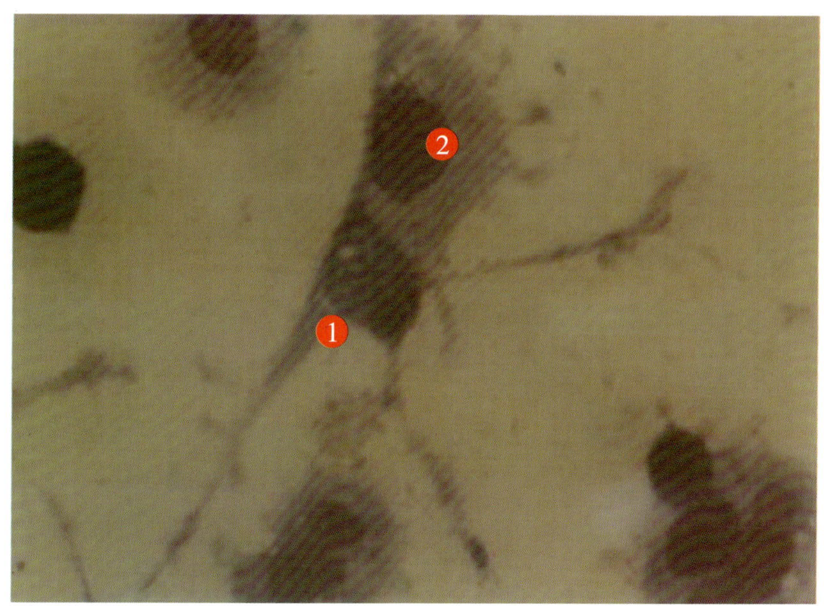

■ 图1-142　演化程度不对称性PC12细胞分裂（4）

吉姆萨染色　×400

图示演化程度不对称性PC12细胞分裂。❶示演化较早期PC12细胞；❷示演化较晚期PC12细胞。

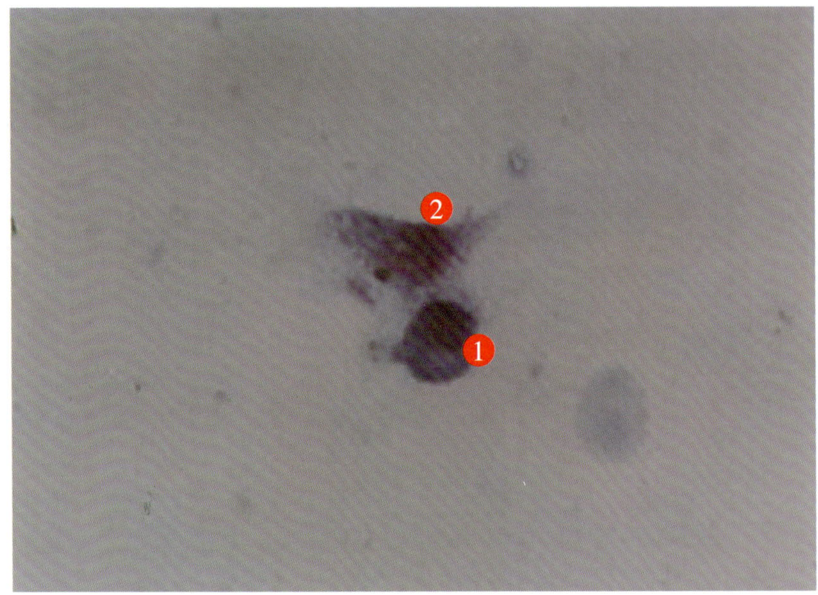

■ 图1-143　演化程度不对称性PC12细胞分裂（5）

吉姆萨染色　×400

❶示演化较早期PC12细胞；❷示演化较晚期PC12细胞。二者在分离。

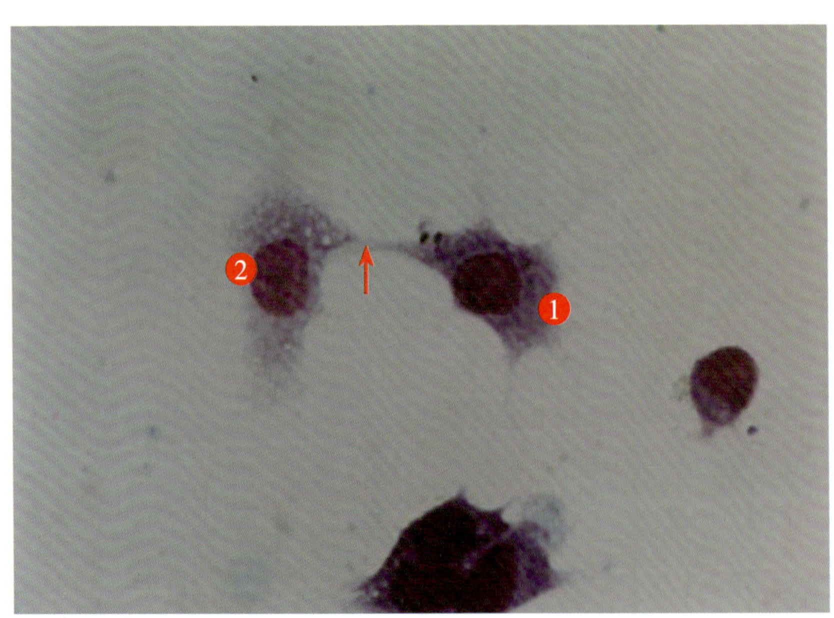

■ 图1-144　演化程度不对称性PC12细胞分裂（6）

吉姆萨染色　×400

❶示演化较早期PC12细胞；❷示演化较晚期PC12细胞。↑示两个演化程度不同的子细胞只留胞质细丝相连。

（2）神经细胞演化程度不对称性分裂　苏木素-伊红染色的神经细胞可显示演化程度不对称性直接分裂（图1-145），PCNA技术标记清楚显示神经细胞演化程度不对称性直接分裂（图1-146）。

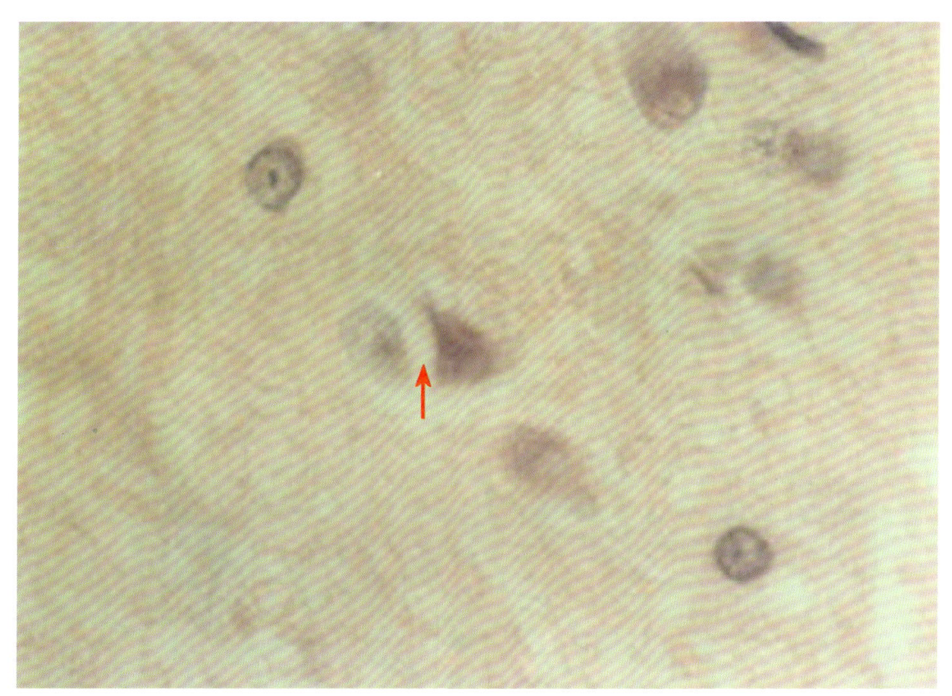

■ **图1-145　人大脑皮质神经细胞直接分裂**

苏木素-伊红染色　×400

↑示人大脑皮质细胞核演化程度极不对称性直接分裂，核脱颖。

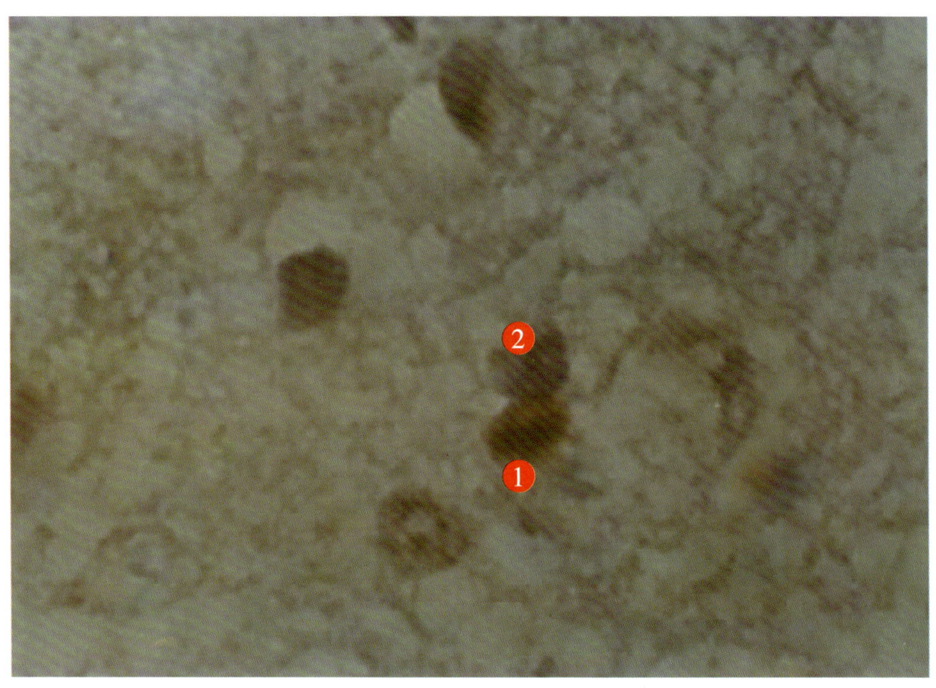

■ 图1-146　大白鼠大脑皮质神经细胞不对称直接分裂

PCNA染色　×400

❶示分裂中的PCNA阳性子细胞核；❷示PCNA阴性子细胞核。

2. 空间不对称性细胞分裂　在PC12细胞分裂过程中可出现一个细胞在外完全包裹另一个细胞，类似孵育关系（图1-147、图1-148），有时这种包裹一侧常有缺陷（图1-149、图1-150）。

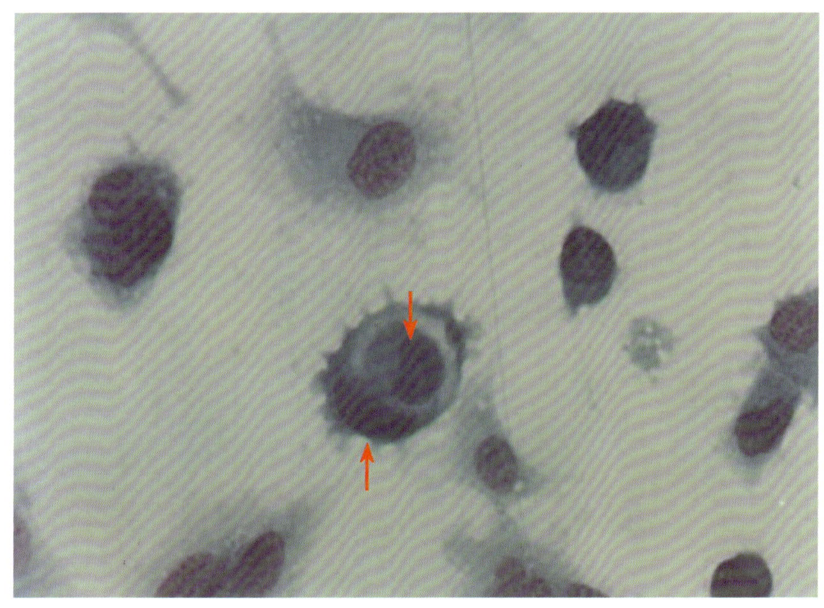

■ 图1-147　PC12细胞空间不对称性分裂（1）

吉姆萨染色　×400

↑示外包细胞；↓示内含细胞。

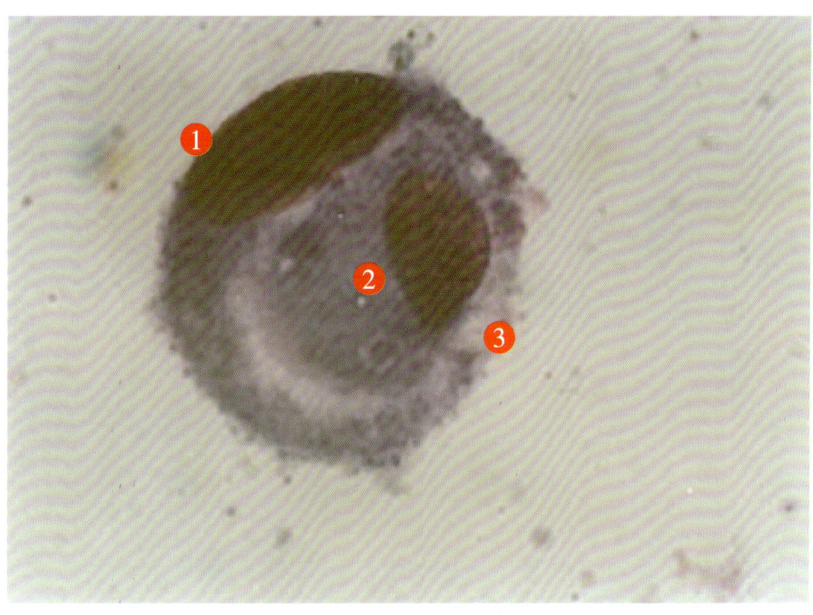

■ 图1-148　PC12细胞空间不对称性分裂（2）

吉姆萨染色　×1 000

❶示外包细胞；❷示内含细胞；❸示包被薄弱处。

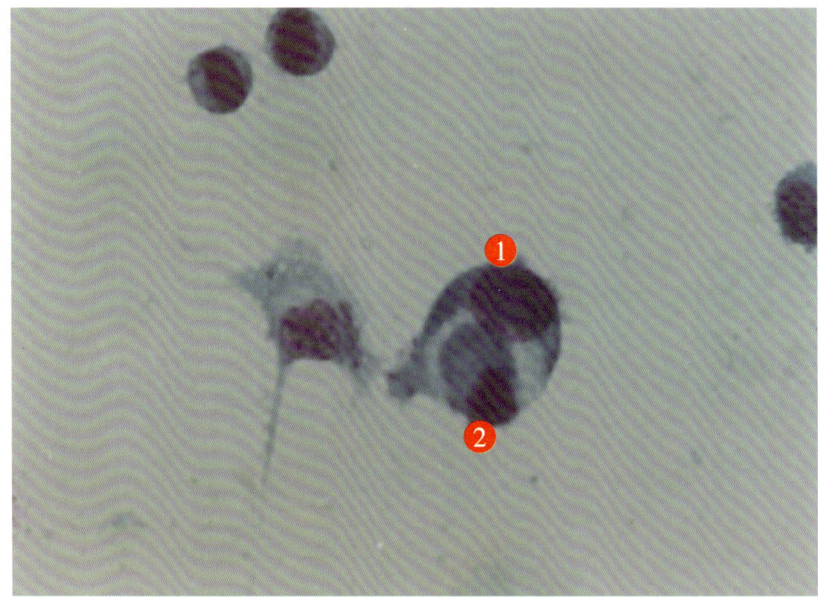

■ 图1-149 PC12细胞空间不对称性分裂（3）

吉姆萨染色 ×400

❶示外包细胞；❷示将要破壳而出的内含细胞。

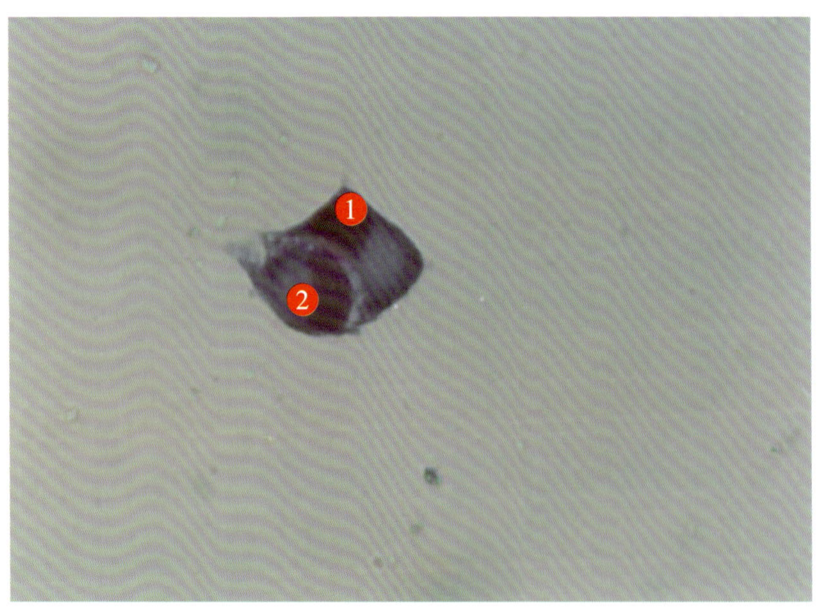

■ 图1-150 PC12细胞空间不对称性分裂（4）

吉姆萨染色 ×400

❶示外包细胞；❷示脱颖而出的内含细胞。

3. 细胞动态不对称性细胞分裂 不少PC12细胞分裂伴随细胞突起生长进行（图1-151、图1-152）。随着细胞突起长长，进入突起内的细胞核离开母细胞核（图1-153、图1-154），突起内的细胞核离开母细胞核渐行渐远（图1-155、图1-156），显然在此分裂过程中，移动的主要是突起内细胞核，而母细胞核很少移动，或相对静止。突起内细胞核可以是循前导突方向移动（图1-157、图1-158），也可并无主导的前导突，从母体离开的细胞像流星锤一样被掷出去（图1-159）。

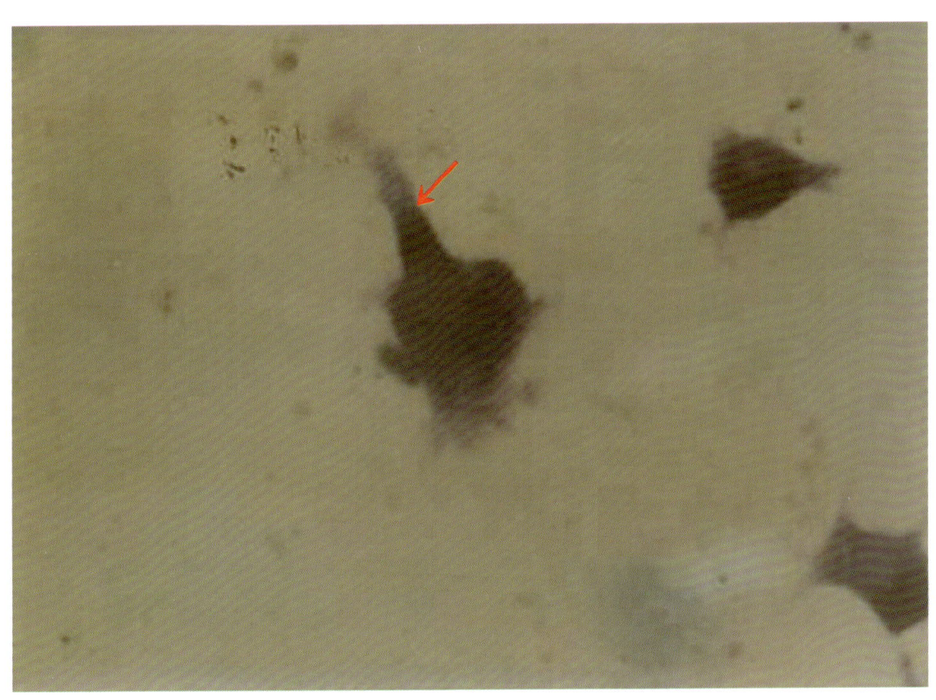

■ 图1-151 PC12细胞动态不对称性分裂（1）

吉姆萨染色 ×400

↙示PC12细胞突起及突入其中的细胞核。

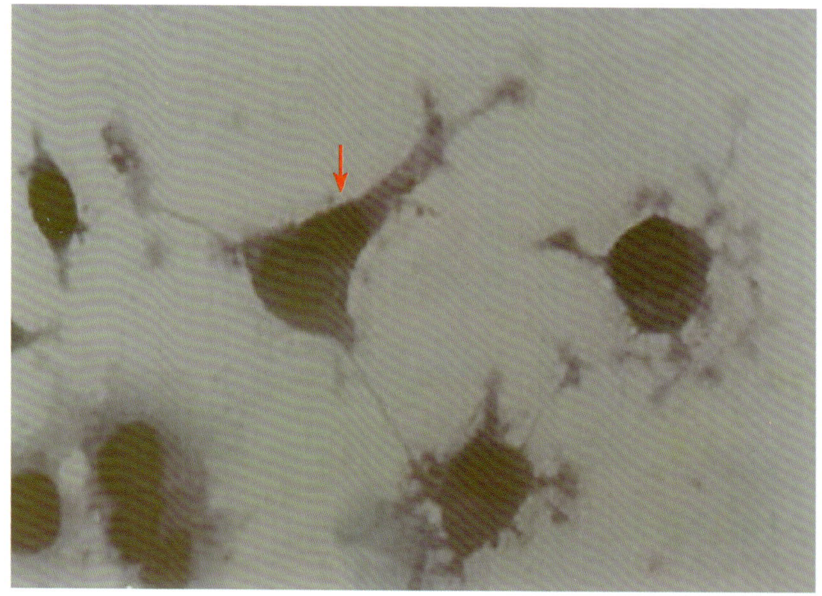

■ 图1-152　PC12细胞动态不对称性分裂（2）

吉姆萨染色　×400

↓示PC12细胞突起及突入其中的细胞核。

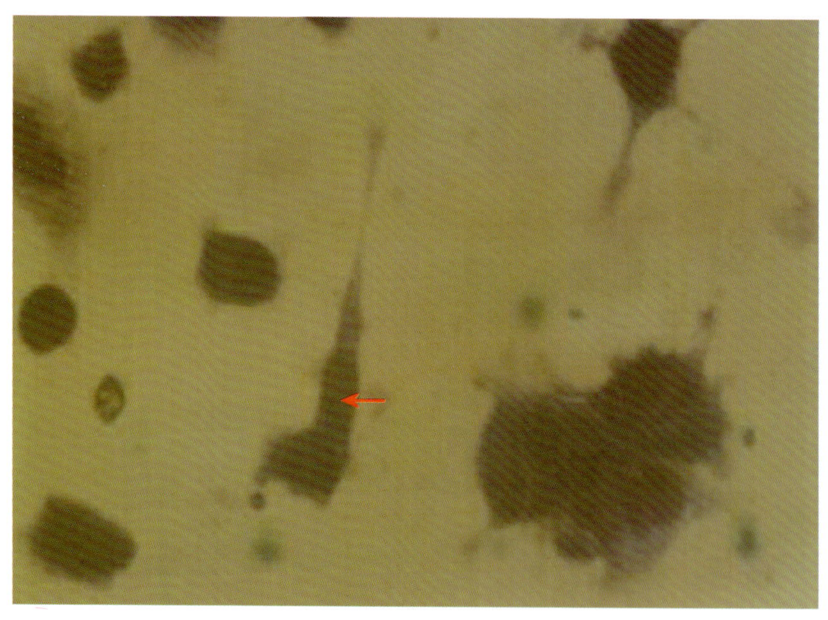

■ 图1-153　PC12细胞动态不对称性分裂（3）

吉姆萨染色　×400

←示PC12细胞突起中的细胞核与母核分离。

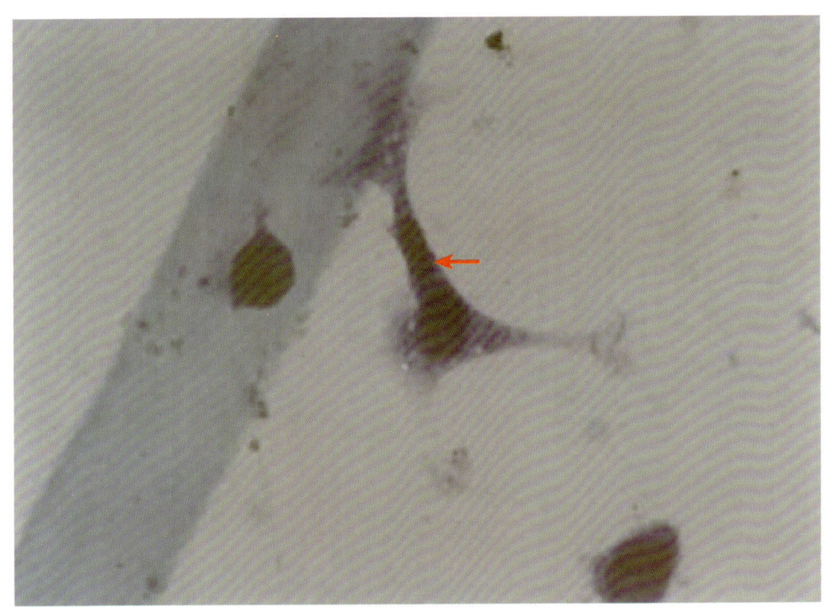

■ 图1-154　PC12细胞动态不对称性分裂（4）

吉姆萨染色　×400

←示PC12细胞突起中的细胞核与母核分离。

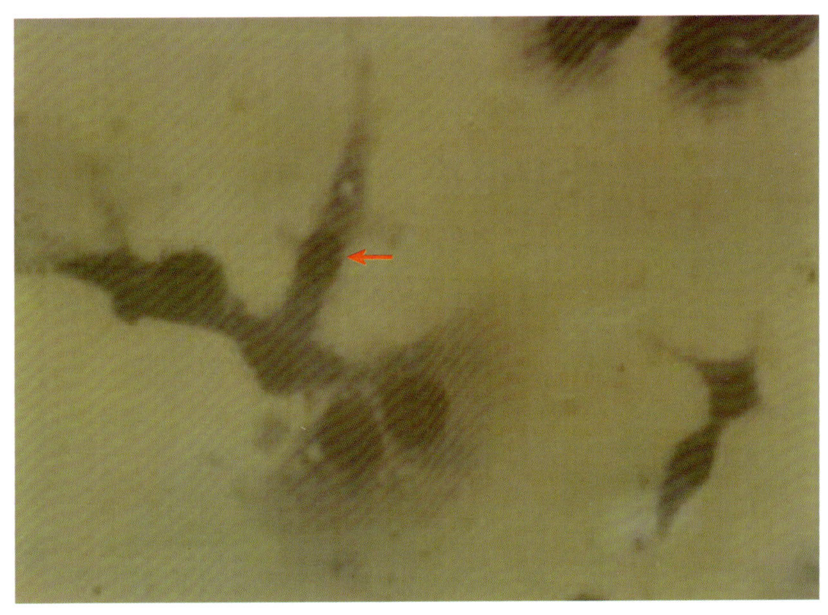

■ 图1-155　PC12细胞动态不对称性分裂（5）

吉姆萨染色　×400

←示PC12细胞突起中的细胞核与母核距离渐远。

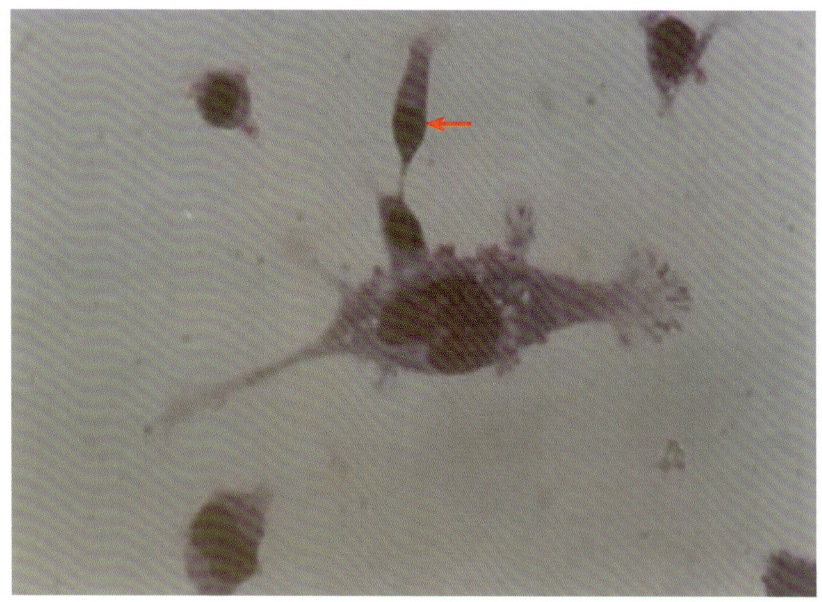

■ 图1-156　PC12细胞动态不对称性分裂（6）

吉姆萨染色　×400

←示突起中的细胞核与母核距离渐远，与之仅有细胞质丝相连。

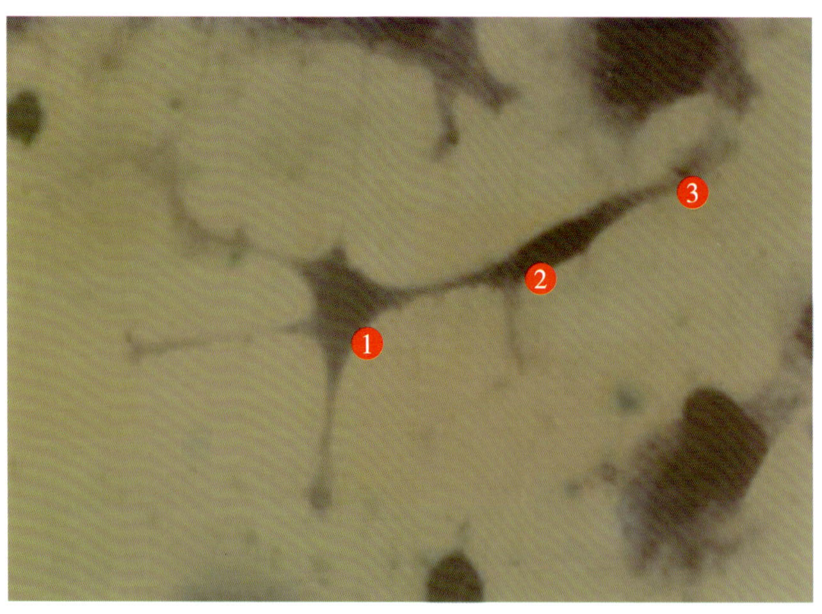

■ 图1-157　PC12细胞动态不对称性分裂（7）

吉姆萨染色　×400

❶示母体细胞；❷示远离的细胞核；❸示前导突。

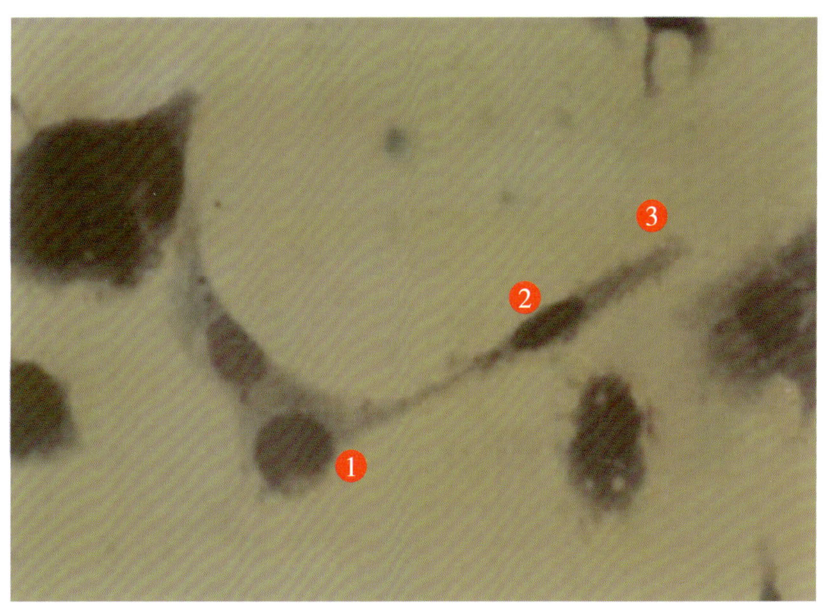

■ 图1-158 PC12细胞动态不对称性分裂（8）

吉姆萨染色 ×400

❶示母体细胞；❷示远离的细胞核；❸示前导突。

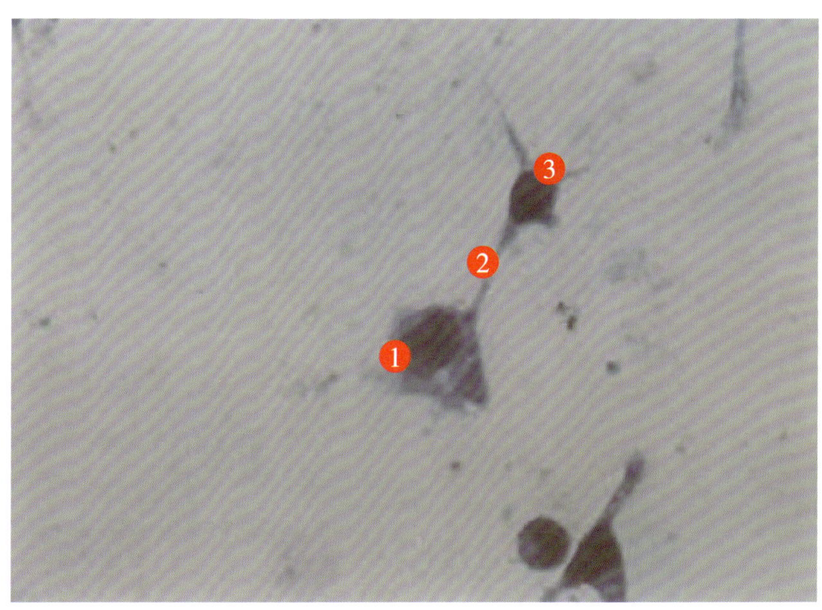

■ 图1-159 PC12细胞动态不对称性分裂（9）

吉姆萨染色 ×400

❶示母体细胞；❷示细胞质桥；❸示远离的细胞。

（三）细胞直接分裂的规整性问题

1. 不规整性细胞直接分裂 在常见的二裂类细胞的直接分裂，绝大多数细胞是规整的，生成两个对称的子细胞，但也可见到不规整性细胞直接分裂，如除产生两个子细胞外，还有第三个核（图1-160~图1-162）或产生大小不等的子细胞核（图1-163、图1-164）。

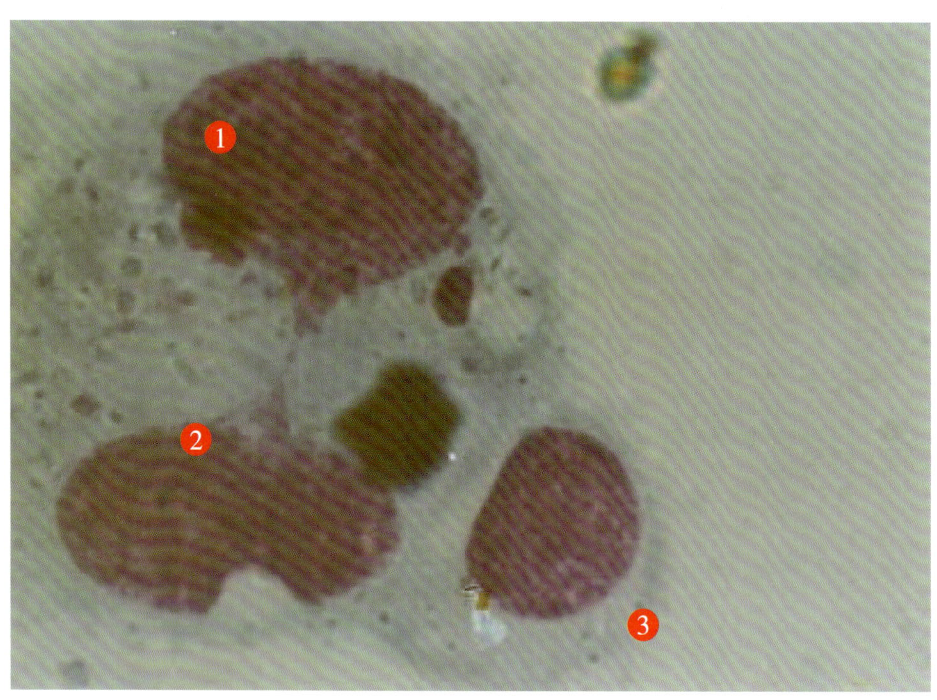

■ 图1-160 PC12细胞不规整直接分裂（1）

吉姆萨染色 ×1 000

❶和❷示两个主要子细胞；❸示第三细胞核块。

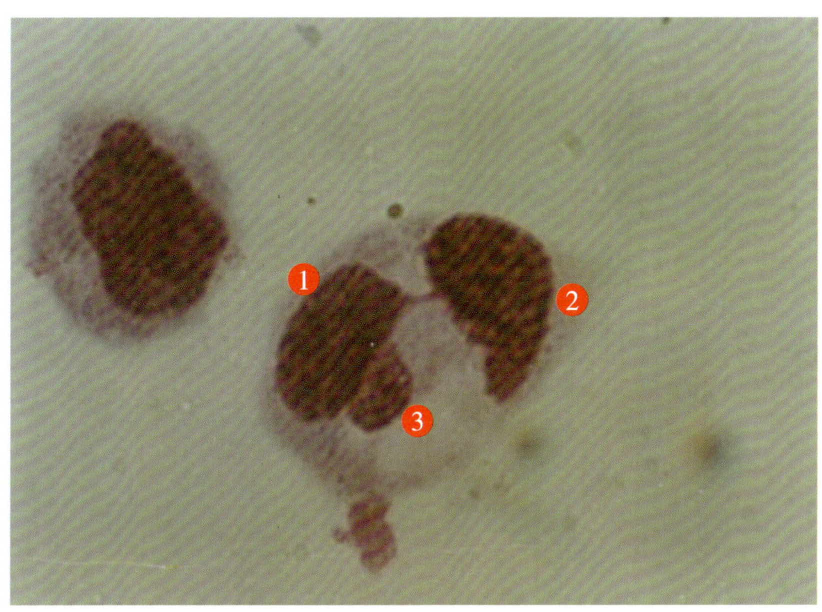

■ 图1-161　PC12细胞不规整直接分裂（2）

吉姆萨染色　×1 000

❶和❷示两个主要子细胞；❸示第三细胞核块。

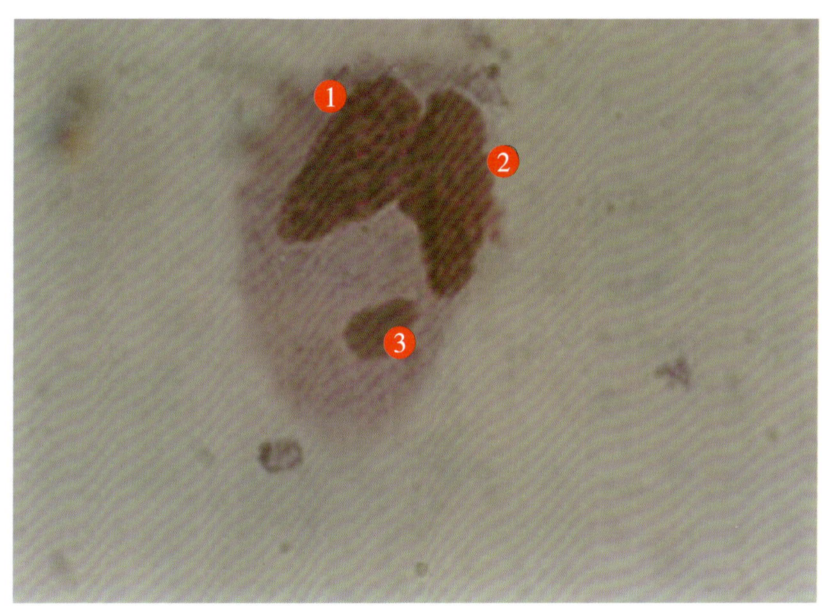

■ 图1-162　PC12细胞不规整直接分裂（3）

吉姆萨染色　×1 000

❶和❷示两个主要子细胞；❸示第三细胞核块。

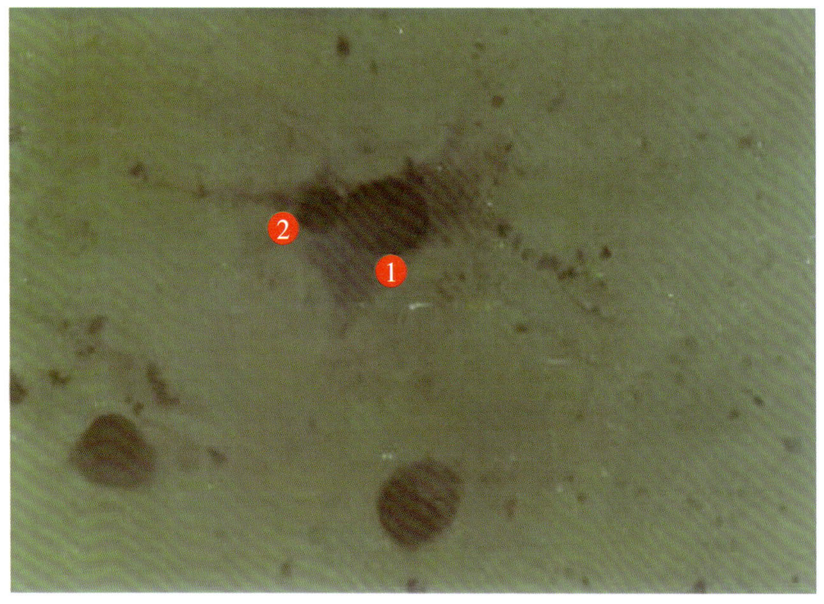

■ 图1-163　PC12细胞不规整直接分裂（4）

吉姆萨染色　×400

❶和❷示分裂中大小差别明显的两个子细胞核。

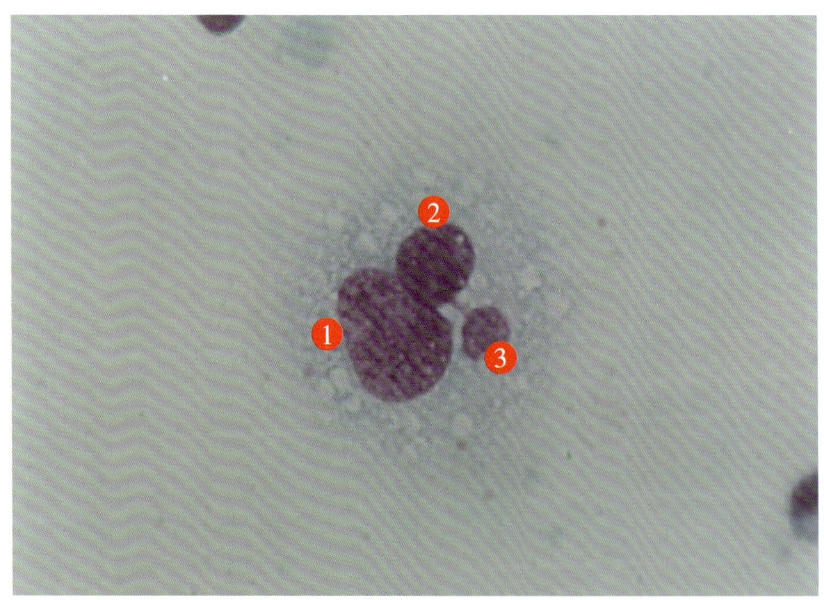

■ 图1-164　PC12细胞不规整直接分裂（5）

吉姆萨染色　×1 000

❶、❷和❸示分裂中的大、中、小三个细胞核。

2. **微核** 细胞直接分裂特别不规整，除分裂出主要细胞子核外还有多个小细胞核块（图1-165），甚至还形成许多更小的微核（图1-166）。

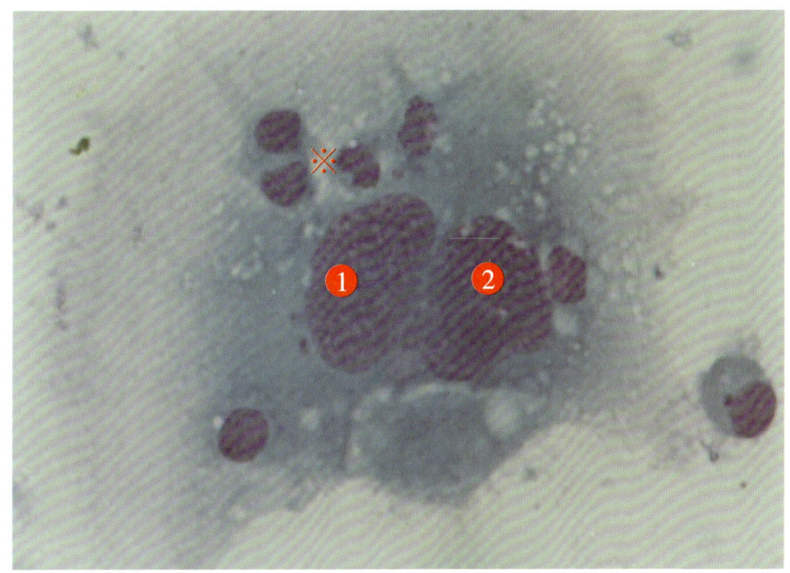

■ 图1-165 PC12 细胞神经细胞小核

吉姆萨染色 ×1 000

❶和❷示两个主要子细胞。※示多个小细胞核。

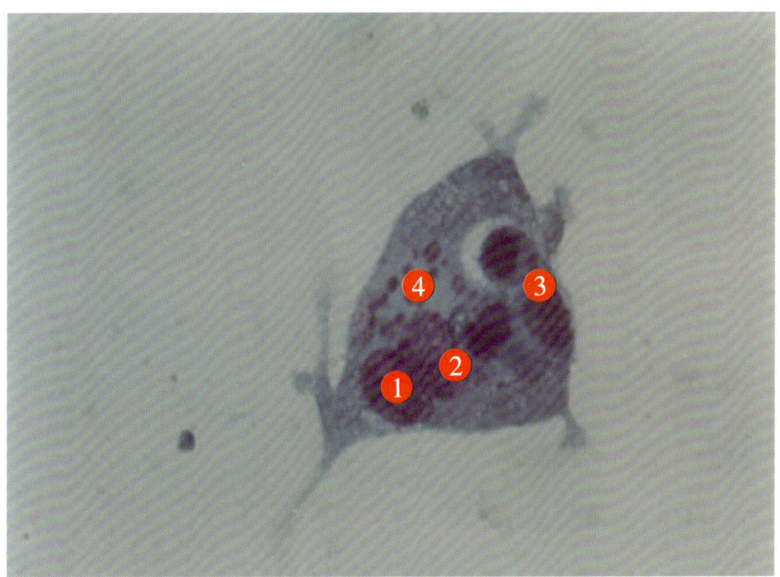

■ 图1-166 PC12细胞神经细胞多裂与微核

吉姆萨染色 ×1 000

❶和❷示两个主要子细胞核分裂中的主核；❸示多个小核；❹示许多微核。

（四）细胞直接分裂与核仁

细胞直接分裂早期，通常核仁即被预先平均分配于将要分开的两个部分中，而后分给新分开的两个子细胞核（图1-167），但有的直接细胞分裂可见核仁平均分配困难（图1-168），在撕裂型或劈裂型核分裂中，可见一个核仁正处于裂口处（图1-169、图1-170），结果造成核分裂后核仁裸露于新核的劈裂面（图1-171）或遗落于两个新核之间（图1-172）。

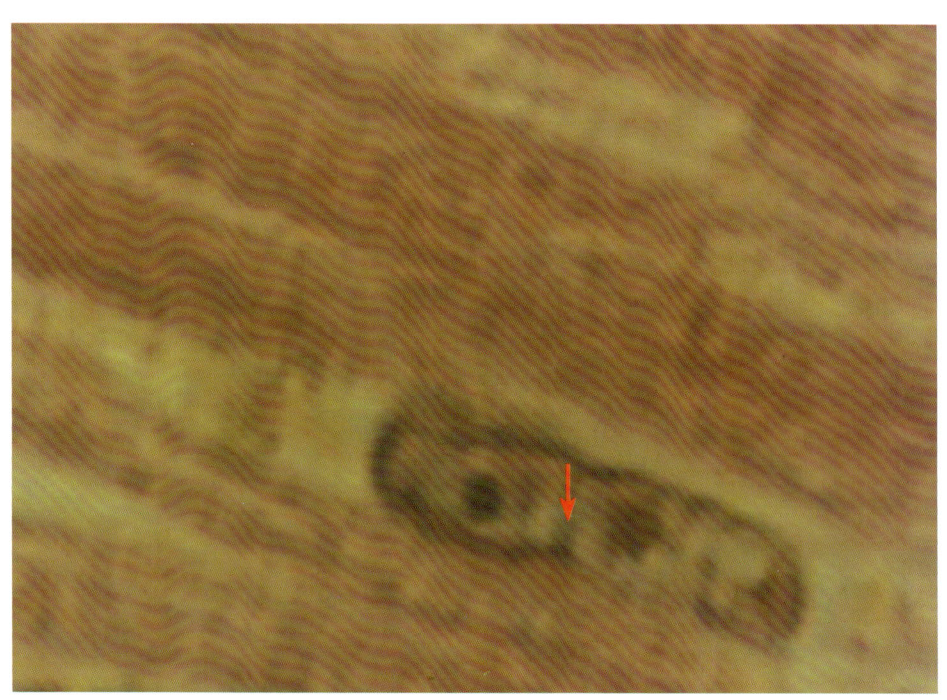

■ **图1-167　羊心室肌细胞直接分裂与核仁（1）**

苏木素-伊红染色　×1 000

↓ 示细胞核中央横隔，两个明显的核仁分别位于横隔两侧。

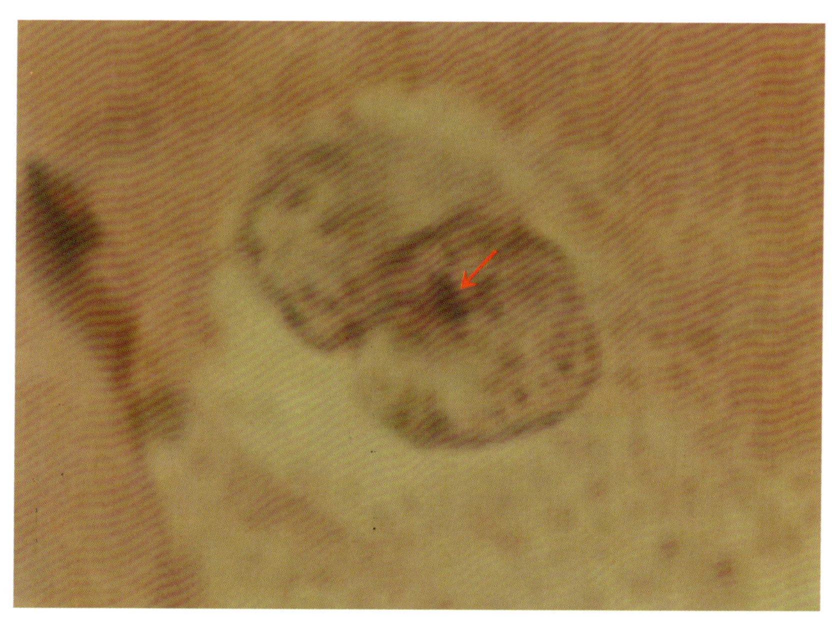

■ 图1-168 羊心室肌细胞直接分裂与核仁（2）

苏木素-伊红染色 ×1 000

↙示核仁干扰中央横隔形成，分裂后核膜不完整。

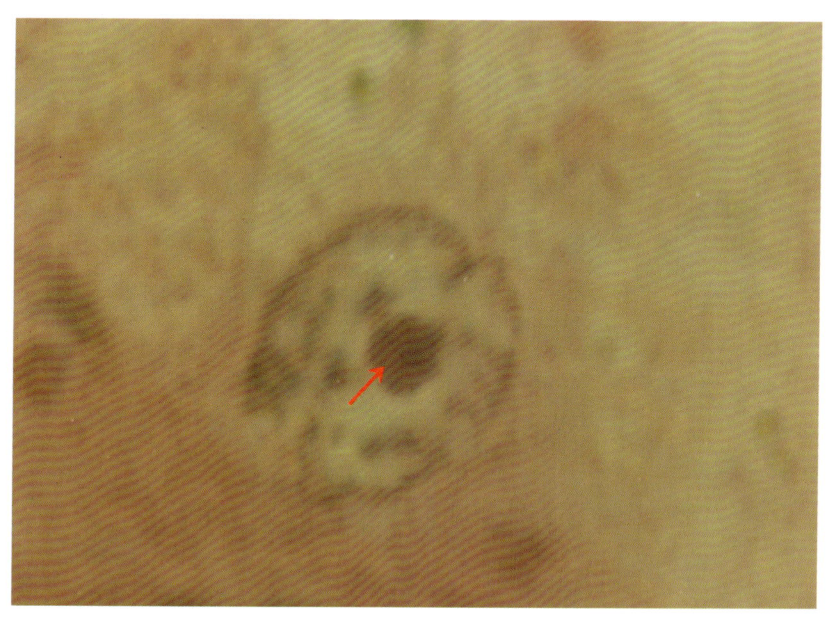

■ 图1-169 羊心室束细胞直接分裂与核仁（1）

苏木素-伊红染色 ×1 000

↗示核仁位于核劈裂处。

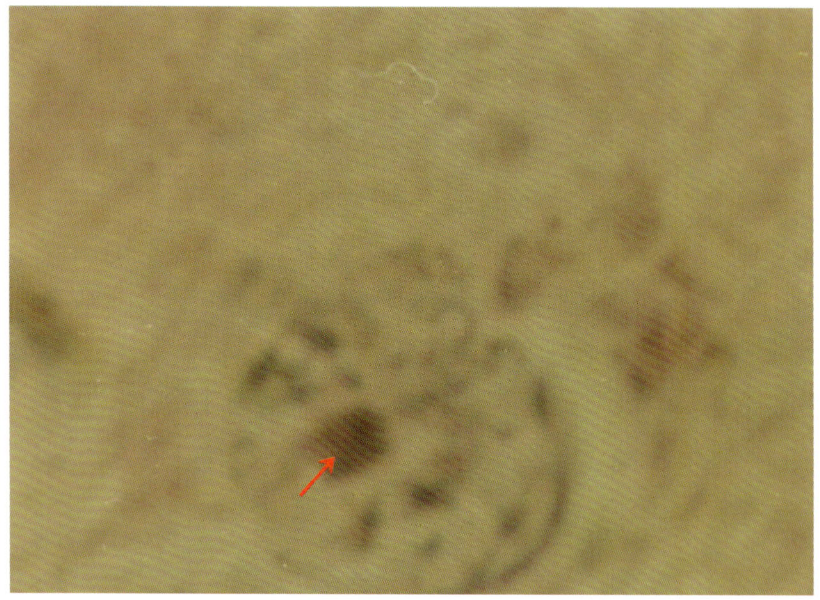

■ 图1–170　羊心室束细胞直接分裂与核仁（2）

苏木素–伊红染色　×1 000

↗示核仁不连属于裂开核的两部分的任何一方。

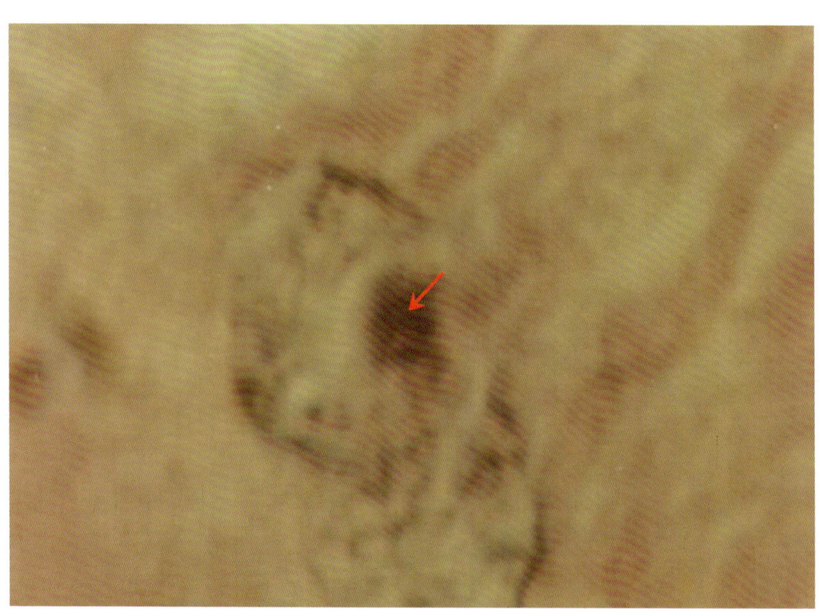

■ 图1–171　羊心室束细胞直接分裂与核仁（3）

苏木素–伊红染色　×1 000

↙示核仁位于分开的核的两部分之间，不属于其中任何一方。

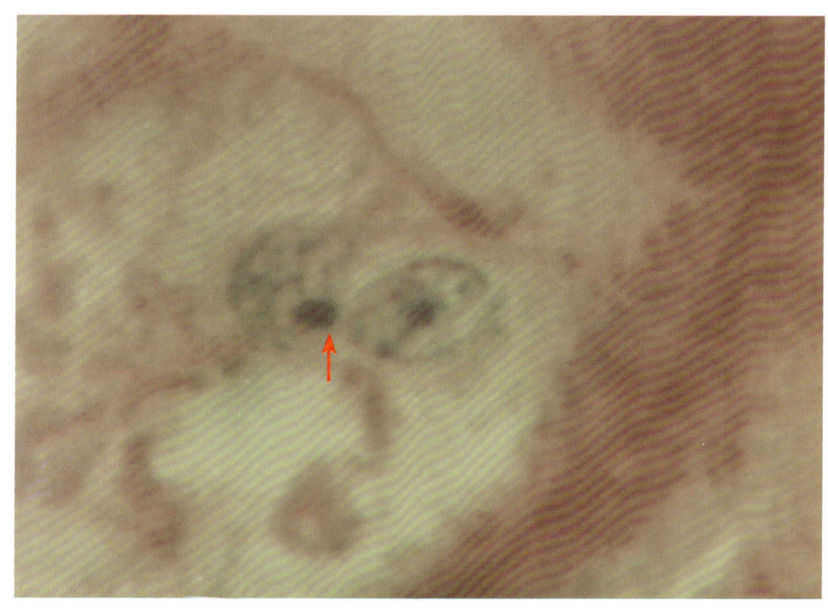

■ 图1-172　羊心室束细胞直接分裂与核仁（4）

苏木素-伊红染色　×1 000

↑示一核仁遗落于分裂核的两部分之间。

二、细胞间接分裂

细胞间接分裂通常称为有丝分裂。以核仁与核膜消失、染色体形成为特征。培养的人和高等动物细胞在一定条件下可见类似有丝分裂过程，特殊环境中的在体细胞也可见类似有丝分裂的濒危分裂象。

（一）培养细胞的濒危分裂

培养细胞有时可见类似有丝分裂现象，这多发生在由血清培养较晚期细胞贴壁之后，且多有细胞生长因子存在，且多见于肝、肾等高演化细胞，如BRL细胞和NRK细胞，而同时培养的PC12细胞极少能见到濒危分裂。

1．BRL细胞濒危分裂　BRL细胞贴壁，限制了细胞能动性，相当于遭遇危急情况，则可出现的应急性分裂过程，故可称之为细胞濒危分裂。其突出特点是染色体及纺锤体形成，但这类细胞分裂终难完成，分归子细胞的染色体不能回复为常染色质，很难再进入下一细胞周期。 BRL细胞培养3 d后，在其盖玻片爬片上可见清晰的濒危分裂象（图1-173），有纺锤体形成（图1-174~图1-177），但濒危分裂细胞是摊薄在盖玻片上，显得明显胀大（图1-178）。濒危分裂是人和高等动物细胞分裂模式进化为直接分裂后，受抑制的潜在间接分裂能力的复现，是晚期培养细胞能动性受限时的细胞应激性反应，分开后的染色体重新组配成2*n*染色体核型，并解聚回复常染色质状态，开始新的细胞周期的概率很小。染色体的出现反映了细胞起源中染色体曾经是独立的生命体，但对于多染色体的高等动物细胞来说，通过长期进化，染色体发生多次基因交叉互换，但单个染色体已不具有全套的生存基因，失去独立生存能力。染色体中DNA外有多重蛋白质保护是逃难生命体生存形式。染色体一起出现其实就是“最后的晚餐”，意味着细胞核解散，各自逃生奔命。大多濒危分裂细胞早已精疲力竭，散乱的染色体无法再组配成2*n*染色体核，随即断裂成颗粒，进入有丝分裂灾难性细胞死亡进程。

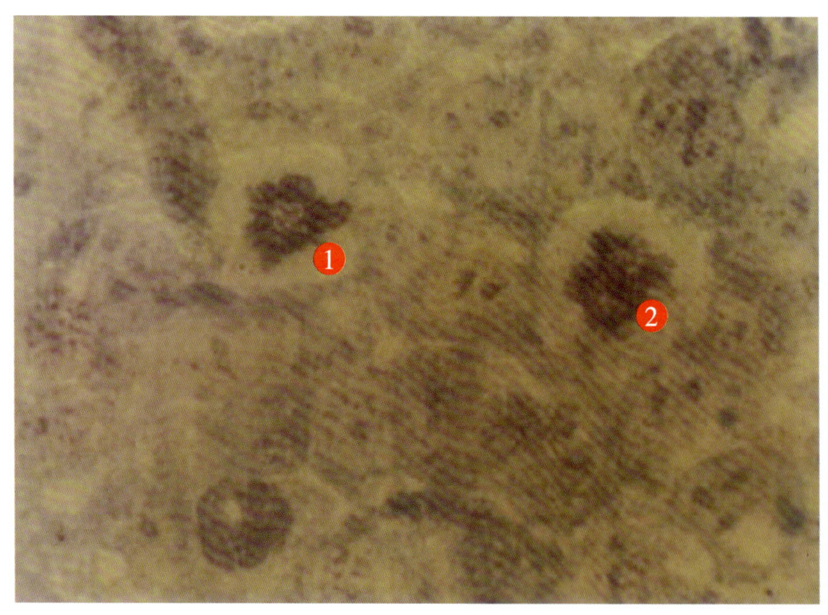

图1-173　BRL细胞濒危分裂（1）

吉姆萨染色　×1 000

❶和❷示BRL细胞濒危分裂象。

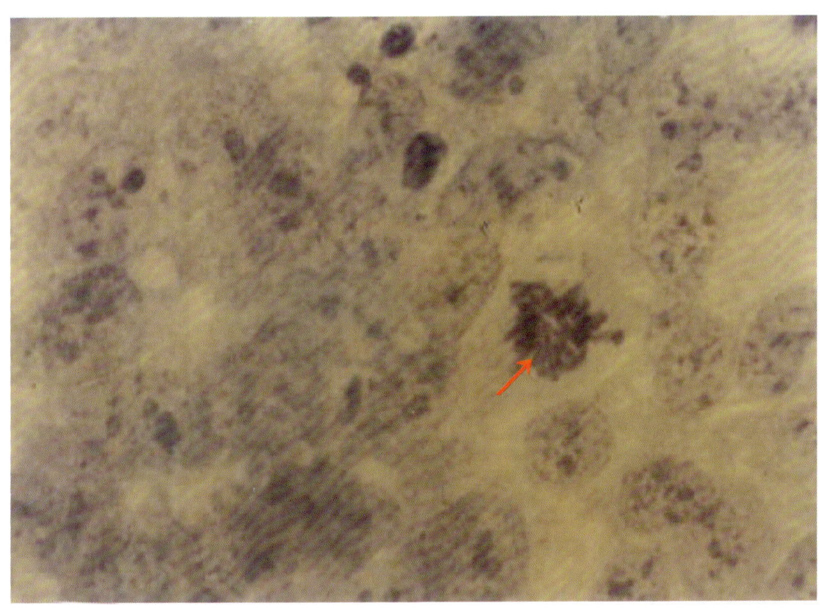

■ 图1-174　BRL细胞濒危分裂（2）

吉姆萨染色　×1 000

↗示BRL细胞濒危分裂纺锤体。

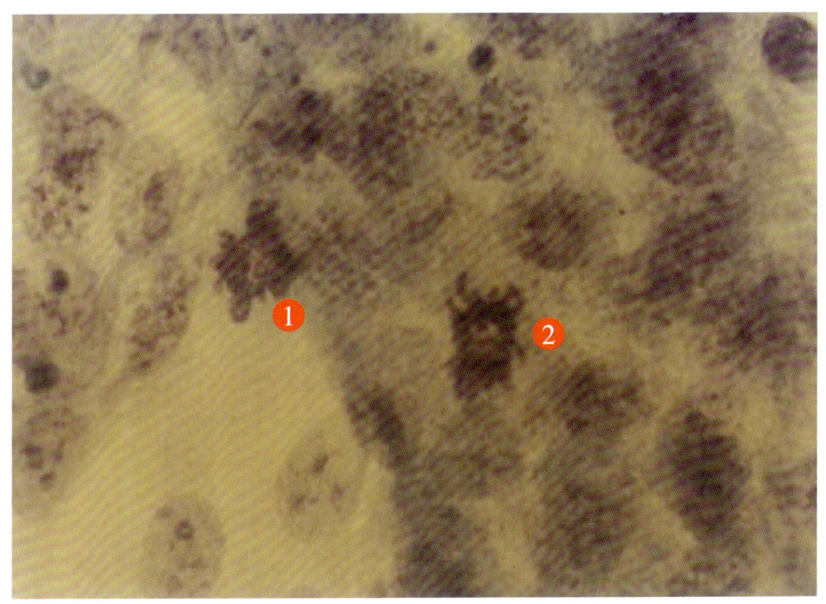

■ 图1-175　BRL细胞濒危分裂（3）

吉姆萨染色　×1 000

❶和❷示BRL细胞濒危分裂纺锤体。

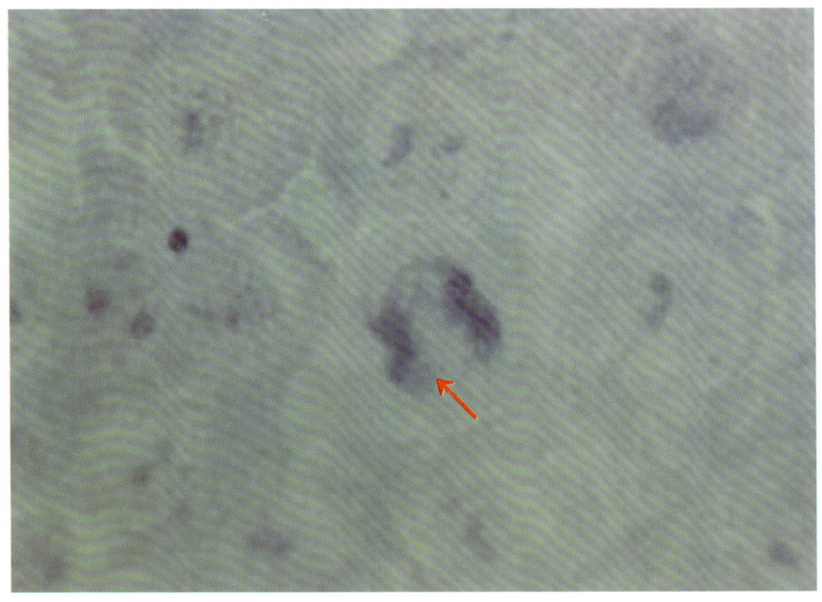

■ 图1-176　BRL细胞濒危分裂（4）

吉姆萨染色　×1 000

↖示濒危分裂纺锤体。

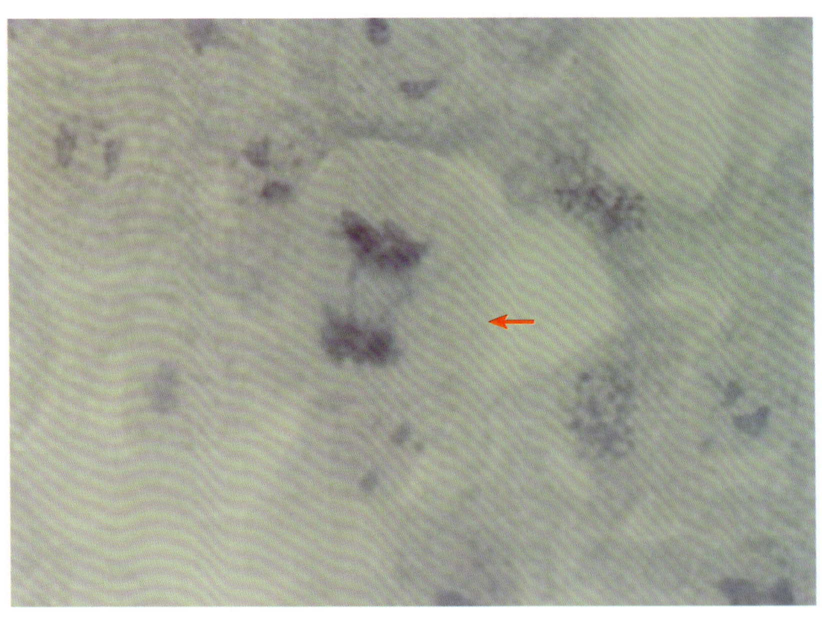

■ 图1-177　BRL细胞濒危分裂（5）

吉姆萨染色　×1 000

←示濒危分裂细胞明显胀大。

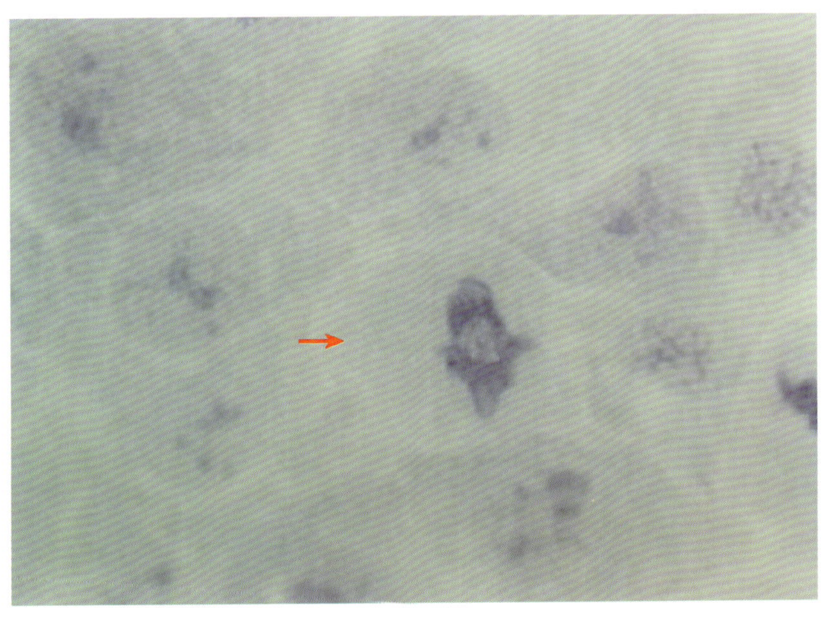

■ 图1-178　BRL细胞濒危分裂（6）

吉姆萨染色　×1 000

→示濒危分裂细胞明显胀大。

2. NRK细胞濒危分裂　培养3 d后的NRK细胞盖玻片爬片上也出现细胞濒危分裂象（图1-179~图1-182）。

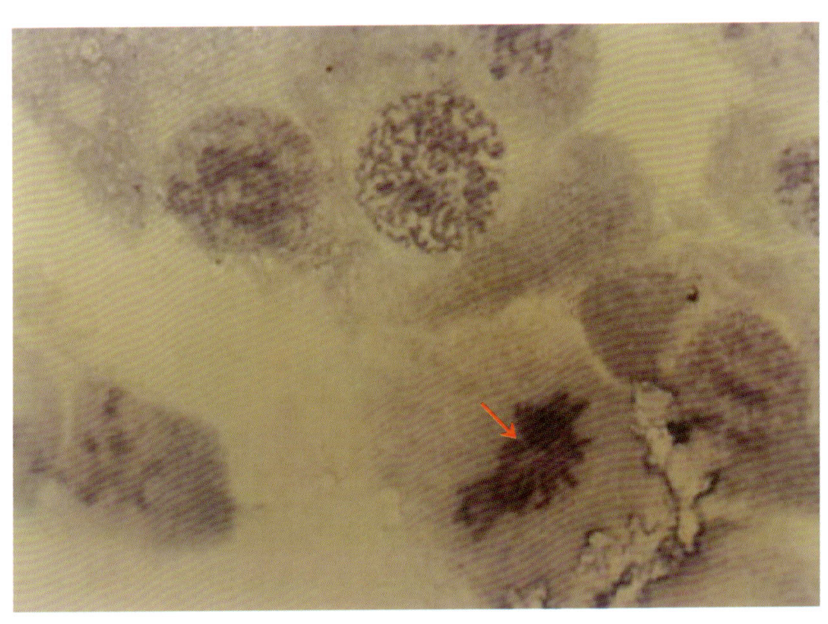

■ 图1-179　NRK 细胞濒危分裂（1）

吉姆萨染色　×1 000

↘示NRK 细胞濒危分裂。

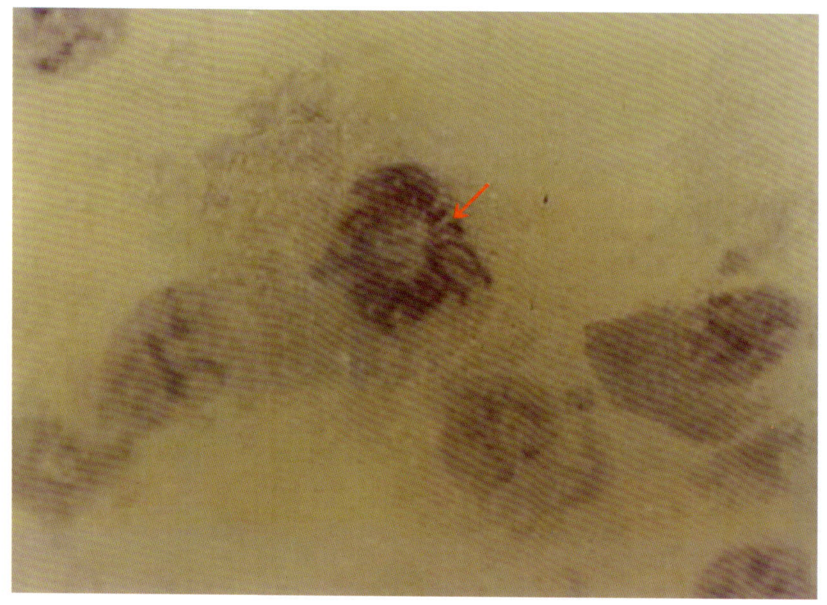

■ 图1-180　NRK 细胞濒危分裂（2）

吉姆萨染色　×1 000

↙示NRK 细胞濒危分裂。

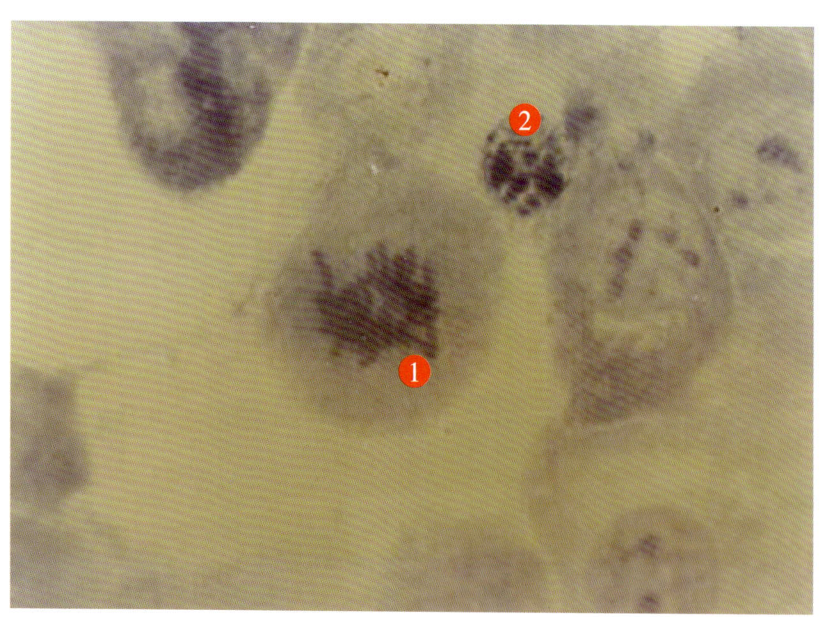

■ 图1-181　NRK 细胞濒危分裂（3）

吉姆萨染色　×1 000

❶示细胞分裂纺锤体；❷示有丝分裂灾难。

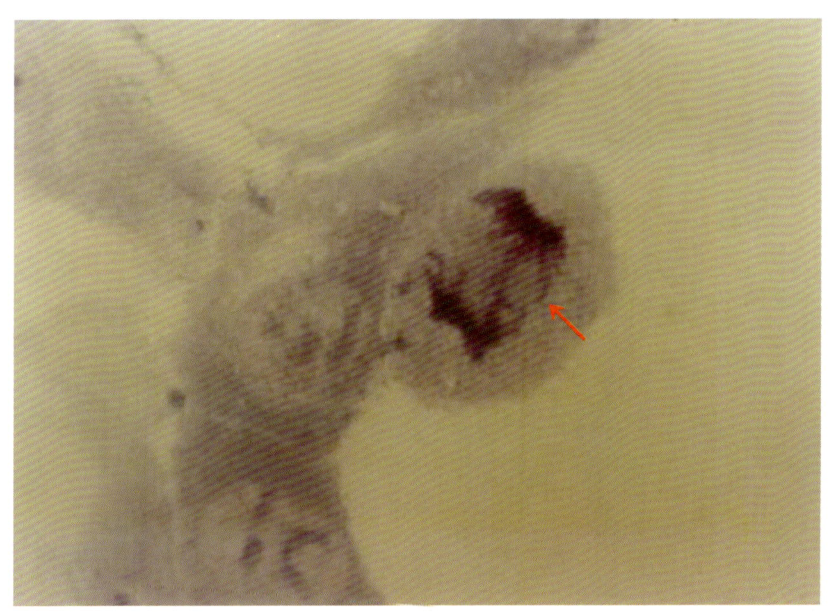

■ 图1–182　NRK 细胞濒危分裂　(4)

吉姆萨染色　×1 000

↖示细胞濒危分裂纺锤体。

(二)在体细胞的垂死分裂

高等动物在体细胞类似有丝分裂的濒危分裂见于视网膜外核层细胞、生殖上皮细胞和狗肾上腺束状带细胞等。这里的细胞大多进入不可逆的细胞死亡进程，其类似有丝分裂的细胞分裂，应称之为垂死分裂。

1. 视网膜外核层细胞垂死分裂　外核层细胞非常拥挤，细胞能动性明显受限，处于垂死状态，其细胞核核膜淡薄甚或消失，异染色质呈块状，但仍可进行细胞分裂。外核层细胞核染色质块大致被均分为二(图1–183)，有时外核层细胞核膜不完全破坏，染色质分开聚集成两簇，形成两个细胞核(图1–184)。

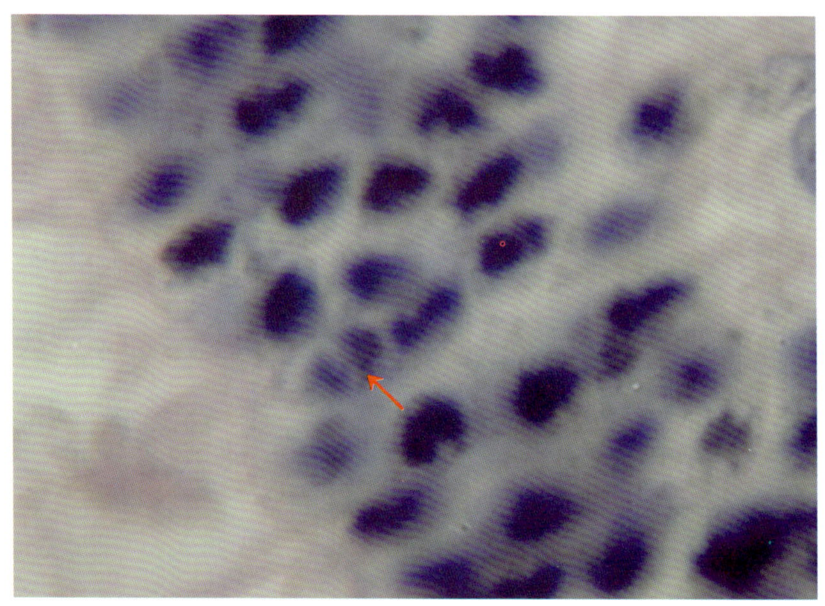

■ 图1-183 大白鼠视网膜外核层细胞垂死分裂（1）

苏木素-伊红染色 ×1 000

↖示外核层细胞垂死分裂象。

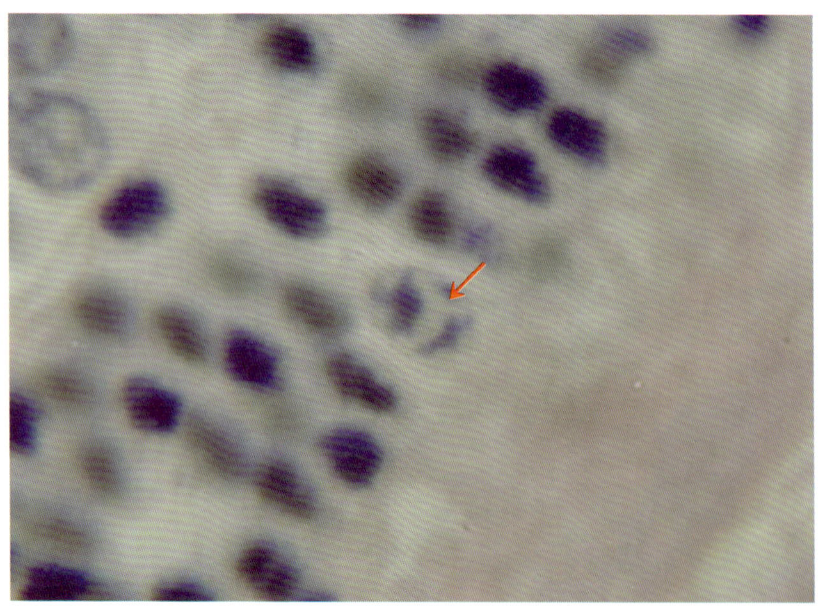

■ 图1-184 大白鼠视网膜外核层细胞垂死分裂（2）

苏木素-伊红染色 ×1 000

↙示外核层细胞有微核形成的核内核分裂。

2. 肾上腺皮质细胞垂死分裂 狗的肾上腺球状带下段细胞叠摞挤压，能动性受限，常现垂死核分裂象，多处于细线期或粗线期（图1-185、图1-186）。

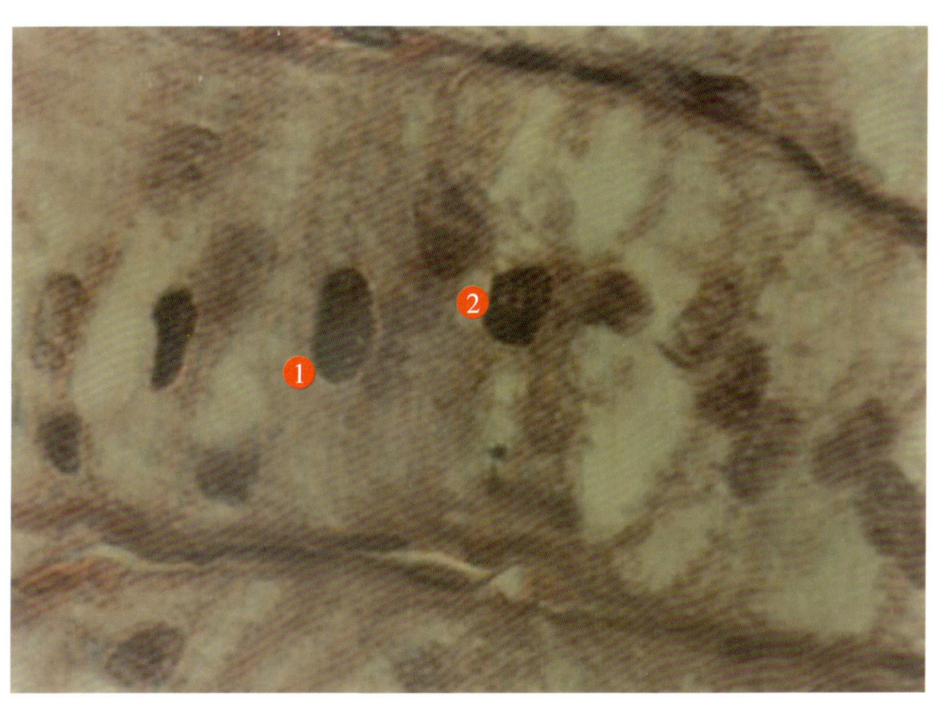

■ 图1-185 狗肾上腺皮质细胞垂死分裂（1）

苏木素-伊红染色 ×1 000

❶和❷示皮质球状带下段细胞垂死分裂象。

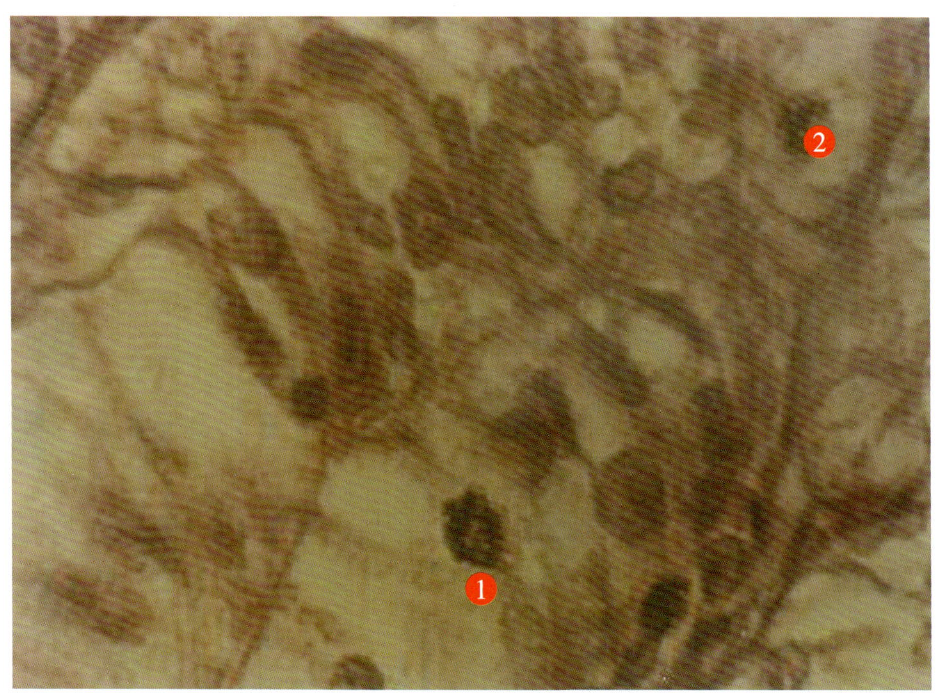

■ 图1-186 狗肾上腺皮质细胞垂死分裂（2）

苏木素-伊红染色 ×1 000

❶示皮质球状带下段细胞垂死分裂象；❷示皮质束状带细胞有丝分裂灾难。

3. **精母细胞垂死分裂** 人生精上皮处于特殊较封闭环境中，精母细胞多处于垂死状态，可见垂死分裂象，显示少数染色体形成（图1-187～图1-189）。

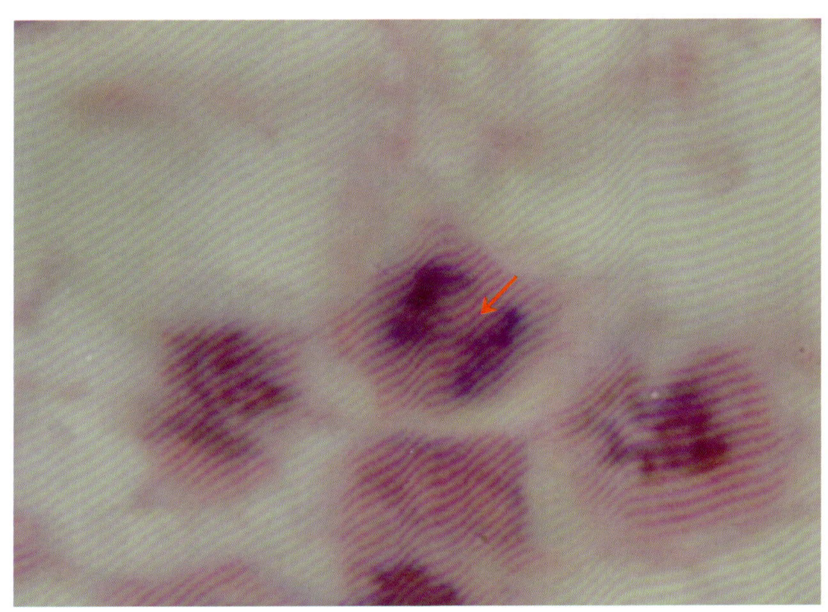

■ 图1-187　人精母细胞垂死分裂（1）

苏木素-伊红染色　×1 000

↙示纺锤体的初级精母细胞垂死分裂。

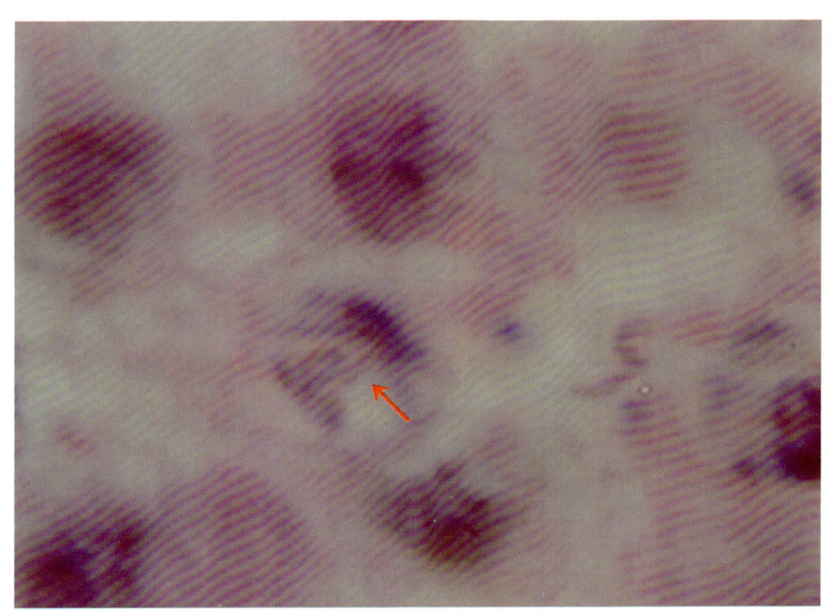

■ 图1-188　人精母细胞垂死分裂（2）

苏木素-伊红染色　×1 000

↖示染色体的初级精母细胞垂死分裂。

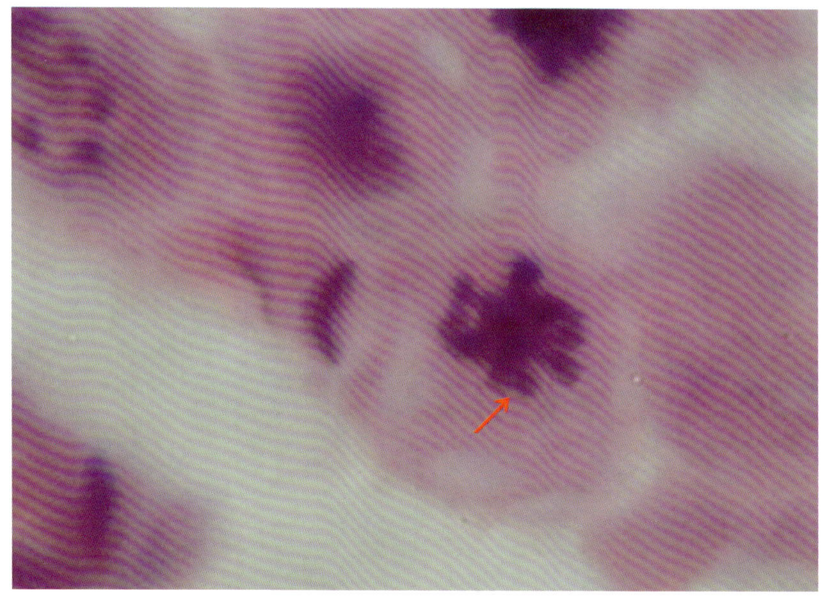

■ 图1-189　人精母细胞垂死分裂（3）

苏木素-伊红染色　×1 000

↗示染色体的初级精母细胞垂死分裂。

三、细胞分裂研究的简史、贡献、问题、对策与展望

细胞分裂是医学生物学领域的基本问题，历来为学界所重视。迄今，细胞分裂研究主要集中在晚期细胞分裂的直接分裂与间接分裂。于此简要讨论细胞直接分裂与间接分裂研究的简史，间接细胞分裂研究对医学生物学发展的贡献、研究现状、问题、对策与展望。

（一）细胞分裂研究的简史

1. 细胞直接分裂的发现　生物学家雷马克（Robert Remak）被认为是看到细胞核分裂的第一人。1841年，他清楚而准确地记载了鸡胚有核红血细胞分裂成为两个带核子细胞的全过程，并把这一现象当作细胞分裂机制最直接的证据。这种分裂方式是细胞核和细胞质的直接分裂，故名为直接分裂。

2．细胞间接分裂研究简史 细胞间接分裂的发现与染色体发现密切相关。瑞士植物学家内格里（Karl Wilhelm Von Nageli）被认为是看到染色体并把染色体与细胞分裂联系起来的第一人，内格里在1842年出版著作描述了百合和紫露草细胞核在分裂过程中被一群很微小、生存时间很短的微结构所代替，并提供了微结构的显微图。1848年，霍夫曼斯特（W. Hofmeister）发现紫露草小孢子母细胞及雄蕊顶端组织细胞核分裂前核膜消失，但细胞核的基本成分仍始终存在于细胞中，他用碘液染色方法证实了内格里所说的微粒（后来被命名为染色体）的存在。从1849年霍夫曼斯特出版的专著中精确地记载了紫露草、西番莲科和松树所观察到的间接分裂过程。1871年，生物学家科瓦莱夫斯基（Kowalevski Alexander）通过对线虫、蝴蝶和其他节肢动物的胚胎发育过程的研究，绘出了动物间接分裂后期染色体和纺锤体的结构图。1875年，苏黎世病理研究所教授冯·韦特斯基第一次清晰地记载了细胞核分裂前期结构变化，也是在1875年科学家斯特拉斯伯格（Strasburger Eduard）在其出版的《细胞的形成与分裂》一书中，首次提出动物和植物有丝分裂过程具有高度统一性。

1877年，德国生物学家弗莱明（W. Flemming）在对蝾螈细胞有丝分裂进行了认真研究后，第一个提出了染色体"纵向分裂"模式，并准确描述了蝾螈细胞有丝分裂的显微结构。1879年，弗莱明总结自己的研究工作，强调染色体的纵向分裂（Langsspaltung），并指出染色体分裂产物有可能分别进入两个子细胞中去。为了说明细胞核中的基本物质变为线形结构，他把施莱切尔（Schleicher）所发明的间接分裂（karyokinese）改为"karyomitose"来形容细胞核的整个分裂过程，并用"mitosen"一词来描述有丝分裂中染色体的整个结构。1882年，弗莱明出版《细胞成分、细胞核和细胞分裂》一书，概括了他对有丝分裂的研究成果，并用"mitosis"表示整个细胞分裂过程。"mitosis"来自希腊语"mitos"有"使纤维弯曲"的意思，并将早在1841年雷马克发现的直接分裂，因为分裂时没有纺锤丝出现，改称无丝分裂，这显然是有违首先发现者命名优先权的学术传统。1884年斯特拉斯伯格第一次用“prophase”“metaphase”和“anaphasen”来表示有丝分裂的前期、中期和后期。1894年海登汉（Richard Heidenhain）的助手提出用“telophase”表示有丝分裂的末期。1913年伦德加德（Lundgardh）提出用“interphase”表示细胞分裂间期。至此，有丝分裂发现的全过程才算基本划上句号。

由上所述可见有丝分裂的发现是许多科学家共同研究的成果，其中弗莱明起了特殊的作用，而斯特拉斯伯格是渴望以有丝分裂统一动植物细胞分裂的积极推动者。然而，有丝分裂学说的拓展并不顺利，至20世纪前半世纪，有丝分裂研究进展仍主要限于植物和昆虫细胞，当时凡提到有丝分裂人们只会想到植物细胞和马蛔虫卵细胞，而且在这些生物上的研究技术早已标准化。但是作为生物界的最主要类型——脊椎动物细胞有丝分裂研究却远远地落在后面。在这一时期得到的关于脊椎动物细胞有丝分裂大多数研究资料都是不可信的，难怪有些学者把这一时期看作是哺乳类和人类有丝分裂研究的的“黑暗年代”（Dark age）。

（二）有丝分裂学说的历史贡献

尽管有丝分裂学说向人和高等动物细胞的拓展严重受阻，但有丝分裂中特别惹人注意的染色体成为生物医学的热门研究对象，对染色体组的研究直接促成细胞遗传学的建立，染色体本体的深入研究导致基因学说及分子生物学的诞生，有力地推动了生物医学发展。

人类和高等动物细胞染色体研究在20世纪50年代发生了重大转折。美籍华裔学者徐道觉创造性地把组织培养技术和低渗处理用于染色体研究，成为脊椎动物细胞遗传学研究的转折点，打开了哺乳类和人类细胞遗传学得以快速发展的大门。1951年，徐道觉获德克萨斯大学分类学和果蝇遗传学的哲学博士学位。后以博士后奖学金为泊姆雷特教授做人和哺乳动物流产胚胎皮肤和脾细胞的核现象研究。意外发现奇迹，原来聚集成堆的染色体竟然铺展得很匀散，而重复试验又都失败，他花了3个月时间，按排除法检测培养基的成分、培养的条件、培养的温度、秋水仙素、固定方法、染色技术等，最后发现奇迹是因一位女技术员将平衡盐溶液错配成了低渗液。徐道觉重新发现低渗处理的妙用后，想到的第一件事理所当然是观察人体细胞的染色体数目，凭借如此良好的标本按理会做出正确分析的，但传统的偏见使这项工作十分困难。当时任德克萨斯大学校长的佩因特是一位对果蝇遗传学做出过卓越贡献的学术权威，是徐道觉极为尊重的遗传学家。正是这位权威在1923年肯定了人体细胞的$2n$=48，这一结论充斥于所有的著作乃至百科全书。尽管徐道觉在自己的标本中明明看到许多细胞中染色体不是48而是46，但他不敢冒犯权威，为了附和佩因特的结论，他决定把一些双臂染色体（着丝粒区拉长了的）算作2个独立的近端着丝粒染色体。

正确修正人类染色体数目的是另一位华裔学者庄有兴和瑞典学者阿尔伯特·列文（Albert Levan）。1955年，庄有兴和列文将低渗处理与秋水仙素结合用于流产胎儿肺组织，惊讶地发现这些标本的细胞中看不到预期的48条染色体，而是46条染色体。正如列文所说“哪怕让一个小孩来计数我们标本的染色体数目，也绝不会搞错”。当年秋，他们已积累了足够的证据，表明人体细胞的$2n$=46，而不是48。但“已经定论”的人类染色体数目的阴影仍然缠住这两位研究者的思绪。历经忧虑和怀疑后，终于在1956年发表他们的观察结果，但为了谨慎起见，把结论仅局限于他们研究过的4个人胚胎肺组织。后经英国的查理士·福特（Charles Ford）和约翰·哈密尔顿（John Hamerton）告诉庄有兴和列文说，他们在3个病人的精母细胞中看到的双价体（bivalent）正是23个，而不是24个。至此，人的染色体数目为46条才得以确认。

法国学者杰罗姆·列球（Jerome Lejeune）曾对先天愚型做过一些研究，他在哥本哈根听了庄有兴关于人类染色体的学术报告之后，就试图检测这种病害的染色体。1958年，列球所面临的困难令人难以想象。那时为了分析染色体组成，必须取得病人身体的部分组织（如皮肤等），再在离体条件下培养，可他丝毫没有组织和细胞培养的设备，幸好有位教授的助手懂得细胞培养技术，并愿意帮忙；列球实验室内没有自来水，只得动用隔壁厨房有自来水的房间做实验室；他没有显微镜，只好请求细菌实验室送给他一台废弃的显微镜，这台显微镜的齿轮已坏，列球便从巧克力盒上剪下一片锡箔来固定镜臂的传动部分；为了进行显微照相，他只能求助于病理实验室，每周去那里一次（2 h）。列球从开始研究染色体到发现G-三体综合征，总共仅耗资200美元。列球的这一发现犹如暴风雨一样冲击了科学界，人们不仅证实了他的发现，而且将之扩展至其他先天性疾病。迄今已发现的人类300多种染色体异常，染色体病占产前诊断总病例数的80%以上，从而使医学细胞遗传学迅猛发展。但列球并未因此而居功自傲，反而有忍不住的忧郁感觉。他觉得即使对这些患儿的染色体改变了如指掌，而使患儿得到欢乐的办法却微不足道。他的宏愿是“活到这些患儿中能有一个智力缺陷得以纠正，并成为一名人类遗传学家”。由此可见，一个真正科学家的的博大胸襟和对人类的大爱情怀。

诺威尔在1960年进行人体白细胞培养时得到了一种意外的发现：在培养的白细胞中出现了大量的有丝分裂象，而生物学家一向认为人白细胞已是细胞分化的终点，不再具备有丝分裂能力。诺威尔推想一定是组织培养体系中的某些因子导致了这一反常现象。原来他是按奥斯哥德多年采用的方法，在细胞培养之前先使红细胞和白细胞分开，即用从红菜豆中粗提的植物凝集素（PHA）来凝集红细胞。当他用其他方法分开红细胞和白细胞，其培养物中就不再出现有丝分裂象。可见PHA不只能凝集红细胞，还可使成熟淋巴细胞转变为母细胞状态而进入有丝分裂。诺威尔实现了用血细胞来分析染色体的梦想。这一发现不但给细胞遗传学实验室提供了一种简便、廉价和快速的方法，2～3 d内就可得到大量有丝分裂的细胞供染色体分析，他还认为从理论上证明只要在细胞生长的环境中存在着适当的刺激因子，哪怕是高度分化了的细胞，仍可望回到幼稚状态。接着，莫尔海德等在同一年创建了一种标准的外周血培养方法。迄今，世界各地的实验室基本上仍沿用这一方法，来获得满意的人类染色体标本。事实上，世界上有关人类细胞遗传学的绝大多数资料正是从人体外周血淋巴细胞中获得的。

摩尔根（1866~1945）更将染色体研究引向深入，并创立基因学说，把基因定位于特定染色体上，大大促进细胞遗传学的成熟与发展。摩尔根1908年开始用黑腹果蝇作为实验材料，研究生物遗传性状中的突变现象。果蝇属于苍蝇一类，容易饲养；果蝇繁殖力强，1 d时间卵即可孵化为蛆，2~3 d变成蛹，再过5 d羽化为成虫，一年可以繁殖30代；果蝇细胞内的染色体很简单，只有4对8条，清晰可辨。摩尔根对果蝇采用“关禁闭”，在黑暗的环境里饲养；“严刑拷打”，使用X射线照射，用不同的温度，加糖、加盐、加酸、加碱，甚至不让果蝇睡觉等各种手段。他经常几十个实验同时进行，许多实验都走入了死胡同。摩尔根屡试屡败，屡败屡试。在科学研究中，只要出现一个有意义的实验，所有付出的劳动就都得到了报偿。终于在1910年5月，他的妻子兼实验室的实验员在69代果蝇中发现了一只奇特的雄蝇，它的眼睛不像同胞姊妹那样是红色，而是白的。这显然是个突变体，注定会成为科学史上最著名的昆虫。摩尔根极为珍惜这只果蝇，视若珍宝，终于同一只正常的红眼睛雌蝇交配以后才死去，留下了突变基因，以后繁衍成一个大家系。

这个家系的子一代全是红眼的，显然红眼对白眼来说表现为显性，正合孟德尔的实验结果，摩尔根不觉暗暗地吃了一惊。他又使子一代交配，结果发现了子二代中的红眼与白眼果蝇的比例正好是3∶1，这也是孟德尔的研究结果，于是摩尔根对孟德尔更加佩服了。

摩尔根决心沿着这条线索追下去，最终发现连锁与互换定律。“连锁与互换定律”是摩尔根在遗传学领域的一大贡献，它和孟德尔的分离定律、自由组合定律一道，被称为遗传学三大定律。他进一步观察，发现子二代的白眼果蝇全是雄性，这说明性状（白）和性别（雄）的因子是连锁在一起的，而细胞分裂时，染色体先由一变二，可见能够遗传性状，性别的基因就在染色体上，染色体就是基因的载体。摩尔根和他的学生还推算出了各种基因的染色体上的位置，并画出了果蝇的4对染色体上的基因所排列的位置图。基因学说从此诞生了，男女性别之谜也终于被揭开了。这时才推断有丝分裂的真正意义是保证遗传物质在子细胞中的均等分配。摩尔根1919年创立了基因学说并发现基因在染色体上的直线排列，艾弗里1944年实验证明决定肺炎球菌特性的因子是纯粹的脱氧核糖核酸（DNA），赫尔希1952年证明携带遗传信息进入细菌的是噬菌体的核酸。这些都成为深入研究DNA结构的学术背景，又加受薛定谔1944年提出非周期性晶体染色体纤丝其实就是生命的物质载体论断的启发与激励，美国遗传学家沃森和英国生物物理学家克里克，得到富兰克林女士清晰的DNA X射线衍射图像资料的有力支持，在1953年完成DNA双螺旋结构模型，宣告分子生物学的诞生。DNA双螺旋结构模型比较圆满地揭示了自然界生物性状的千变万化的多样性，DNA复制较好解释遗传性状传递机制。遂后，密码子的发现、操纵子学说的建立、DNA合成和基因重组技术的完善，极大地促进了分子生物的发展。有丝分裂模式与这些学说均能相容，而这些被广为接受的科学成就烘托并强化了有丝分裂的名过其实的学术地位，然而这并不能掩盖有丝分裂存在的问题。

（三）细胞分裂研究存在的问题

细胞遗传学与分子生物学研究成就，并不意味其他生命层次上的问题都已解决。如细胞层次上就仍存在晚期细胞分裂方式的问题。

1. 问题的提出 人和高等动物细胞通过有丝分裂增殖的论断与事实不符。

（1）有丝分裂学说历史上并未完成 19世纪后期，弗莱明同时代人及其后来者观察到有丝分裂的多为低等动物细胞，如马蛔虫、扁虫受精卵、无齿蚌、蛔虫和圆线虫卵细胞，两栖类软骨活体细胞，蝾螈上皮细胞、成纤维细胞、白细胞、软骨细胞、血管内皮细胞，蝾蛭和盲螈细胞等。尽管斯特拉斯伯格等积极推动以有丝分裂统一动植物细胞分裂，然而，直到20世纪前半世纪，凡提到有丝分裂人们只会想到植物细胞和马蛔虫卵细胞，有丝分裂学说向人和高等动物细胞拓展遇到巨大困难。在这一时期得到的关于脊椎动物细胞有丝分裂大多数研究资料都是不可信，这一时期看作是有丝分裂研究的“黑暗年代”。

（2）有丝分裂学说与实际观察不符　人和高等动物细胞有丝分裂指数理论预期值与实际观察严重背离。千百万组织学标本观察者观察亿万万个细胞，极难发现典型的细胞有丝分裂象。实验条件下观察到人和高等动物细胞的有丝分裂象，是有丝分裂刺激剂干扰直接分裂进程及细胞能动性受限时，才出现的人为诱导的结果。

（3）有丝分裂学说与细胞凋亡实验结果不符　TUNEL技术（TDT-mediated ddUTP nick end labeling）是普遍认可的检测细胞凋亡技术。在TUNEL技术处理的组织标本上细胞凋亡率一般为10%～30%，这不但与实际观察有丝分裂发现概率无法吻合，也与文献报道的细胞无丝分裂指数百万分之数量级相差太远，不能保障组织细胞群的生死平衡。

（4）有丝分裂学说与增生细胞核标记率不符　氚标胸腺嘧啶脱氧核酸核苷掺入实验阳性率（图1-190、图1-191），也与实际观察有丝分裂指数相差悬殊。增殖细胞核抗原（proliferating cell nuclear antigen，PCNA）免疫组织化学方法是常用的检测细胞增生方法，用PCNA免疫组织化学方法处理的组织标本，其PCNA阳性标记率与细胞凋亡标记阳性率、放射自显影标记率属同一数量级，相互契合，而与观察到的有丝分裂指数无法比拟。

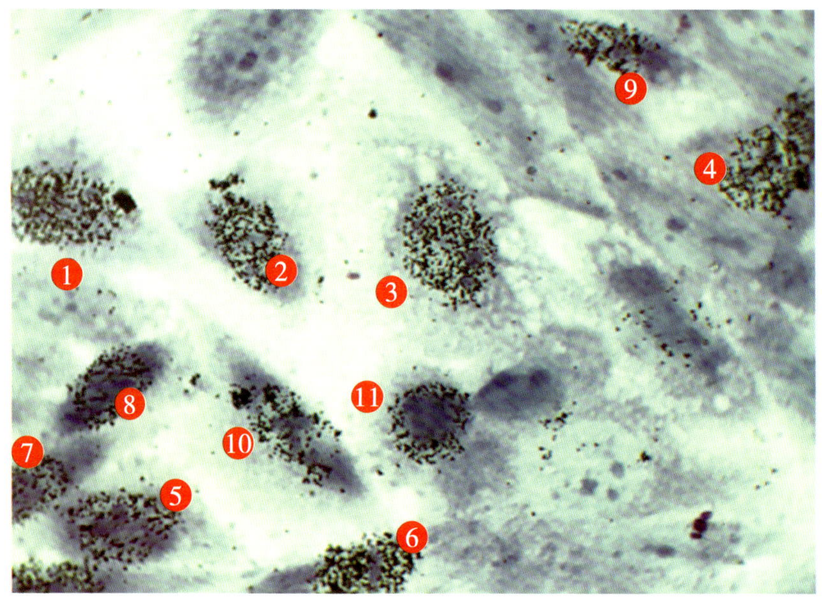

■ 图1-190　培养成纤维细胞放射自显影（1）

放射自显影　×1 000

❶～⓫示氚标胸腺嘧啶脱氧核苷掺入实验阳性3T3细胞。

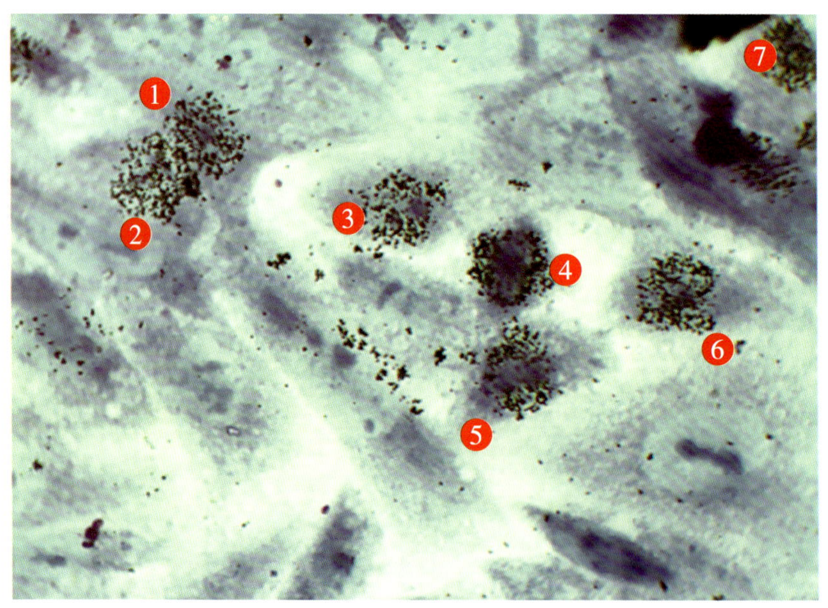

■ 图1-191　培养成纤维细胞放射自显影（2）

放射自显影　×1 000

❶～❼示氚标胸腺嘧啶脱氧核苷掺入实验阳性3T3细胞。

2. 问题解析 分析造成有丝分裂指数理论预期值与人和高等动物细胞的传统组织学标本实际观察严重背离的原因如下：

（1）历史误解 弗莱明时代及其后来者并未完成有丝分裂普遍存在于动植物细胞的实际观察，其观察对象仍只限于低等动物细胞，并未包括人和高等动物细胞。统一的细胞有丝分裂模式只是弗莱明同时代人，特别是斯特拉斯伯格理想性化推理，大大超过所观察到的事实。直至20世纪前半世纪，凡提到有丝分裂人们只会想到植物细胞和马蛔虫卵细胞。认为弗莱明和斯特拉斯伯格已经实际观察到所有动植物细胞增殖都是由有丝分裂来实现，完全是一种误解。这一历史性误解是造成有丝分裂指数理论预期值与组织学标本实际观察严重背离一个重要原因。

（2）强力推理 人和高等动物细胞有丝分裂资料大多是通过细胞培养来进行的细胞遗传学研究。为观察人和高等动物细胞核行为需要添加细胞分裂刺激剂，如有丝分裂因子、植物凝集素、细胞生长因子、激素等，研究染色体所必需的秋水仙碱除作为有丝分裂中止剂，早期也有刺激细胞有丝分裂作用，细胞培养液所用动物血清含有多种促细胞分裂成分。细胞遗传学的发展似乎增强了有丝分裂模式的可信性，也增加了有丝分裂模式拓展动力。在统一细胞分裂模式理想的强力推动下，忽略培养细胞的特殊条件，将细胞遗传学观察到的培养细胞有丝分裂行为，集体默认也存在于人和高等动物在体细胞，这种强力推理是造成当前有丝分裂指数理论预期值与组织学标本实际观察严重背离的另一个重要原因。

（3）胜利冲击 20世纪后半期以来，细胞遗传学，特别是分子生物学的成功，冲昏了不少人的头脑，觉得生命的密码找到了，似乎生命的奥秘已经解开了，细胞层次的问题更是不在话下，今后的事只是传播并应用这些知识就行了。实则不然，问题是科学研究者的灯塔。生命是什么就是生物科学永恒的问题。生物科学研究者心中有了这座灯塔，清醒认识这些成就在生命本质求索中所处的位置，才不会迷失方向、固步自封。

（4）从众心理 从众的本质就是由于真实或想象的他人的影响而改

变行为。从众心理是一种普遍的社会心理现象。在科技研究领域，也时常出现，对科技创新的影响尤为明显，给科技创新带来重重阻碍。其从众心理主要表现在对权威人士或者其他相关科研人员的服从和顺应，常常造成科研资源和成果的浪费，尤其是严重阻碍了科技创新的进程。科技创新的本质是追求新发现、积累新知识、探索新规律、创立新学说，并应用到社会生产和社会生活中去，促进社会不断取得进步。科学研究必须求真务实，不轻信传统，不迷信权威，不唯书是崇，不囿于思维定式，独立思考，理性批判，真正做到思维创新。在细胞分裂模式问题上从众心理表现得非常明显，作为组织学家明明在实践中并未观察到过有丝分裂象，但却相信有丝分裂是人和高等动物体细胞的唯一分裂方式。而视无丝分裂为异端邪说，常无视其存在，或否定其存在的科学意义。这严重影响厘清并揭示细胞分裂的事实真相，使生物医学界长期处于群体性迷失状态，阻碍生物医学的发展。

（四）对策

针对当前有关细胞分裂研究存在问题，建议采取以下对策。

1. 最后检验 皮尔逊关于科学方法描述第3条是对所有正常构造的心智来说同等有效的最后检验。为此，我建议对细胞分裂模式进行最后检验。在自愿参与情况下，对全国医学生组织学实验课做细胞分裂零报告制度，事前明确有丝分裂和无丝分裂典型形态特征，每个学生在高倍镜下扫描观察标本上所有细胞后，网络报告观察细胞总数、有丝分裂细胞数和无丝分裂细胞数，并上传有丝分裂图像和无丝分裂象图像，最后由专家组审定、总结。

2. 加强对细胞分裂动因的研究 目前，关于细胞分裂原因一般归结为三条：细胞的表面积与体积的不适应、细胞核和细胞质的不平衡和染色体的复制与蛋白质的相互作用。其中前两条属于牵强附会，只有第3条较为切题，涉及到细胞分裂的生命大分子自组织行为。细胞分裂源于DNA复制，DNA复制与DNA呼吸有可比性，都是质子与氢原子交换，只是DNA呼吸发生于局部，DNA复制则涉及整个分子，可名为超深长

DNA呼吸。在有氧条件下的细胞核与周围就存在质子梯度，缺少蛋白质保护的裸露DNA的碱基很容易被广泛质子化，DNA碱基对间氢键断裂，双链分开，非质子化碱基取代质子化碱基，重新形成有充足氢键连接处于相对稳态的B-DNA。质子梯度与质子转移为DNA复制，以至为2*n*染色体核型组配提供原动力。在相同氧分压下，早期细胞质子梯度高差大，质子转移距离短，DNA复制频率高，细胞分裂增殖快；高分化细胞质子梯度平缓，质子转移距离长，细胞分裂频率降低。顺便说一下，质子梯度是生物体系中占有中心位置的可以相互转换的自由能通货，凡能给出质子的是酸，凡能接受质子的是碱，以苏木素-伊红为代表的酸碱复合染色技术能实时地反映细胞内的质子梯度变化，迄今仍是无可替代的、最能表征细胞总体生命状态的技术方法。

3. 加强对早期细胞直接分裂的基础研究 直接分裂在低等植物中普遍存在，在高等植物中也常见。直接分裂在动物细胞中普遍存在，更是人和高等动物绝对优势分裂方式，但与间接分裂相比，直接分裂的基础研究着力很少，自雷马克发现以来几无进展。特别是对直接分裂的早期更是缺少研究。当前描述细胞直接分裂多从细胞核横隔或赤道环形凹陷形成作为细胞直接分裂的早期标志。其实细胞直接分裂开始得应该更早，最早直接分裂应该从放射性自显影标志的DNA复制开始，PCNA标志的分裂细胞核抗原也属直接分裂早期标志，而后是核仁主导的2*n*染色体核型的组配，以核仁分裂为形态学标志。只有核仁及其管控的2*n*染色体核型组分开相当距离后，才有前述细胞核横隔形成或核赤道部环形凹陷出现。可见细胞核直接分裂的本质也是生命大分子在有氧环境中的自组织行为。就在直接分裂的细胞核内，DNA复制及其平均分配早就以移动距离小、耗能少的方式完成，根本不必求助于核外机制。

4. 拓宽细胞分裂研究的视野 迄今有关细胞分裂的研究多局限于高等动物晚期细胞分裂的二裂类细胞分裂模式，应将研究视野拓宽到早期细胞分裂和晚期细胞分裂的不同分裂模式；并从细胞分裂类型进化角度来审视二裂类细胞分裂模式，从原核细胞分裂模式到真核细胞分裂模式，从开放式间接分裂、半开放式间接分裂、封闭式间接分裂到封闭式直接分裂模式的进化轨迹，以便更清楚认识细胞直接分裂和间接分裂在个体细胞分裂模式序列中和在生物细胞分裂方式进化中的正确地位。

5. 加强细胞力能学研究 当前细胞分裂模式研究多限于形态学观察，缺少从微观的生物力能学上，把能量状态及变化和分子的结构与运动结合在一起的精确定量表达。若能较准确计算细胞间接分裂过程中染色质超螺旋化形成染色体的耗能总量、全套染色体移动到细胞两极的耗能总量和染色体解螺旋回复常染色质状态的耗能总量，则对冲破当前有丝分裂迷雾大有助益。因为生物的最高法则是经济法则，若测算结果细胞有丝分裂要比无丝分裂多耗能几十倍，甚至上百倍，显然高等动物细胞有丝分裂不符合生物经济法则，也不符合生物进化规律。

（五）展望

细胞分裂是生活条件下的细胞基本特性，细胞分裂是生命大分子自组织行为的表现。细胞演化状态与细胞微环境的互动导致多种多样细胞分裂方式。本系列出版物的目的之一就是确立直接分裂在人和高等动物细胞分裂方式中的优势地位。其实，细胞直接分裂除广泛发生于各种动物细胞之外，还普遍存在于植物各器官的薄壁组织、表皮、生长点、根尖细胞、近表皮部木质细胞、绒毡层细胞、胚乳细胞等。细胞直接分裂事实已很清楚，但要充分深入认识细胞分裂行为还需要继续发现直接分裂细胞，扩大直接分裂的覆盖面，并用多种分子标志确证，使细胞直接分裂理论得以充实与完善，但要使理论具有更能令人信服的彻底性，还要将系统科学观念深入拓展到亚细胞层次。迄今，细胞结构研究多是静态、孤立地考察细胞器，要深入探求细胞生命奥秘，必须建立以细胞结构动态统一性为基础的细胞结构动力学，特别是核仁动力学，这是显微形态学和分子生物学交汇点和衔接部，是近可企及的生物医学研究制高点，攻占这一战略高地实乃当代国人义不容辞的责任和历史使命。

小结

细胞分裂是生活条件下的细胞基本特性，是由生命大分子自组织行为所决定的，其方式多种多样，与细胞演化状态和细胞微环境条件有关。随细胞演化进程细胞分裂模式也经历演进过程，一般可将细胞分裂分为早期细胞分裂、中期细胞分裂和晚期细胞分裂三大类。早期细胞分裂出现于培养细胞早期，分裂效率高，可比之为细胞核爆炸，一个母细胞可产生成百上千个子细胞，在体的猴肾上腺髓质单位中心细胞直接分裂近似早期细胞分裂；中期细胞分裂常见细胞多裂，一个母细胞产生多个子细胞；晚期细胞分裂最常见为二裂类细胞分裂，包括直接分裂和间接分裂。人和高等动物细胞的正常分裂模式是直接分裂，包括隔膜型、横缢型和侧凹型等多种类型。细胞隔膜型分裂又分横隔式和纵隔式。细胞直接分裂是生物大分子自组织过程，一般情况下细胞直接分裂是对称的，可保证遗传物质的平均分配给两个子细胞，而不对称性分裂则是细胞分化及细胞核复壮的细胞学机制。特殊条件下，人和高等动物细胞偶见类似细胞间接分裂象，这是细胞的应激分裂方式，是濒危性细胞分裂，多为无效细胞分裂。

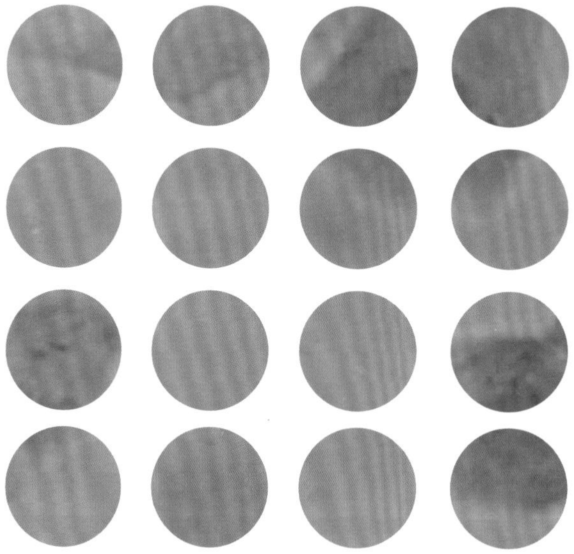

第二章 细胞死亡

细胞死亡是复杂的过程，将细胞死亡分为细胞衰老死亡和细胞夭亡这两大类有重要意义。

第一节　细胞衰老死亡

细胞衰老死亡，简称细胞衰亡，是指高演化细胞的自然衰老死亡，又可分为细胞衰老和细胞衰亡两个不同阶段。

一、细胞衰老

（一）细胞质衰老的辨识

细胞衰老是一种生理现象，其特征是细胞变大，出现扁平状，胞内颗粒度增加。衰老细胞的细胞质一般也表现为嗜酸化增强（图2-1）。应用衰老相关β-半乳糖苷酶（senescence associated-β galactosidase，SA-β-Gal）组织化学染色技术也可检测细胞衰老，如用SA-β-Gal组化方法染色大白鼠肝，显示肝细胞着色颗粒多少与观察到的肝细胞衰老与幼稚肝细胞特征表现相一致（图2-2、图2-3）。而用于大白鼠肾上腺，可见被膜下与球状带有较多SA-β-Gal 反应阳性细胞，细胞质内逐渐积累越来越多的蓝绿色颗粒（图2-4）。网状带也显示更多SA-β-Gal 阳性细胞，说明网状带是皮质的细胞衰亡区，而髓质SA-β-Gal 反应阳性细胞极少（图2-5），与形态学观察各部细胞核衰老状况基本吻合。

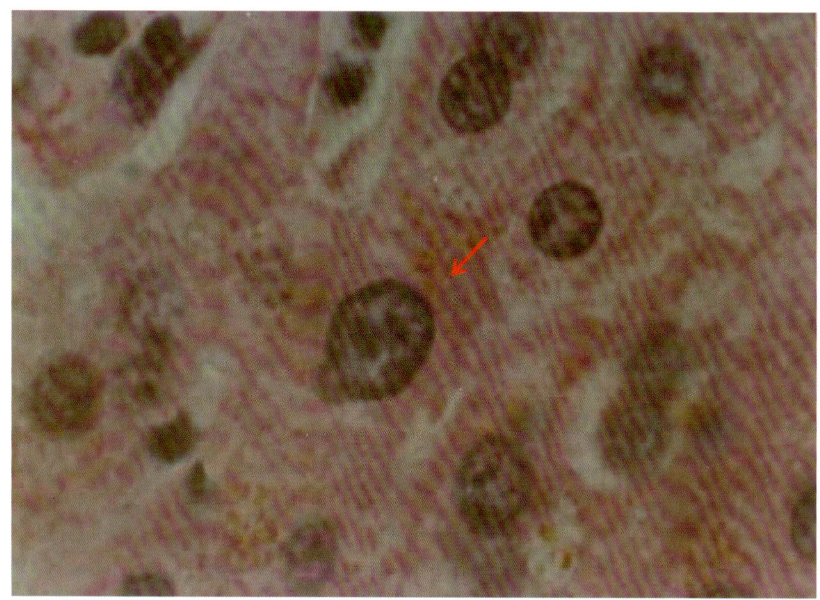

■ 图2-1　人肝细胞细胞质衰老

苏木素-伊红染色　×1 000

↙示衰老肝细胞细胞质嗜酸性增强。

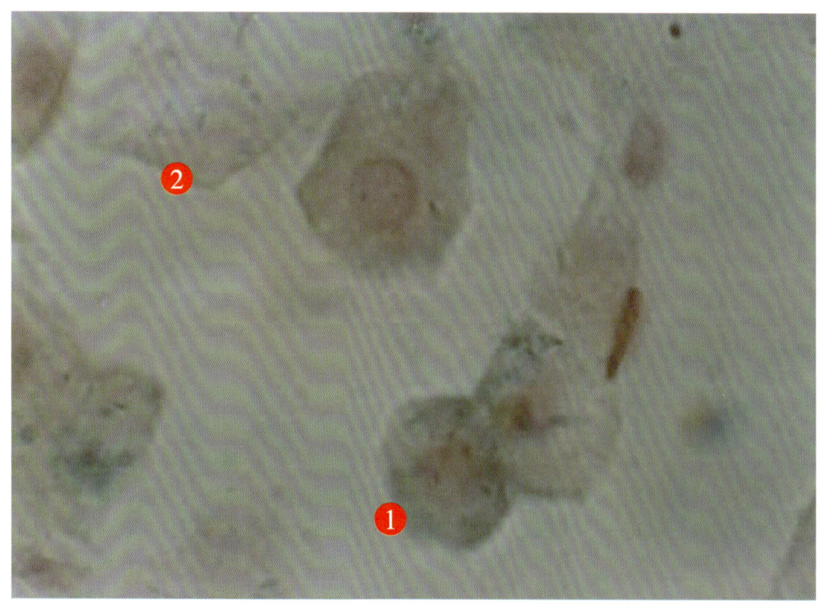

■ 图2-2　大白鼠肝细胞质衰老（1）

SA-β-Gal 组化染色　×1 000

❶示蓝色颗粒多的肝细胞；❷示蓝色颗粒少的肝细胞。

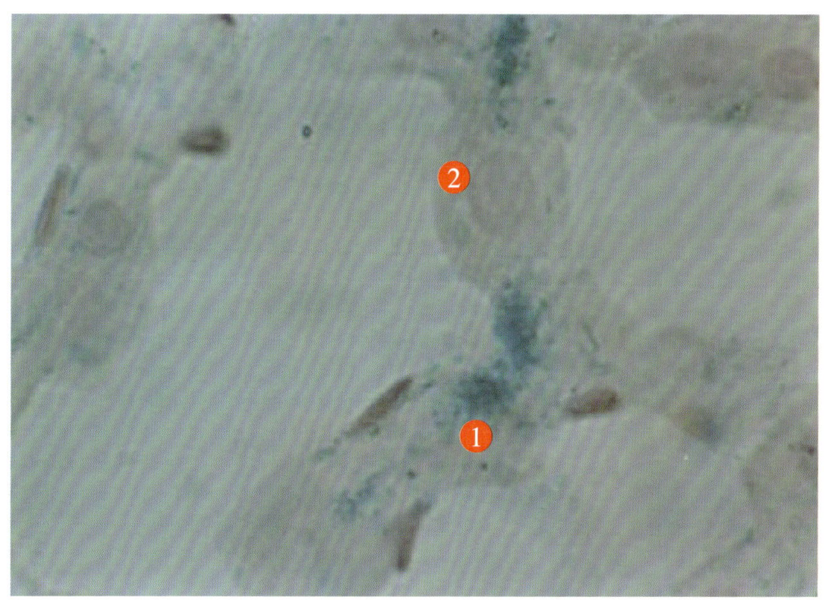

■ 图2-3　大白鼠肝细胞质衰老（2）

SA-β-Gal 组化染色　×1 000

❶示蓝色颗粒多的肝细胞；❷示蓝色颗粒少的肝细胞。

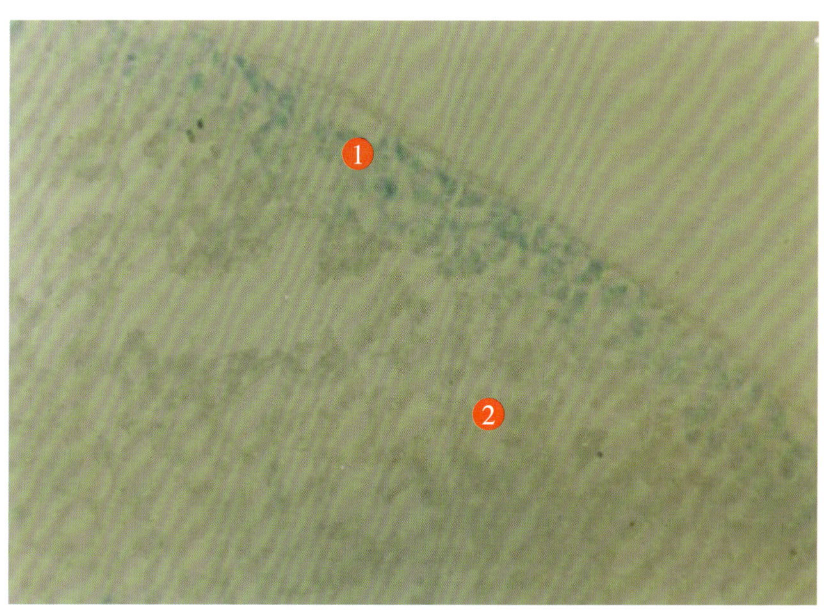

■ 图2-4　大白鼠肾上腺细胞细胞质衰老（1）

SA-β-Gal 组化染色　×100

❶示球状带细胞内多有明显蓝绿色颗粒，为SA-β-Gal 阳性反应细胞；❷示束状带浅层细胞胞质内阳性反应颗粒较少。

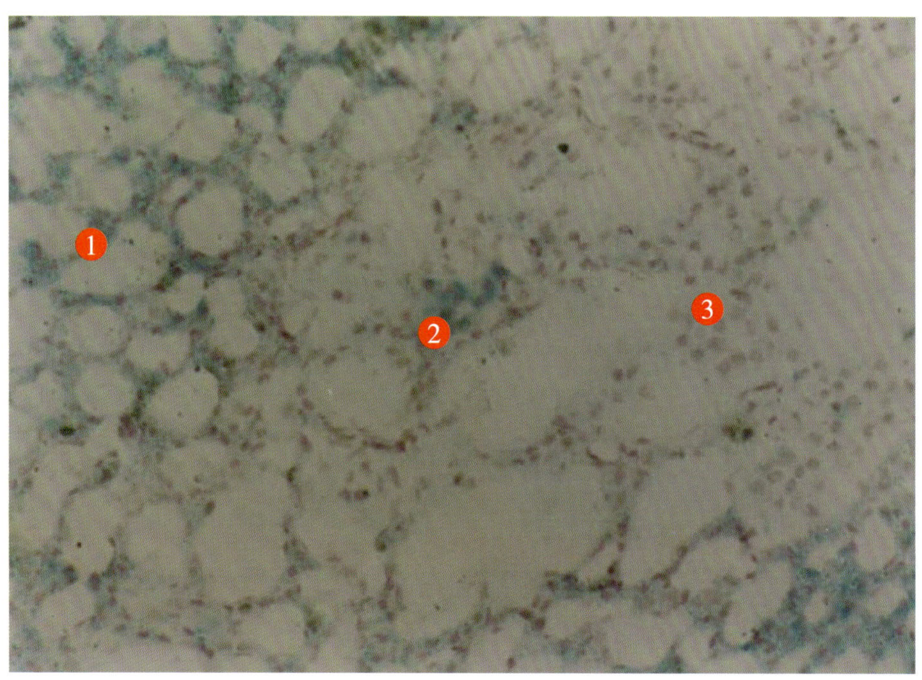

■ 图2-5　大白鼠肾上腺细胞细胞质衰老（2）

SA-β-Gal 组化染色　×100

❶示网状带细胞明显SA-β-Gal反应阳性；❷示髓质内皮质细胞SA-β-Gal 反应阳性；❸示髓质细胞很少SA-β-Gal反应阳性。

（二）细胞核衰老的辨识

细胞核衰老除常见的核固缩、核脱色等一般表现外，还可从核空泡及核包含物形成等方面来识别。此外，细胞核嗜色性改变也是识别细胞核衰老的重要标志（见后）。

1. 细胞核衰老的一般表现　细胞核衰老的一般表现常见为细胞核固缩和核脱色（图2-6～图2-8）。

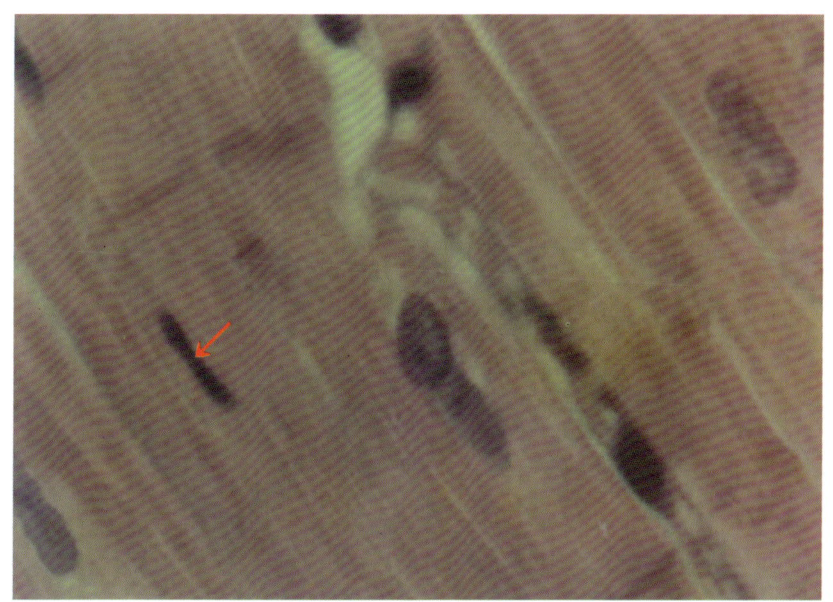

■ 图2-6　羊心室工作心肌细胞衰老

苏木素-伊红染色　×400

↙示心肌细胞核固缩。

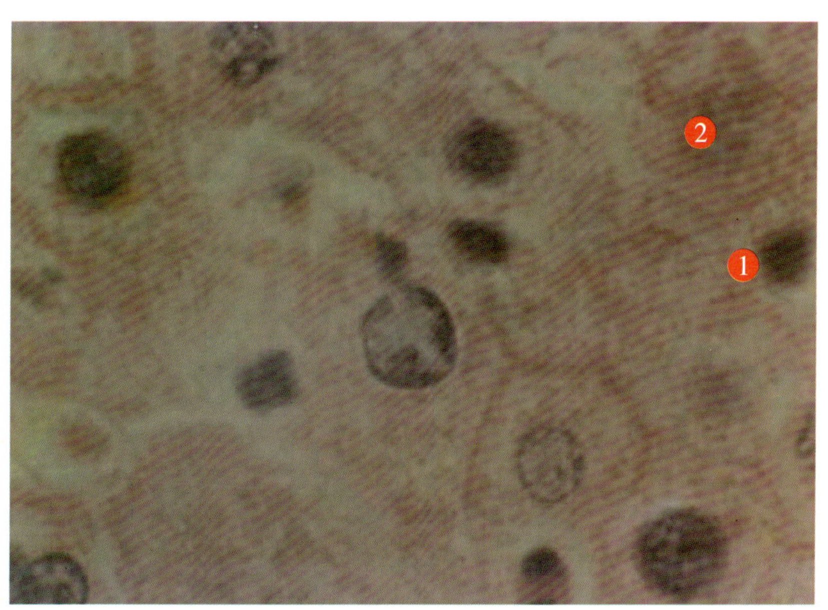

■ 图2-7　人肝细胞一般衰老特征（1）

苏木素-伊红染色　×1 000

❶示核固缩；❷示核褪色。

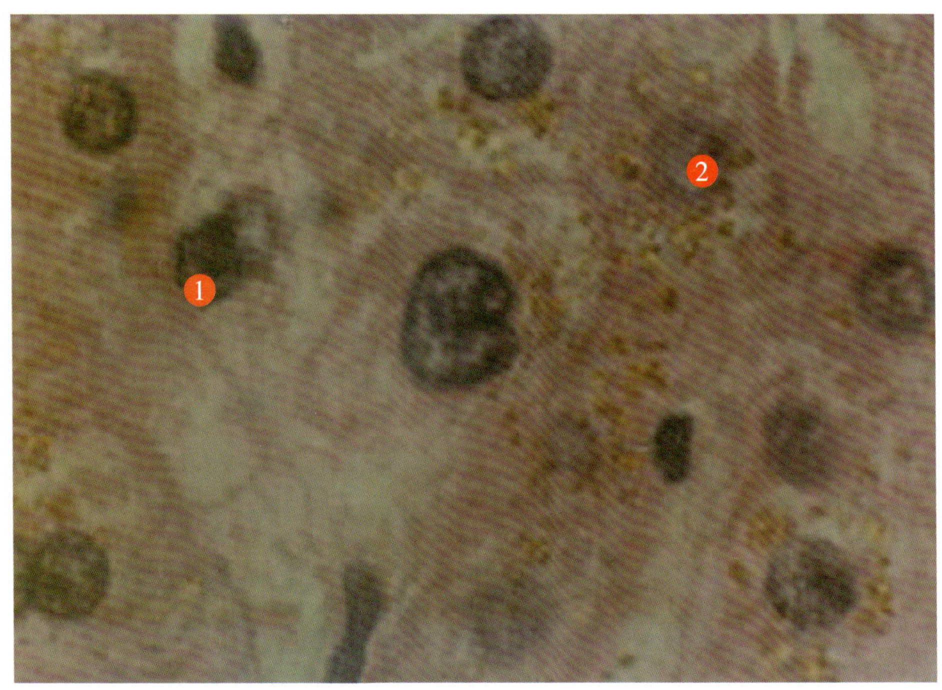

■ 图2-8 人肝细胞一般衰老特征（2）

苏木素-伊红染色 ×1 000

❶示核固缩；❷示核褪色。

2. 核空泡 核空泡是积聚的核新陈代谢液相废物，衰老肝细胞可见大小不等的核空泡（图2-9、图2-10）。而心肌肥大的心肌细胞的核空泡更多、更显著，开始空泡较小（图2-11），单一大空泡破裂常使细胞核呈杯口样或勺样外观（图2-12）。

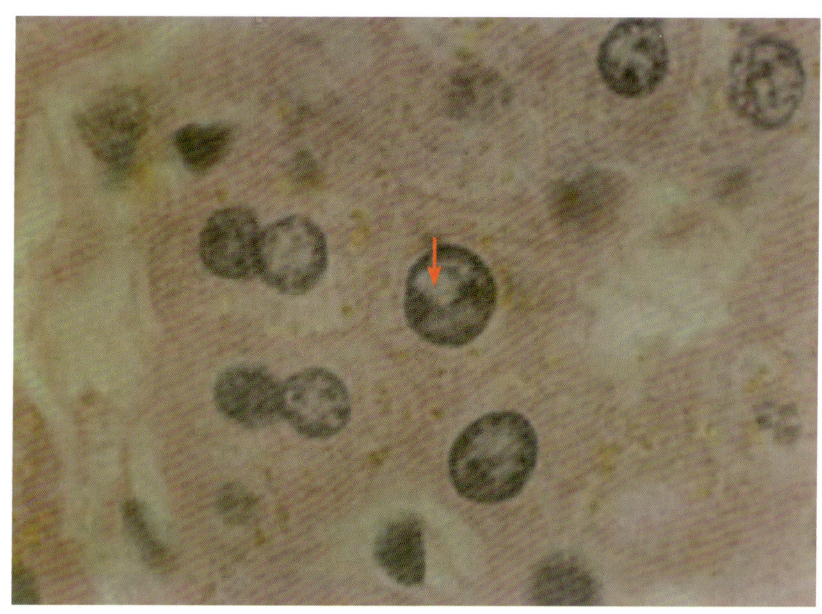

■ 图2-9　人肝细胞核空泡（1）

苏木素-伊红染色　×1 000

↓示衰老肝细胞核内空泡。

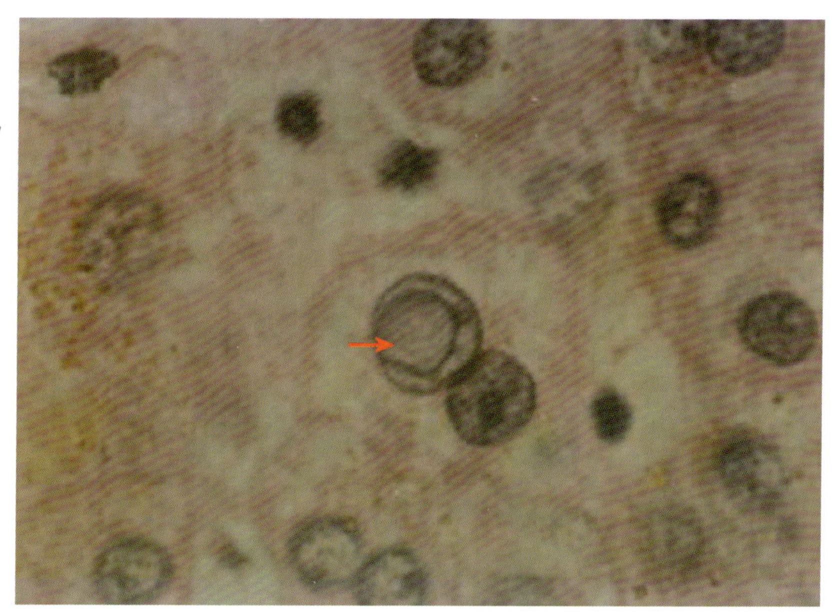

■ 图2-10　人肝细胞核空泡（2）

苏木素-伊红染色　×1 000

→示衰老肝细胞核内大空泡。

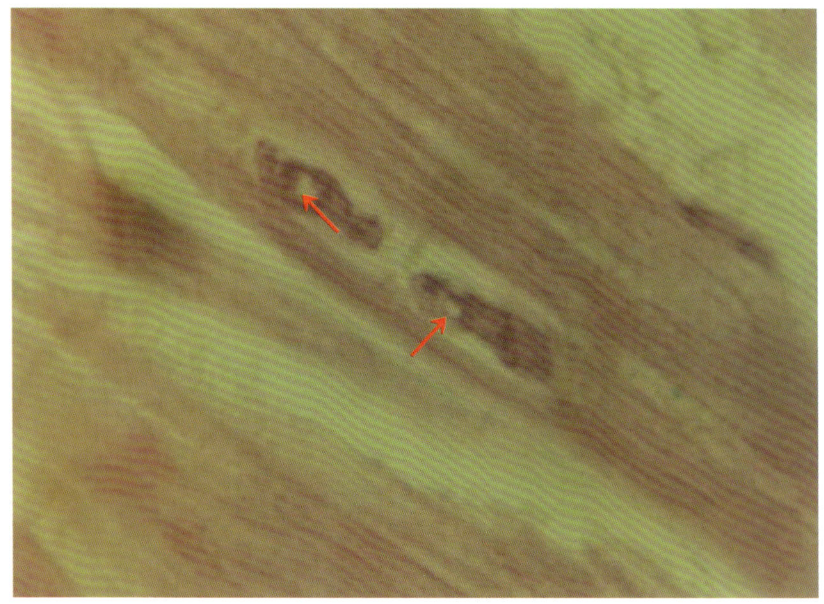

■ 图2-11　人心室肥大心肌细胞核空泡（1）

苏木素-伊红染色　×400

↖和↗示心肌细胞核内有大小不等的空泡。

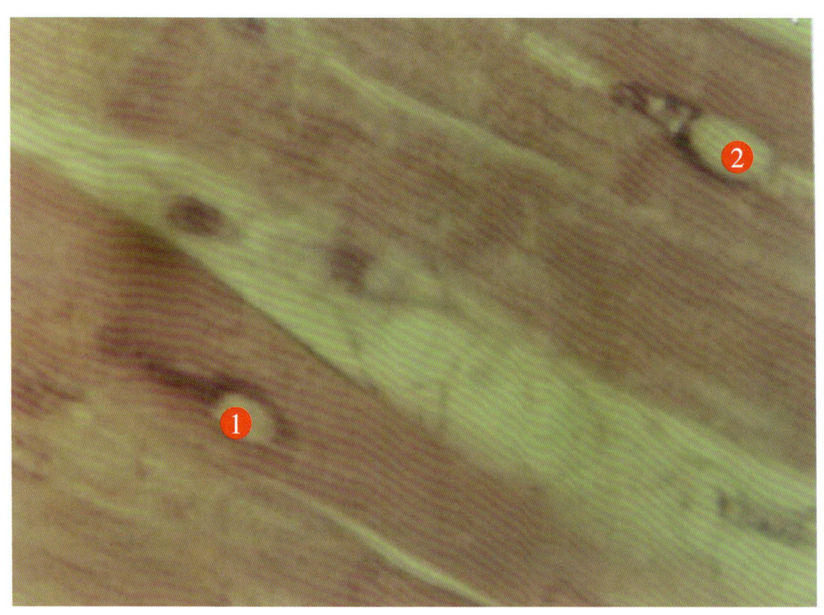

■ 图2-12　人心室肥大心肌细胞核空泡（2）

苏木素-伊红染色　×400

❶和❷示心肌细胞核内更大的单个空泡使细胞核呈勺样外观。

3. 核色素包含物 脂褐素是积聚的核新陈代谢的固相废物，是细胞衰老的一种重要标志性色素，多见于衰老的肝细胞和心肌细胞。肝细胞核内可见大小不等的脂褐素包含物（图2-13、图2-14），核内脂褐素包含物可以集装出核（图2-15）。衰老心肌细胞核内色素包含物常见大小不等的黄色团块存在（图2-16、图2-17），大多包含物由细胞核零散释出（图2-18），成为分布于核周细胞质内及至肌原纤维之间的脂褐质颗粒（图2-19）。

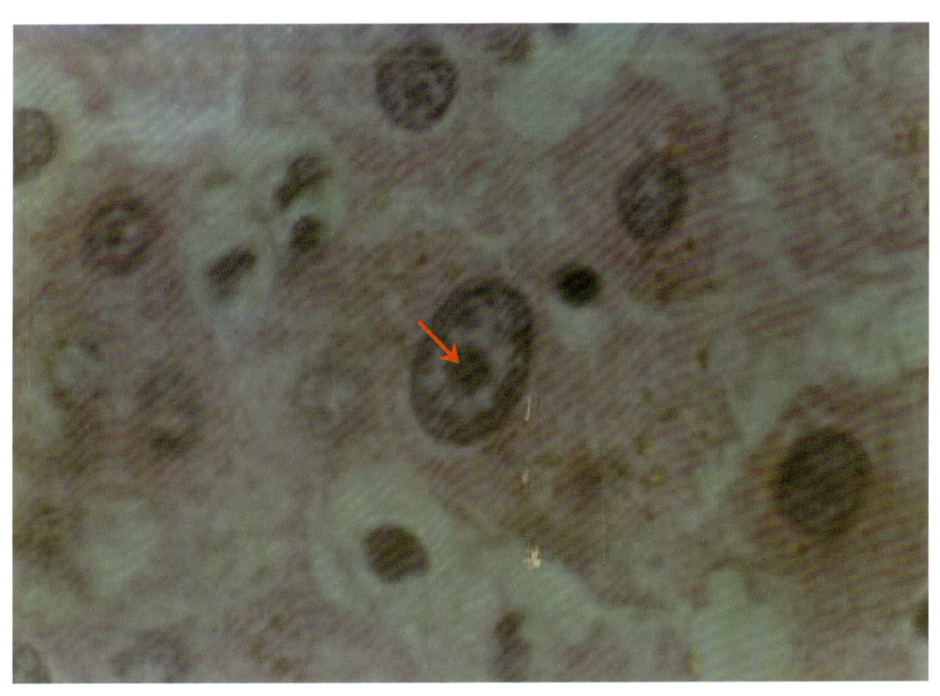

■ **图2-13 人肝细胞核内色素包含物（1）**

苏木素-伊红染色 ×1 000

↘示肝细胞核中心较小色素包含物。

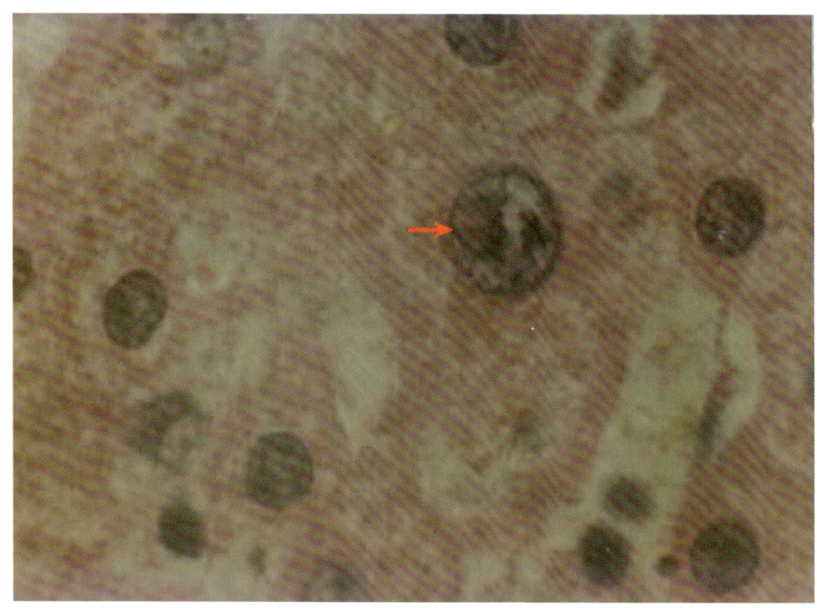

■ 图2-14　人肝细胞核内色素包含物（2）

苏木素-伊红染色　×1 000

→示肝细胞核内偏位较大色素包含物。

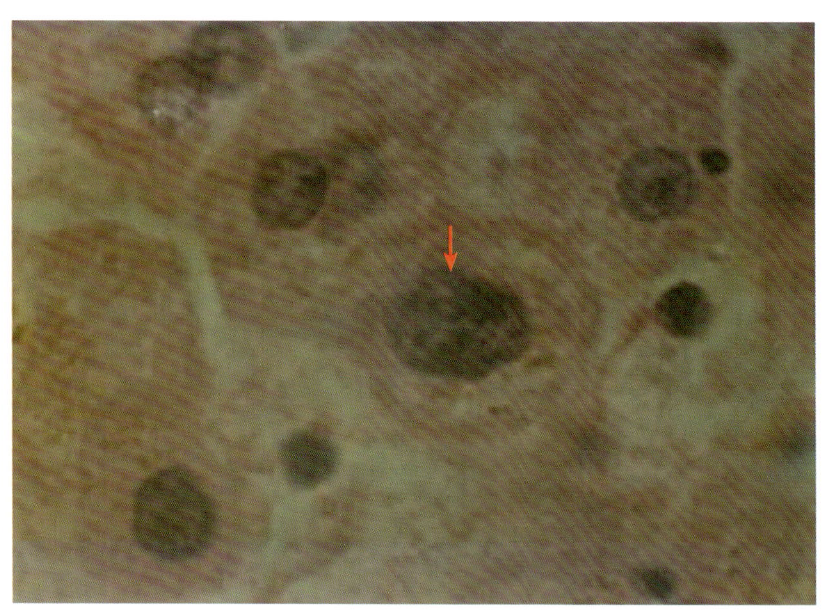

■ 图2-15　人肝细胞核内色素包含物集装出核

苏木素-伊红染色　×1 000

↓示将被排除核外的较大色素包含物。

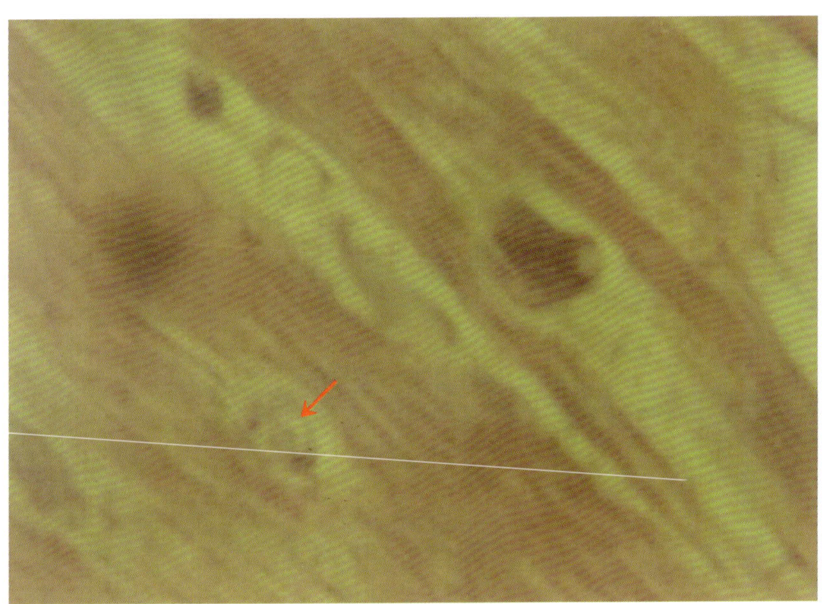

■ 图2-16　人心室肥大心肌细胞核包含物（1）

苏木素-伊红染色　×400

↙示细胞核中心色素包含物。

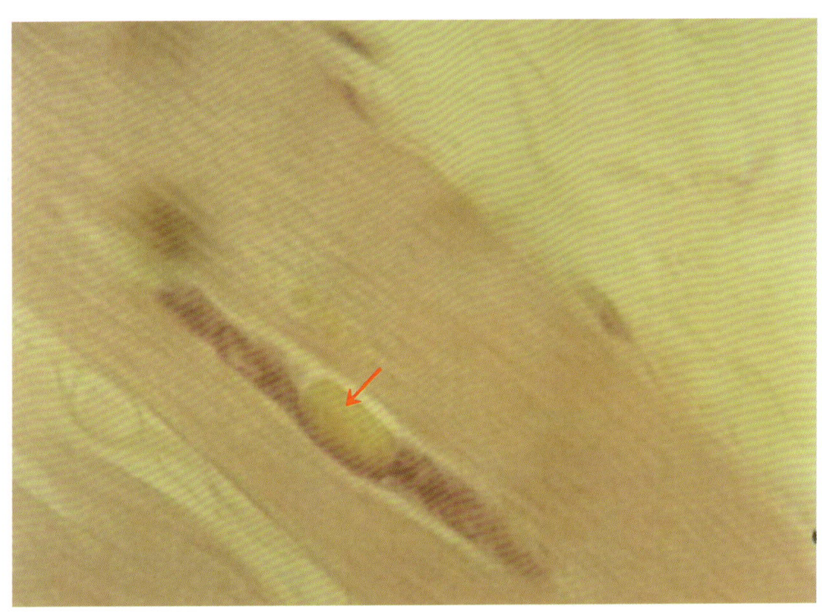

■ 图2-17　人心室肥大心肌细胞核包含物（2）

苏木素-伊红染色　×400

↙示细胞核内较大的色素包含物。

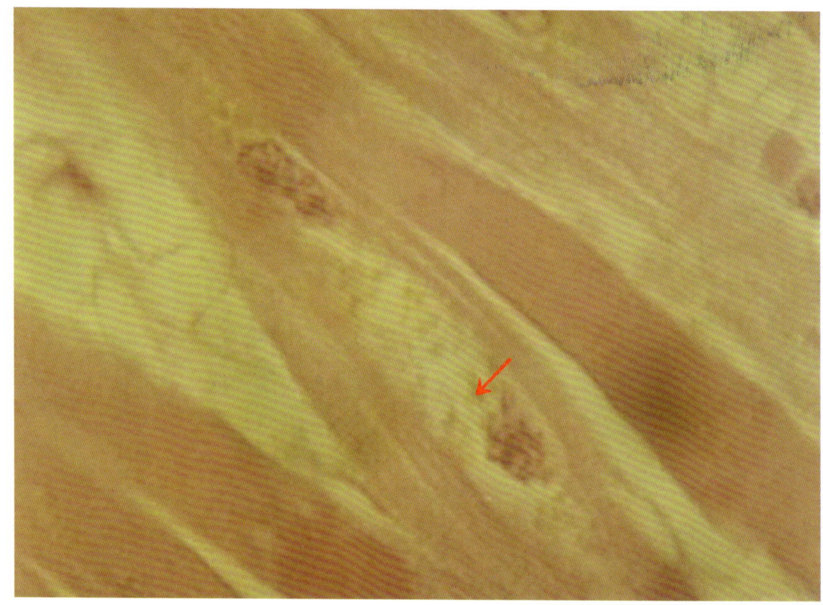

■ 图2-18　人心室肥大心肌细胞核包含物出核

苏木素-伊红染色　×400

↙示伴随核分裂分散于核周空区细胞质中的核包含物碎粒。

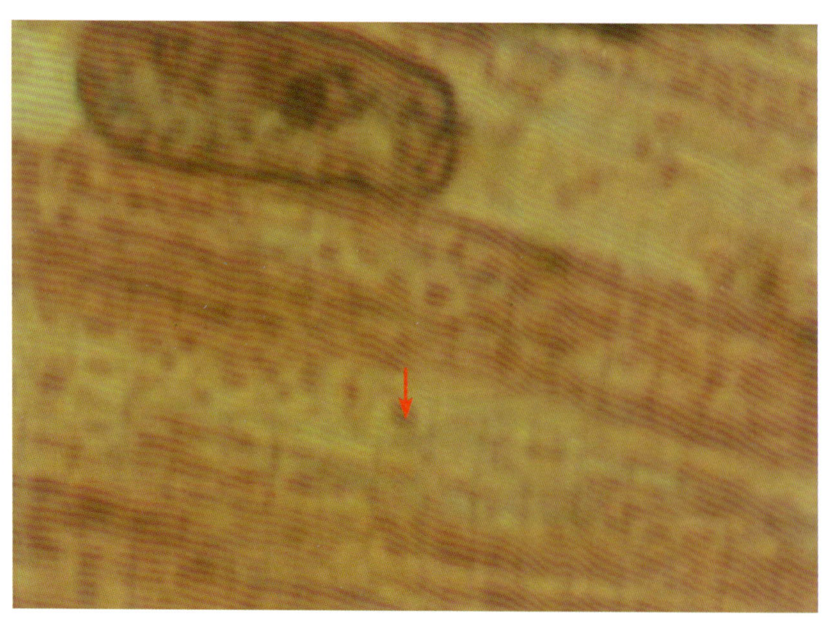

■ 图2-19　人心室心肌细胞内脂褐质

苏木素-伊红染色　×1 000

↓示分散于肌原纤维之间的核包含物颗粒，颜色深为棕褐色，即脂褐质。

二、细胞衰亡

细胞衰亡指高分化细胞衰老结果导致的细胞死亡。衰老细胞的死亡除细胞核溶解，细胞破裂细胞质被吸收外，还可表现为核碎裂，衰老细胞核分成许多无生命力的核碎块，类似细胞凋亡（图2-20、图2-21）。

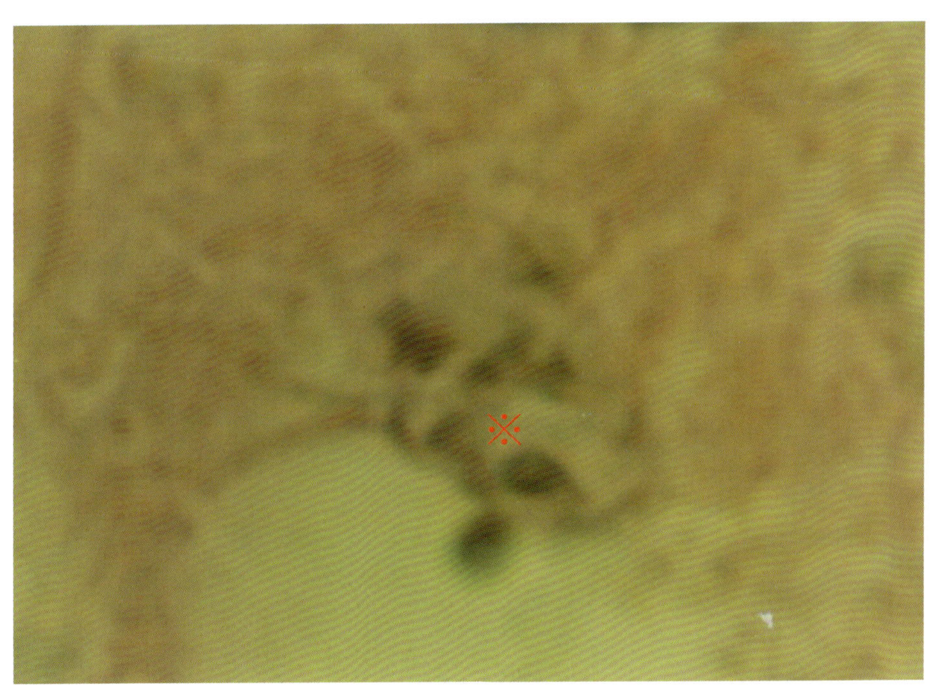

■ 图2-20 羊心室束细胞核碎裂

苏木素-伊红染色 ×1 000

※示羊心室内膜下层束细胞核分裂为多个大小不一的核碎块。

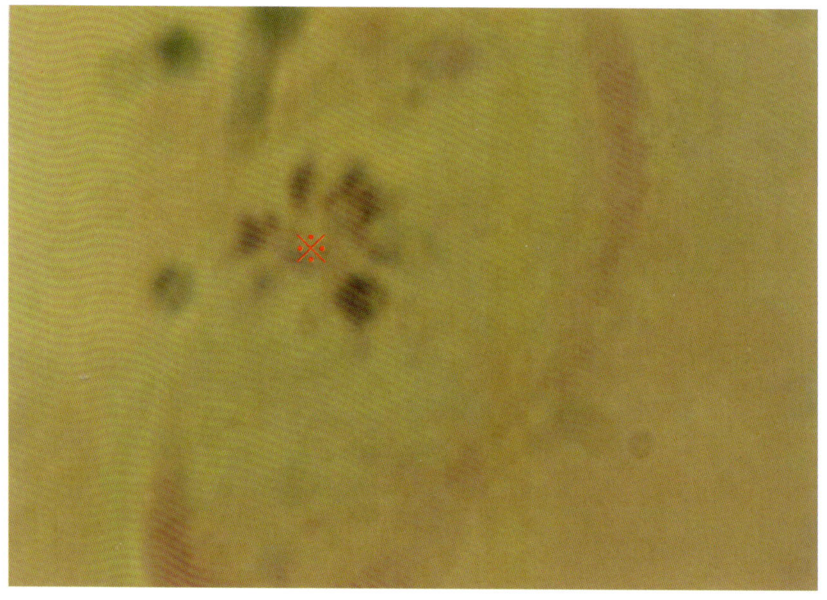

■ 图2-21 人软骨细胞核碎裂

苏木素-伊红染色 ×1 000

※示软骨细胞核碎裂。

第二节 细胞夭亡

细胞夭亡是指细胞未及演化成熟而过早死亡。细胞夭亡可能是细胞接受机体内死亡信号而死亡，多指细胞程序性死亡，程序性细胞死亡是细胞主动的死亡过程，能被细胞信号转导抑制剂阻断。包括细胞凋亡、细胞自噬、细胞胀亡和细胞副凋亡等；细胞夭亡也可能是因受外环境有害的物理、化学、生物等因子伤害所致，如濒危死亡、坏死等，常被归为非程控性细胞死亡。其实这两类细胞夭亡并无绝对分野。将细胞程序性死亡和细胞凋亡完全归结为利他性死亡或细胞自杀，有涉细胞灵魂之虞，其实在这类细胞死亡过程中因细胞地缘因素造成营养剥夺起重要作用；而濒危死亡甚至坏死过程中也涉及细胞死亡信号传导链的某些共用片段。故将分属程序性细胞死亡和非程控性细胞死亡各种死亡方式依次叙述。

一、细胞凋亡

细胞凋亡是目前研究得最清楚的一种程序性死亡方式，其主要特征是细胞皱缩、染色质浓集、染色质断裂、细胞膜内侧的磷脂酰丝氨酸外翻，细胞出泡形成凋亡小体。图2-22和图2-23显示两个培养的NRK细胞凋亡过程。TUHEL技术方法可检测组织细胞的凋亡（图2-24）。

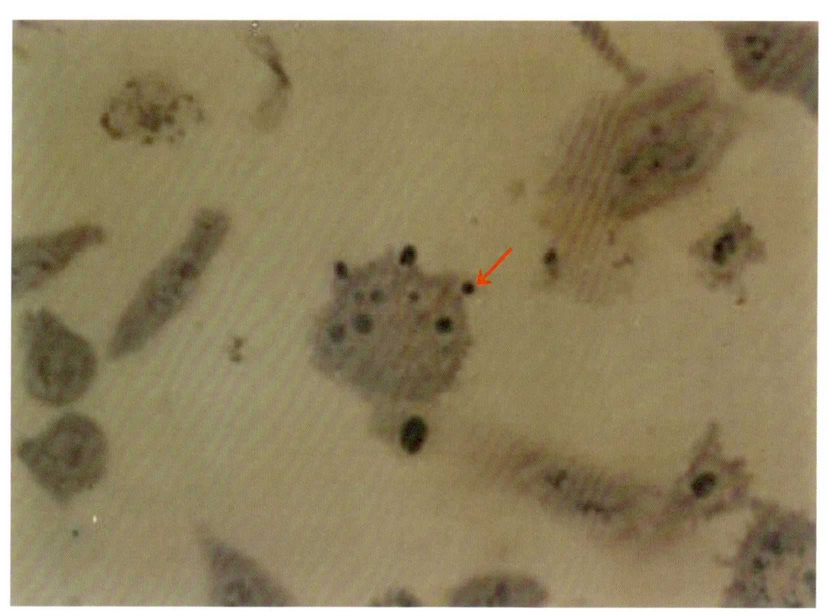

■ 图2-22 NRK 细胞凋亡（1）

吉姆萨染色 ×1 000

↙示NRK细胞凋亡小体。

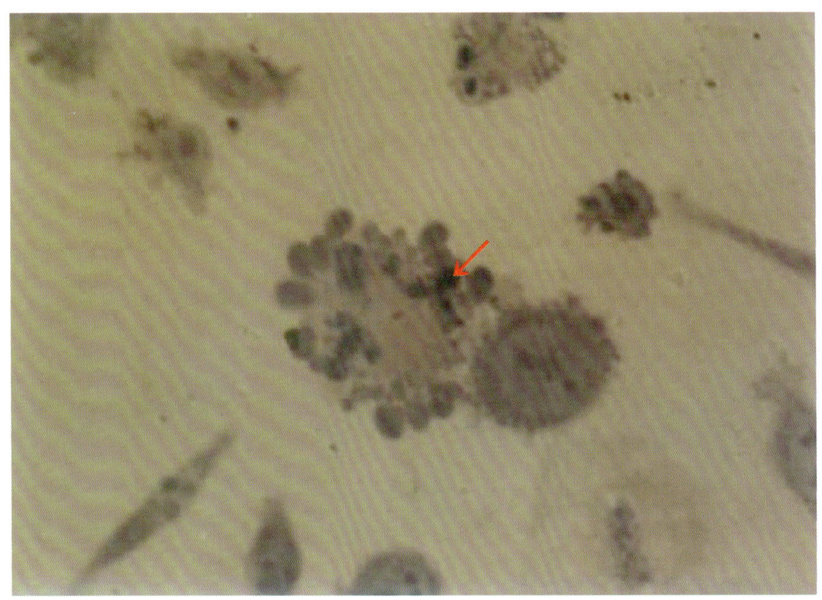

■ 图2-23　NRK 细胞凋亡（2）

吉姆萨染色　×1 000

↙示NRK细胞凋亡小体。

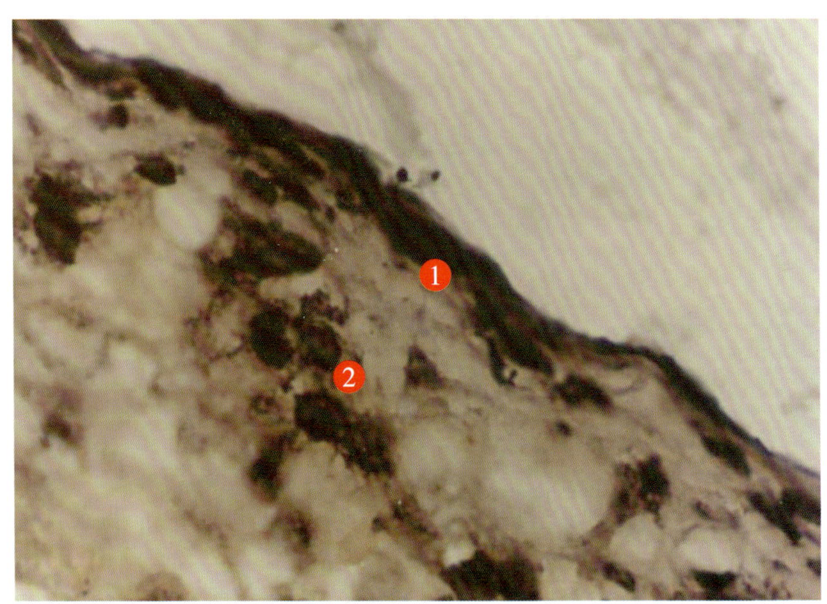

■ 图2-24　大白鼠肾上腺被膜及皮质细胞凋亡

TUHEL法　×1 000

❶和❷示被膜球状带较多的棕黑色凋亡细胞核，束状带浅层很少细胞凋亡。

二、细胞自噬

细胞自噬是另一种程序性细胞死亡方式，它以细胞质中大量出现自噬泡为主要特征。自噬泡的外膜与溶酶体膜融合，内膜及其包裹的物质进入溶酶体腔，被溶酶体中的酶水解。此过程使进入溶酶体中的物质分解为其组成成分，并被细胞再利用。这一过程对于消除长寿命蛋白和受损的细胞器以及物质重新利用都有很重要的意义，但如果这一过程过度，就会引起自噬性细胞死亡。

三、细胞胀亡

细胞胀亡是于1910年 Von Reckling-hausen在骨软化病中发现由于缺血而肿胀坏死的骨细胞，他把这种肿胀坏死称为oncosis。1995年Majno和Joris把具有明显肿胀特点的细胞死亡命名为oncosis。胀亡的形态学特征是细胞肿胀，体积增大，胞浆空泡化，肿胀波及细胞核、内质网、线粒体等胞内结构，胞膜起泡，细胞膜完整性破坏。

四、细胞副凋亡

细胞副凋亡的主要特征包括衍生于内质网的细胞质空泡化、线粒体肿胀、没有凋亡小体、没有核断裂、caspase不活化、不被caspase的抑制剂抑制、PARP不切割等。副凋亡也可以被许多刺激因素诱导，包括表皮生长因子、皮质激素等。

五、细胞有丝分裂灾变

细胞有丝分裂灾变是一种由于有丝分裂异常导致的细胞死亡方式（图2-25、图2-26），这种细胞死亡方式的主要特征是细胞很大，并含有多个微小细胞核，伴有染色体松弛。有些研究表明有丝分裂灾变后细胞通过凋亡或坏死方式死亡。细胞有丝分裂灾难可由多种分子调控，如CDK1、CDK2、CDC2、P53、survivin、caspase、Bcl-2家族成员等，其死亡信号途径与凋亡有些是重叠的。

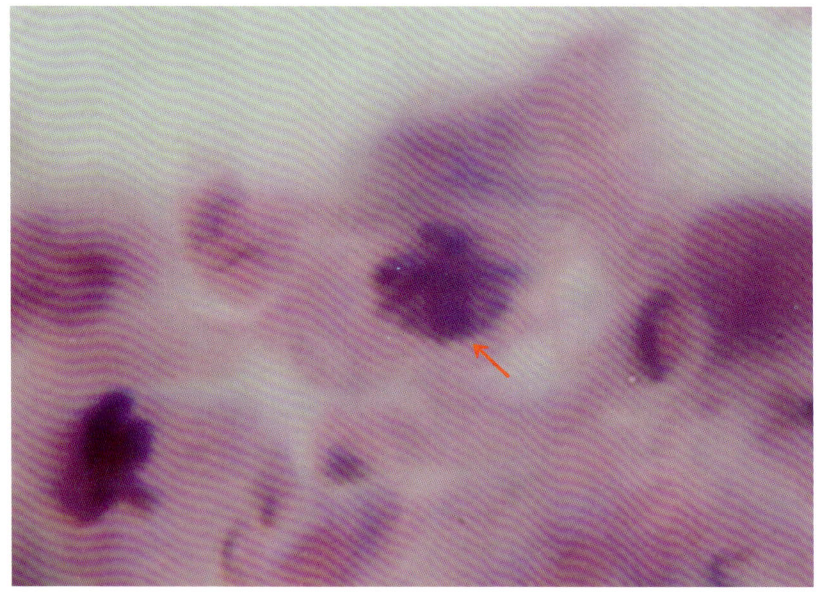

■ 图2-25　兔精母细胞有丝分裂灾变（1）

苏木素-伊红染色　×1 000

↖示邻肾盏肾干细胞巢。

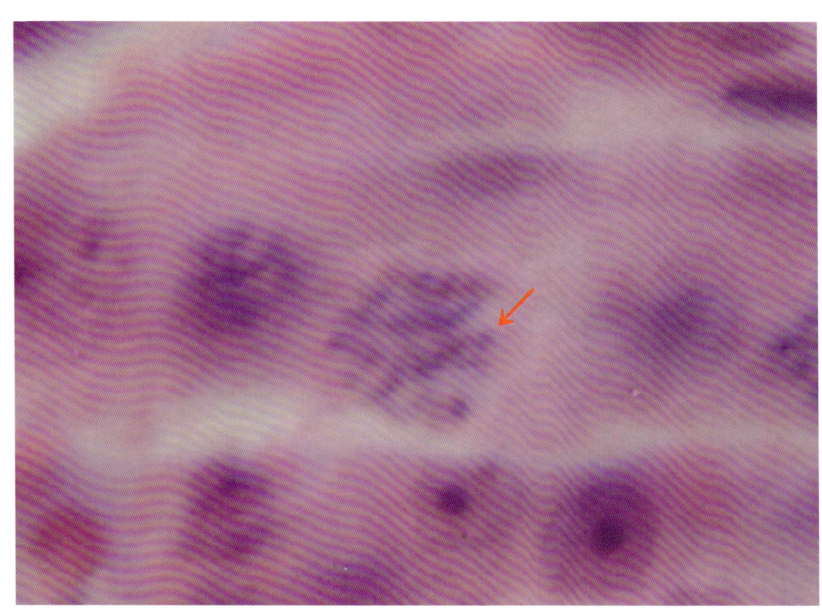

■ 图2-26　兔精母细胞有丝分裂灾变（2）

苏木素-伊红染色　×1 000

↙示染色体颗粒分散，即“有丝分裂灾变”。

六、细胞坏死

细胞坏死常被看作是被动的细胞死亡过程，不能被细胞信号转导抑制剂阻断。坏死是指细胞在受到环境中的物理或化学因素刺激时所发生的细胞被动死亡。其主要形态学特点是细胞膜的破坏、细胞及细胞器水肿，但染色质不发生凝集。

小结

细胞死亡可分为细胞衰老死亡和细胞夭亡。细胞衰老死亡可分为细胞衰老和细胞衰亡相互延续的两个阶段。细胞衰老标志包括细胞质衰老标志和细胞核衰老标志，衰老细胞质可应用 SA-β-Gal组织化学染色技术检测；细胞核衰老除以一般表现核固缩、核褪色识别外，细胞核压裂型、劈裂型核分裂及核碎裂也可作为识别细胞核衰老的特征。核空泡与核色素包含物更是细胞衰老与细胞核衰老的标志物。核空泡是细胞核内积聚的液相代谢废物，可逐渐长大，以至占据细胞核的全部空间。核内色素包含物是细胞核代谢的固相废物，肝细胞与心肌细胞核最多见，可以集装箱式整体出核或分散出核，散布于细胞质内，即脂褐素颗粒。细胞夭亡是指细胞未及演化成熟而过早死亡。细胞夭亡可能是细胞接受机体内死亡信号而死亡，多指细胞程序性死亡。程序性细胞死亡是细胞主动的死亡过程，能被细胞信号转导抑制剂阻断，包括细胞凋亡、细胞自噬、细胞胀亡和细胞副凋亡等；细胞夭亡也可能是因受外环境有害的物理、化学、生物等因子伤害所致，如濒危死亡、坏死等，常被归为非程控性细胞死亡。细胞程序性死亡并非完全利他性死亡或细胞自杀，其中因细胞地缘因素造成营养剥夺起重要作用；而有丝分裂灾变甚至坏死过程中也涉及细胞死亡信号转导链的某些共用片段。

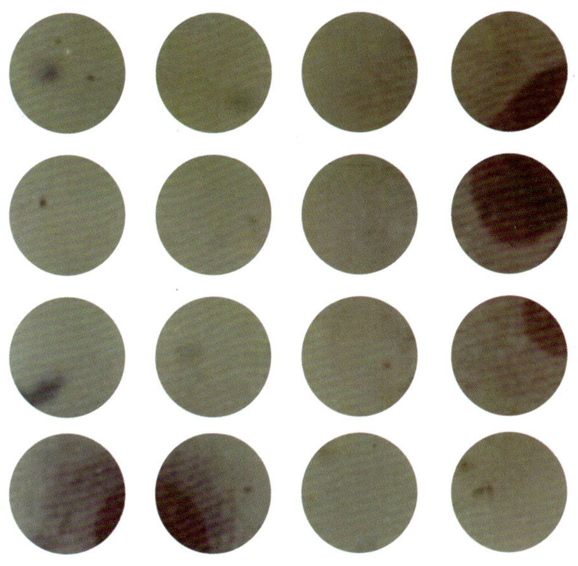

第三章
细胞核动力学

细胞核也处于动态演化之中，细胞核也有新生和衰亡过程。了解细胞核演化过程对深入理解细胞动力学具有重要意义。

第一节　细胞核的细胞生物学意义

已知细胞核蕴藏细胞遗传信息，控制细胞的代谢、分化和繁殖，但细胞在细胞动力学中细胞生物学意义并未得到明确阐述。本节从核移植、核种植、细胞生长、细胞核演化和元核概念出发，较深入地揭示细胞核对细胞的真正含义。

一、细胞核移植

震动世界的多莉羊是成功的人工细胞核移植的范例。心肌再生研究中早已发现干细胞可在衰亡心肌细胞废墟上重建心肌细胞。器官移植标本上也可见到宿主干细胞核侵入移植心肌细胞，顶替原心肌细胞核，成为新的心肌细胞的细胞核（图3-1～图3-3），这种细胞移植显然是一种细胞核殖民行为。当前对移植免疫作用的评价是不全面、不准确的，对于免疫配型良好的移植器官，参与移植免疫的细胞群可为创伤修复提供丰富的干细胞来源，免疫抑制剂适当应用，使适量干细胞向移植器官损伤细胞核移植，并演化为功能性实质细胞，在宿主组织与移植组织之间形成融合组织带，从而实现二者之间组织连接与物理连接。只有在供受体组织相容性匹配不良、免疫抑制无效情况下，短时间内大量干细胞入侵，不能实现有效核移植，难以形成融合组织带，不能实现宿主与供体之间组织连接与物理连接，才主要表现出免疫细胞对移植物的侵蚀、损伤的免疫排斥作用。

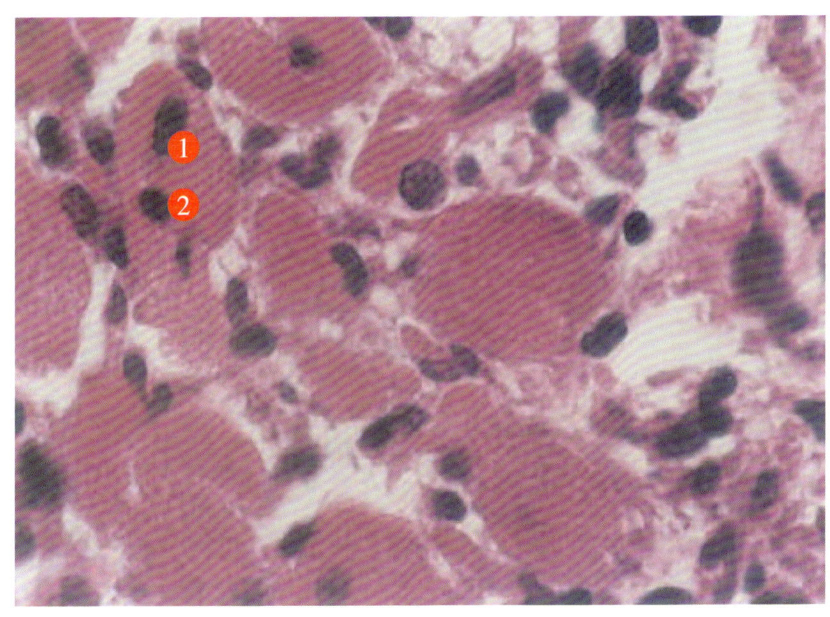

■ 图3-1　大白鼠移植心脏的细胞核移植（1）

苏木素-伊红染色　×400

❶示供体心肌细胞核；❷示受体干细胞核。

（标本由张岩博士和张娓高级实验师提供）

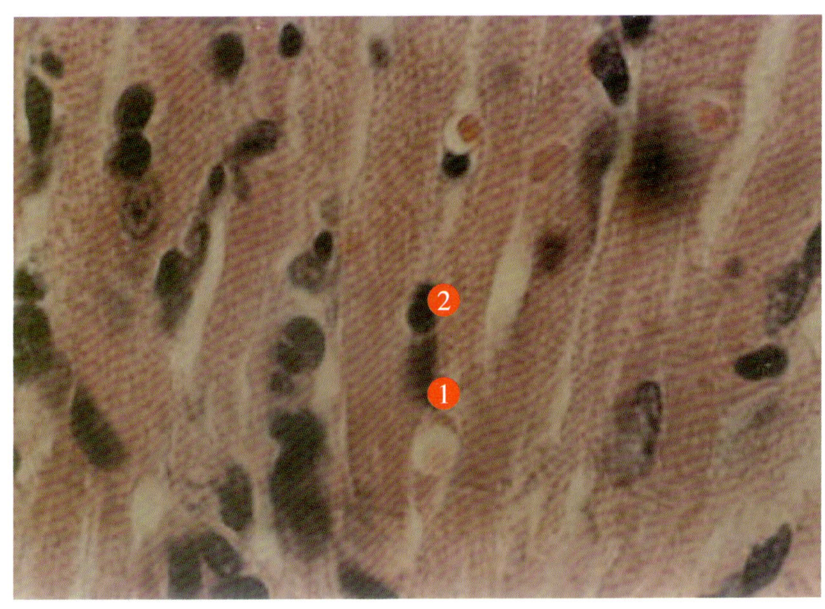

■ 图3-2　大白鼠移植心脏的细胞核移植（2）

苏木素-伊红染色　×400

❶示供体心肌细胞核；❷示受体干细胞核。

（标本由张岩博士和张娓高级实验师提供）

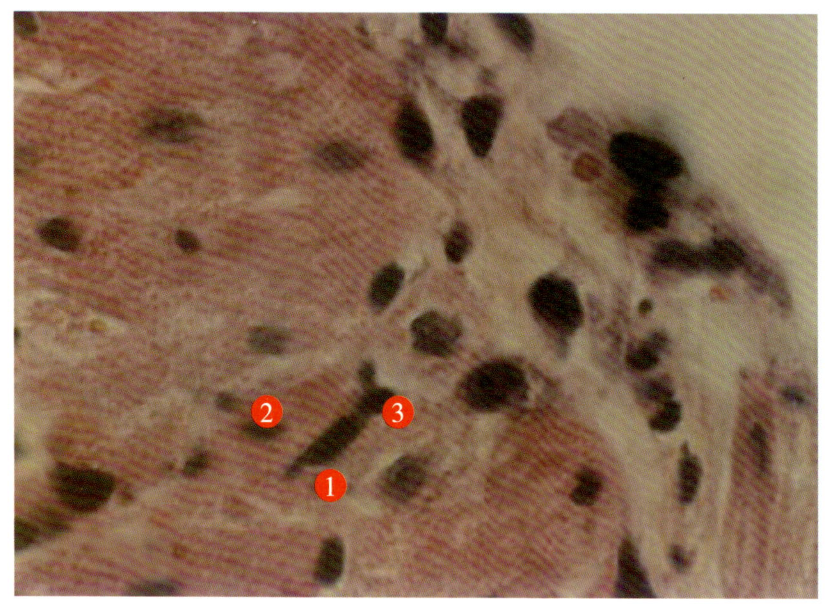

■ 图3-3 大白鼠移植心脏的细胞核移植（3）

苏木素-伊红染色 ×400

❶示供体心肌细胞核；❷和❸示受体干细胞核。

（标本由张岩博士和张娓实验师提供）

二、细胞核种植

成体人和羊心室肌群之间存在一些边界不规则、大小不等的心胶冻样区，呈均质胶冻状（图3-4、图3-5）。邻近心肌纤维和普肯耶纤维细胞核可从心肌纤维末端迁入心胶冻内（图3-6、图3-7）。植入细胞核逐渐产生自己的细胞质而增大并透明化，遂有了自己的领域，就在无细胞的基质上新建心肌细胞（图3-8），故称细胞核种植。在两个端端相接的新建心肌细胞之间逐渐形成闰盘，即分开成为两个心肌细胞（图3-9～图3-11）。

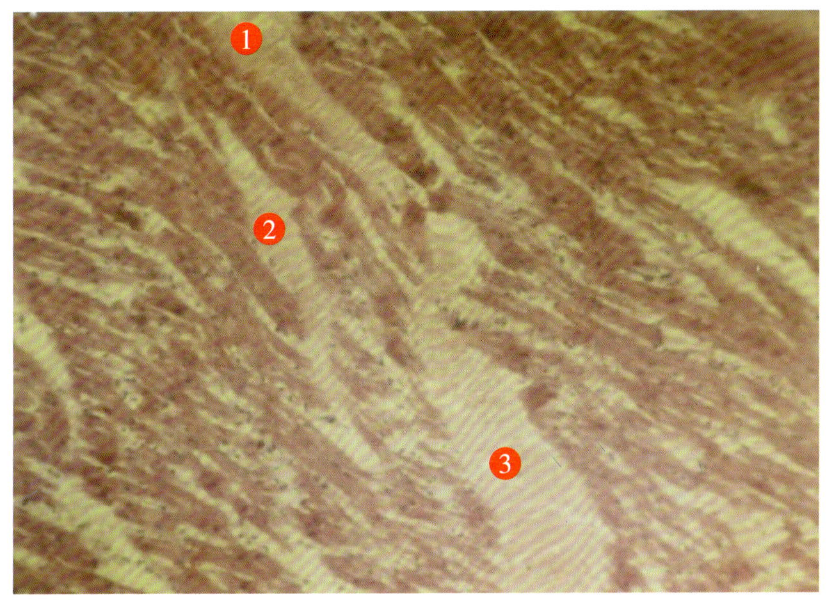

■ 图3-4　成体羊心室肌层内心胶冻

苏木素-伊红染色　×100

❶、❷和❸示羊心室心肌细胞群之间有大小不等、形状不一、呈均质状的非细胞结构，即心胶冻。

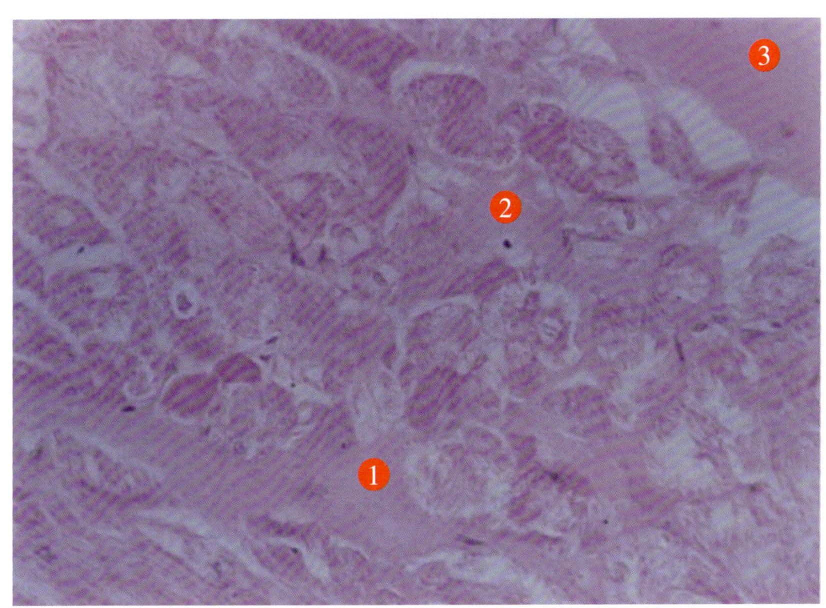

■ 图3-5　成人心室肌层心胶冻

苏木素-伊红染色　×200

❶、❷和❸示心肌层横断面有形状不一、大小不等的心胶冻充填于心肌细胞之间。

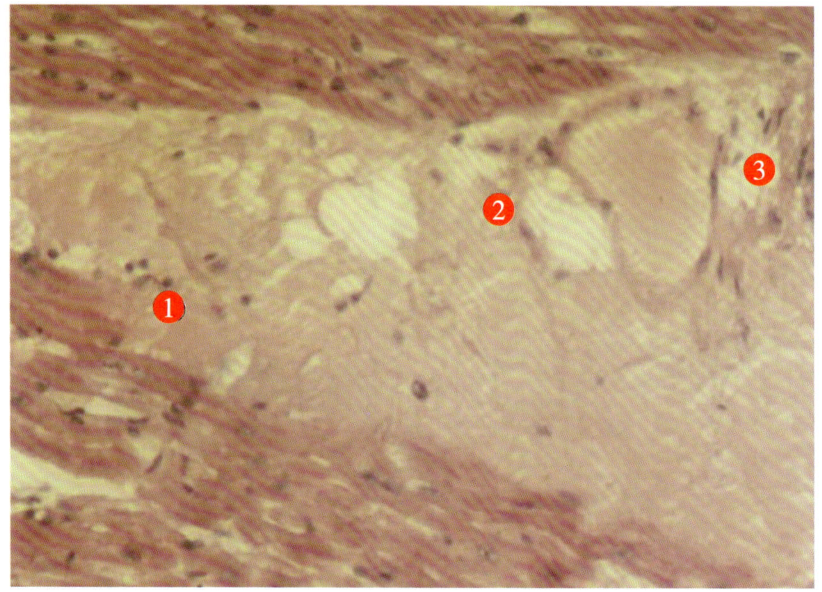

■ 图3-6　羊心室肌层内种植细胞核移入心胶冻

苏木素-伊红染色　×200

❶、❷和❸示干细胞核从不同途径迁入羊心室心胶冻内。

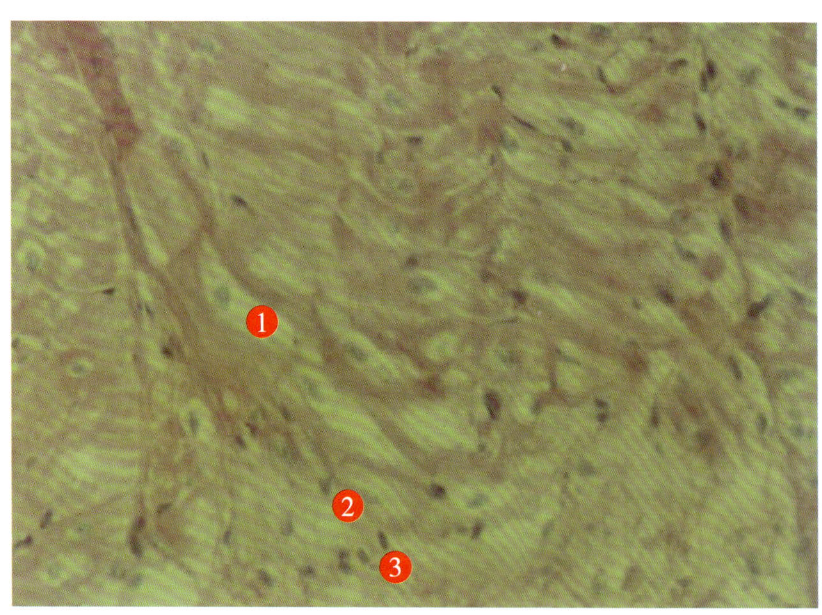

■ 图3-7　羊心室肌层普肯耶纤维源种植细胞核移入心胶冻

苏木素-伊红染色　×200

❶示普肯耶纤维末段；❷示由普肯耶纤维迁出的细胞核；❸示将迁入心胶冻的细胞核。

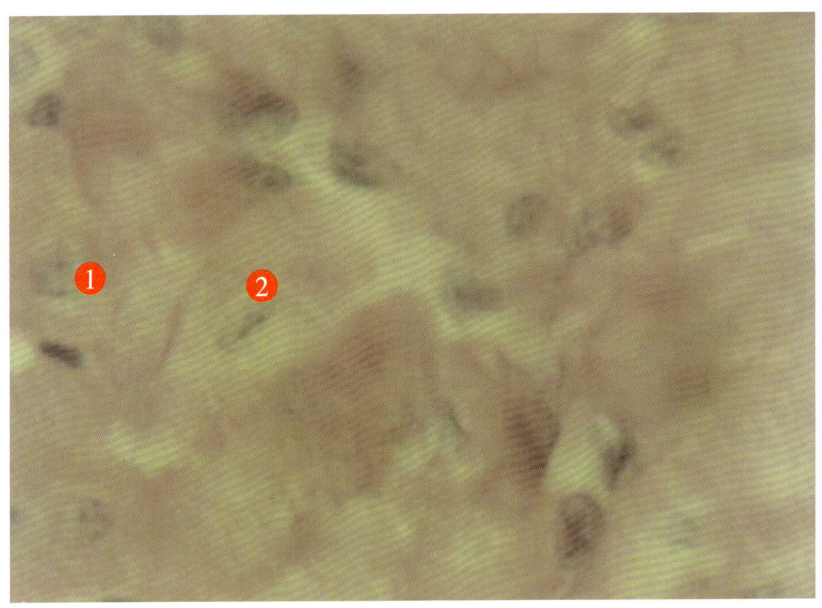

■ 图3-8　植入羊心室肌层心胶冻干细胞核的心肌细胞重建

苏木素-伊红染色　×1 000

❶和❷示心室心胶冻内迁入的细胞核增大，合成自己的细胞质，形成初始心肌细胞。

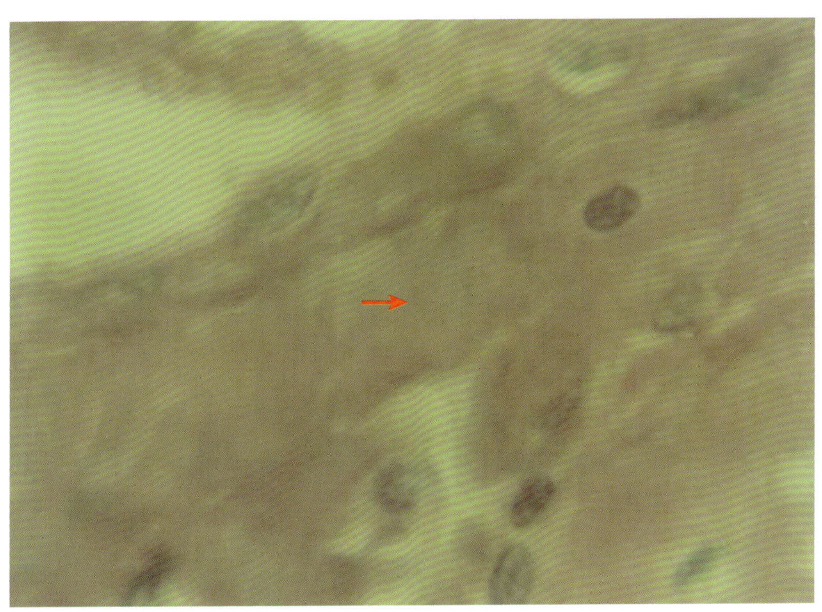

■ 图3-9　成体羊心胶冻内重建心肌细胞的闰盘形成

苏木素-伊红染色　×1 000

→示羊心室心胶冻内初步重建的心肌细胞端端连接部细胞质浓集，形成初始闰盘。

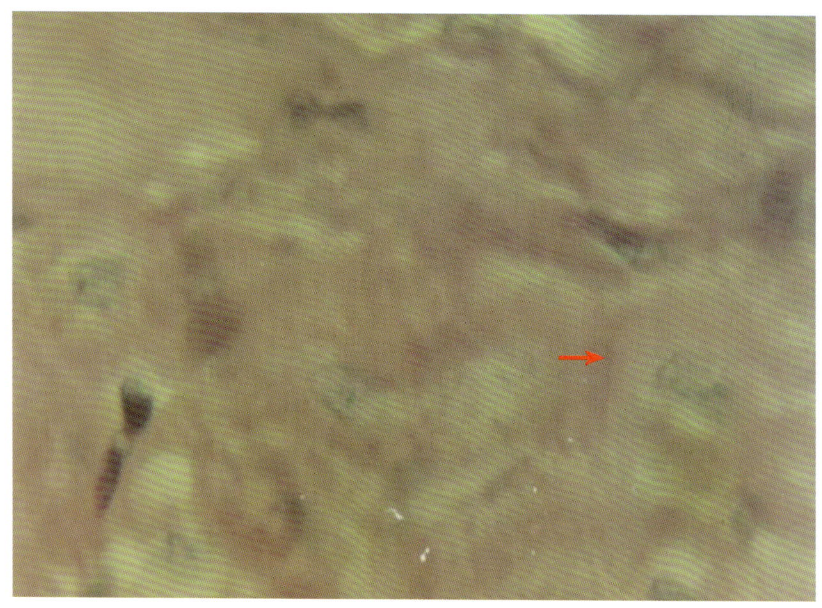

■ 图3-10　成体羊心室肌层内重建心肌细胞的闰盘形成（1）

苏木素-伊红染色　×1 000

→示羊心室重建心肌细胞之间最初形成的闰盘。

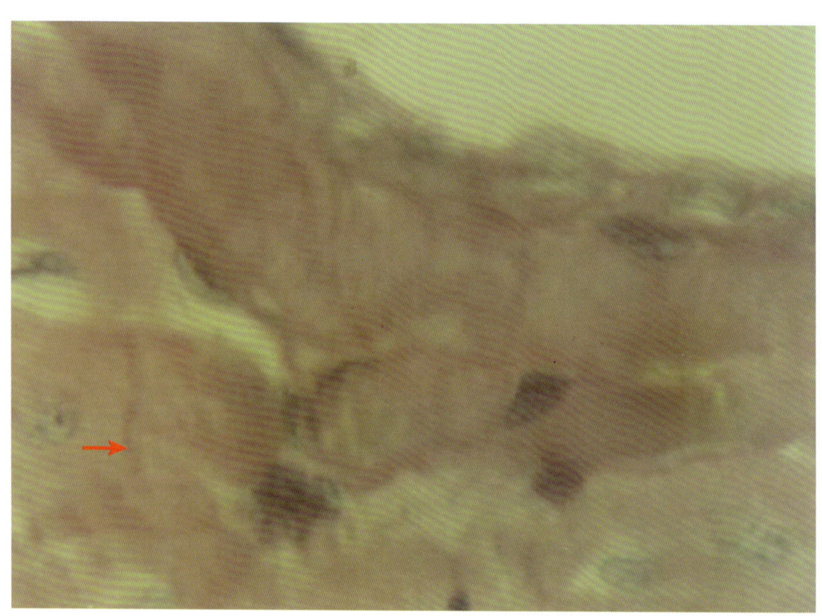

■ 图3-11　成体羊心室肌层内重建心肌细胞的闰盘形成（2）

苏木素-伊红染色　×1 000

→示羊心室重建心肌细胞之间新形成的闰盘。

三、细胞生长

开始复苏培养的细胞常见裸核细胞，而后出现极少细胞质为寡质细胞，细胞质逐渐增多成少质细胞（图3-12、图3-13），进而细胞成熟，最后衰亡（图3-14）。由此可知，细胞是一个过程，从细胞动力学观点来看，细胞核就是细胞，细胞质与细胞膜都是细胞核的形成物。这对“细胞只能来自细胞”的权威信条构成严重挑战。

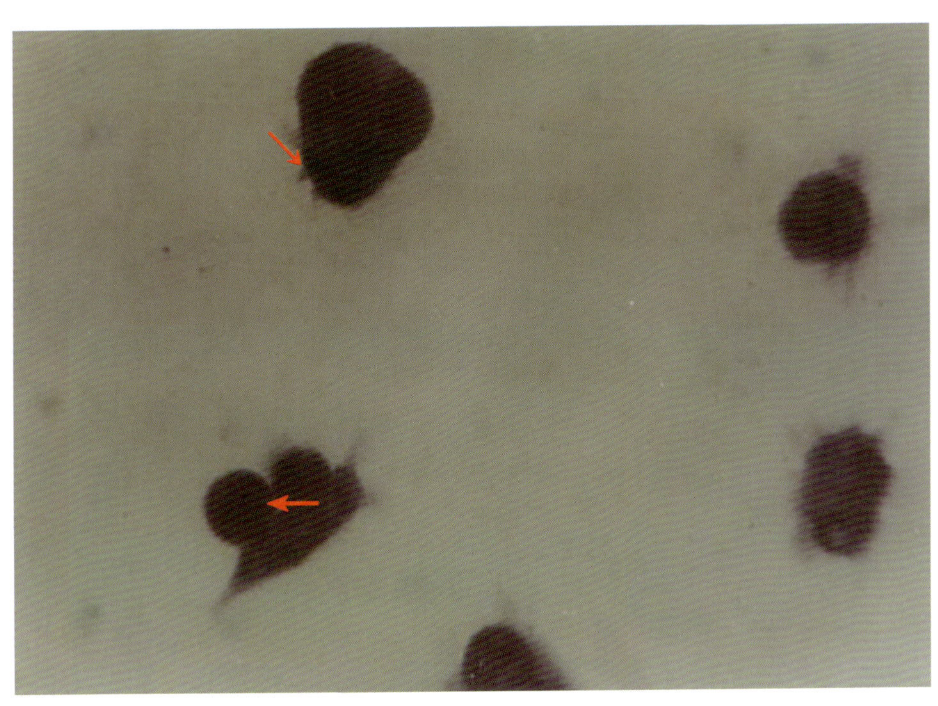

■ 图3-12 PC12细胞生长（1）

吉姆萨染色 ×400

←示分裂中的裸核样PC12细胞；↘示寡质PC12细胞的初始营养性突起。

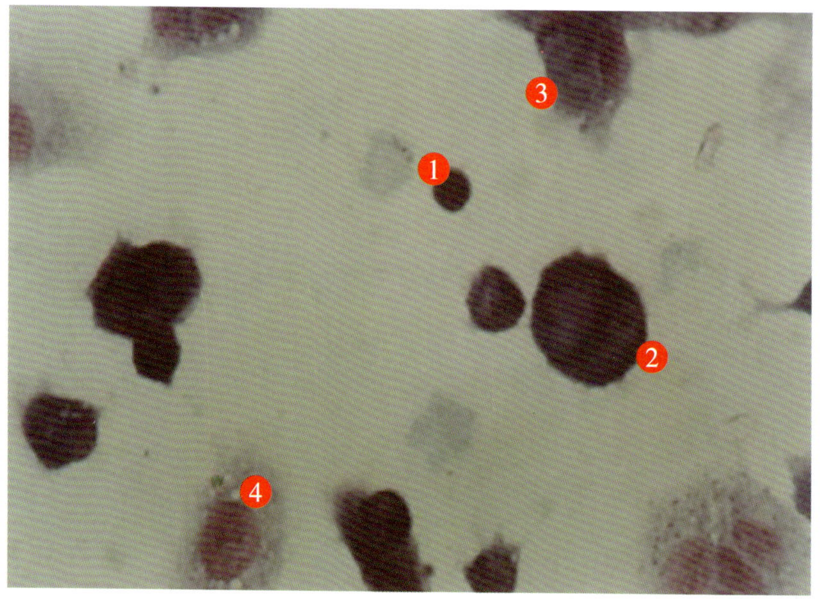

■ 图3-13　PC12细胞生长（2）

吉姆萨染色　×400

❶示裸核PC12细胞；❷示寡质PC12细胞；❸示少质PC12细胞；❹示衰退PC12细胞。

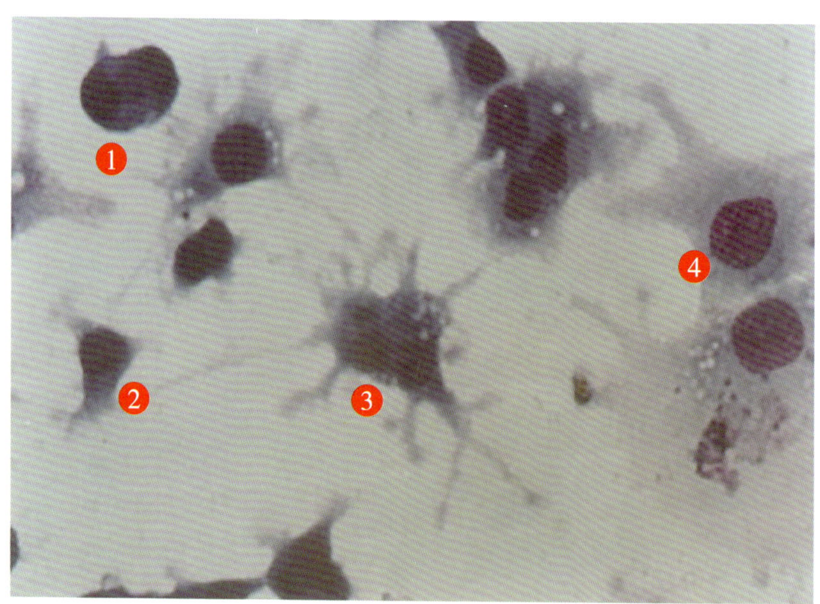

■ 图3-14　PC12细胞生长（3）

吉姆萨染色　×400

❶示寡质PC12细胞；❷示少质PC12细胞；❸示较充分演化的PC12细胞；❹示衰退的PC12细胞。

四、细胞核演化

细胞核也处于不断动态演化之中，细胞核演化是判断细胞演化程度的重要标志。细胞演化程度的识别标准是细胞的嗜色性，主要是细胞核的嗜色性。随着演化进展，细胞核由嗜碱性逐渐减弱而嗜酸性逐渐增强。培养PC12细胞核可明确观察到细胞核嗜色性的显著演变。幼稚的PC12细胞核绝大部分呈深绿色，少量细胞质呈淡红色（图3-15），随着细胞演化龄增加，细胞核逐渐变成红色，细胞质也随之增加（图3-16、图3-17）。较晚期培养PC12细胞核完全嗜酸化（图3-18）。甲绿-哌若宁染色的PC12细胞铺片，也可见早期PC12细胞核完全被甲绿染成绿色，但随着细胞演化细胞核的绿色着色逐渐减弱，而演化较晚期的PC12细胞核则呈灰蓝色（图3-19、图3-20）。

结合前述细胞核内核空泡与核内包含物形成充分说明细胞核内除核酸代谢之外，还存在其他复杂代谢过程，随着细胞演化细胞核也有深刻的演变。

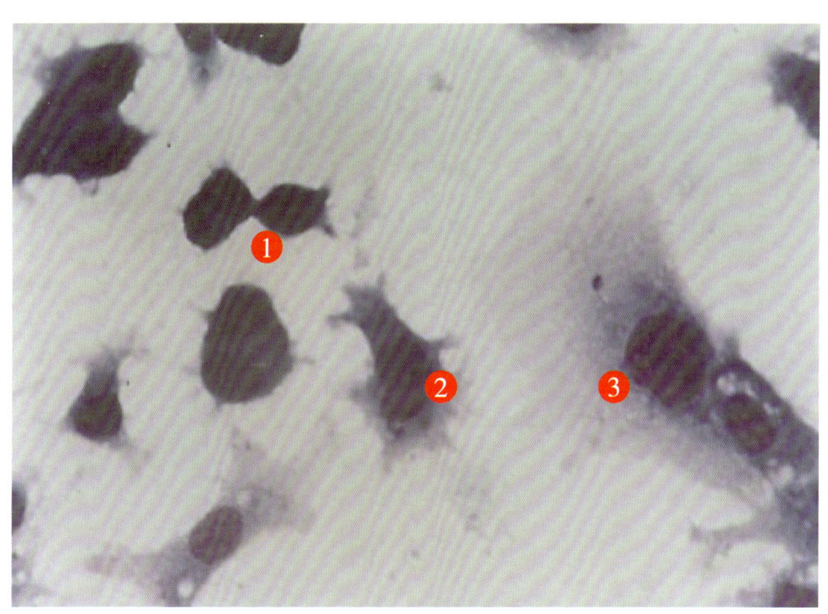

■ 图3-15　PC12细胞核演化（1）

吉姆萨染色　×400

❶示强嗜碱性核PC12细胞；❷示PC12细胞核嗜碱性减弱；❸示PC12细胞核嗜酸性染色。

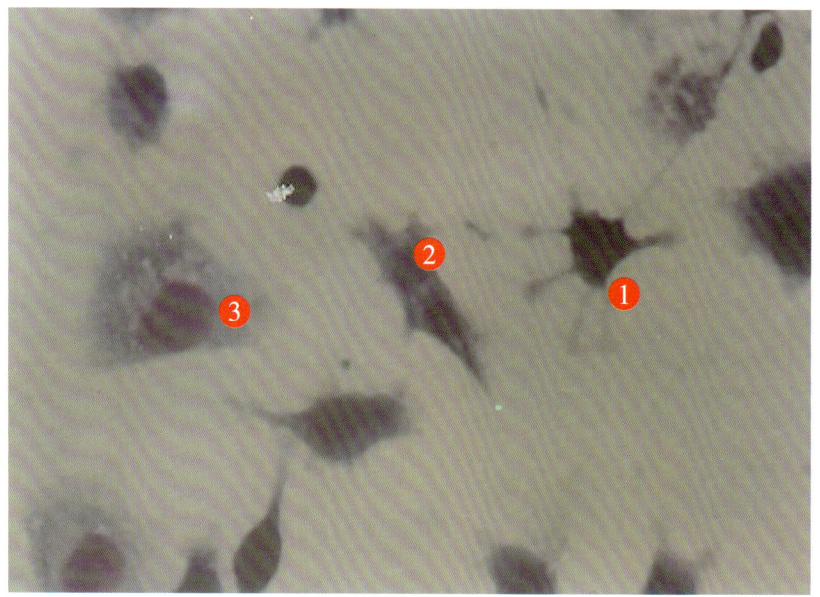

■ 图3-16　PC12细胞核演化（2）

吉姆萨染色　×400

❶示强嗜碱性核PC12细胞；❷示PC12细胞核嗜碱性减弱；❸示PC12细胞核嗜酸性染色。

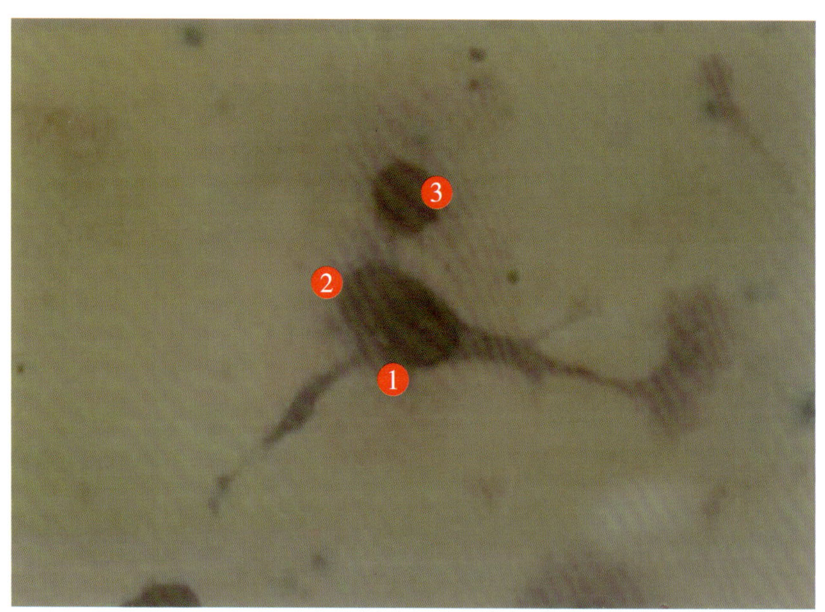

■ 图3-17　PC12细胞核演化（3）

吉姆萨染色　×400

❶~❸示嗜酸化程度逐步增高的PC12细胞核。

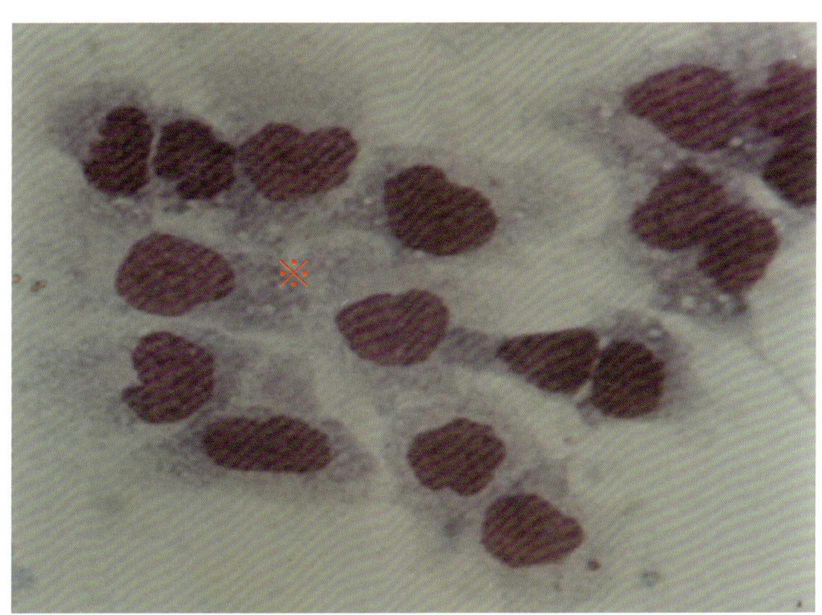

■ 图3-18　PC12细胞核演化（4）

吉姆萨染色　×400

※示培养晚期多数PC12细胞核完全嗜酸化。

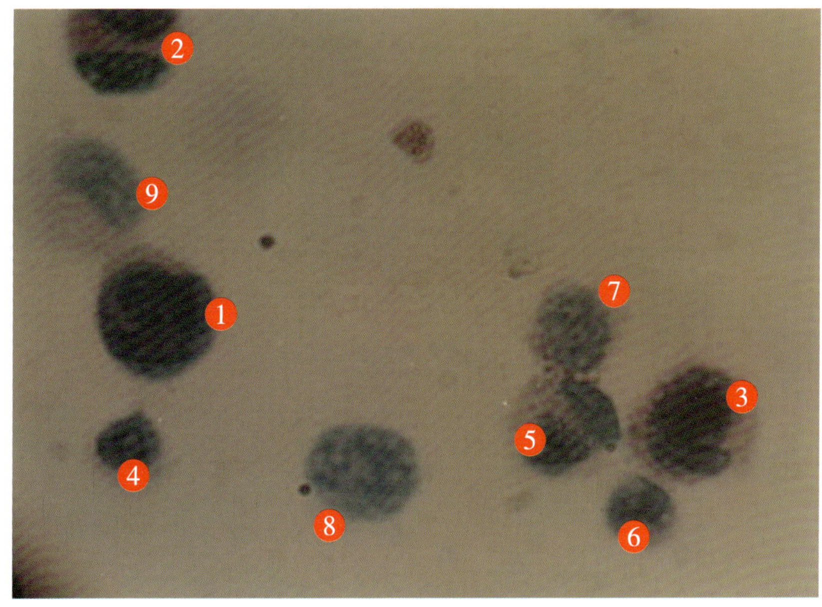

■ 图3-19　PC12细胞核演化（5）

甲绿-哌若宁染色　×400

❶～❾示PC12细胞核早期演化进程。

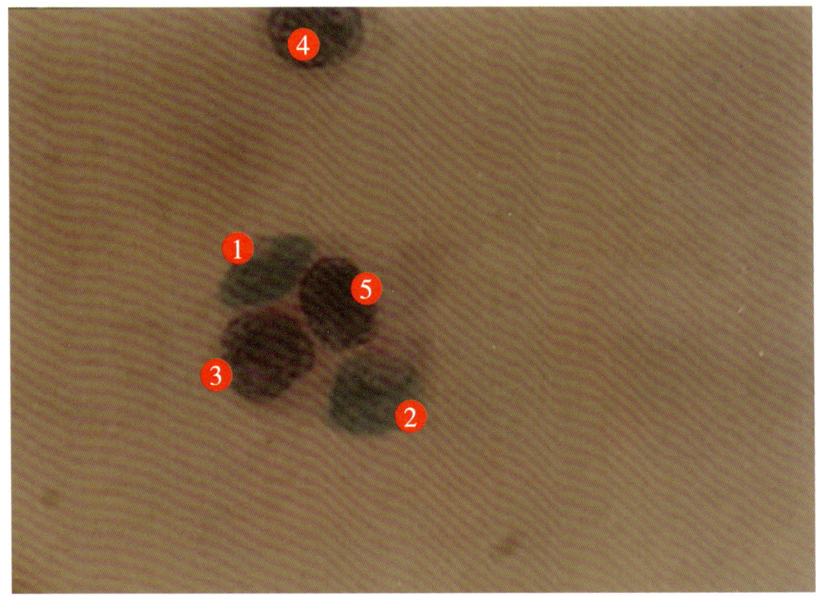

■ 图3-20 PC12细胞核演化（6）

甲绿-哌若宁染色 ×400

❶~❺示PC12细胞核中晚期演化进程。

五、元核的概念

细胞核演化现象使人们确认细胞核时产生困惑，哪一个细胞核才代表真正的PC12细核呢？元核的概念由此应运而生。元核是一个理论概念，是指所谓超循环生命分子体由自复制单元DNA与自催化单元蛋白质组成的复合体。也可以说元核就是超循环生命大分子复合体，包括细胞生命必需的DNA、蛋白质、有机及无机离子和水。元核是细胞生命的本原，具有实现细胞生命进程的全部基础。元核具有生命分子复制、分离与配套组合的综合能力和表达产生核外全部细胞质的能力。元核是细胞核的理想态、原始态，一旦接触生存环境就立刻呈现演化态，进入不可逆的且有限的细胞生命演化进程。但即使是裸核，甚至冻存中的细胞核也只能说接近元核状态或无限接近元核状态。元核概念的建立凸显出细胞核的动态性，所见具体的细胞核都不是永恒不变的恒态，而是其演化过程中的暂态、瞬态。元核概念对深入研究细胞核动力学具有重要的理论意义。

自Hela细胞系1952年建立以来，遂出现了细胞不死性的概念，其实属于Hela的细胞早已不存在，目前世界上保存的是由Hela细胞驯养的、以Hela命名的细胞系的元核，也就是说具有不死性的是Hela细胞系的元核，而不是Hela的细胞。

第二节　细胞核复壮机制

细胞要保持群体健壮水平，除通过细胞分裂还可通过不对称性细胞分裂、细胞核去冗余、细胞幼核逃逸、细胞核萃聚和新细胞核形成等来实现。

一、细胞分裂不对称性的细胞生物学意义

细胞分裂通常是对称性的，通过细胞分裂一个细胞产生两个相同的子细胞，但不少情况下，细胞分裂是不对称性的。通常所说干细胞分裂成两个细胞，一个具有并保持自我复制能力，仍为干细胞；另一个进入分化途径，但真正符合这种概念的细胞分裂十分罕见。实际就是细胞不对称性分裂，一个细胞分裂生成两个演化程度不同的细胞而已（图3-21～图3-23）。而正是通过演化程度不对称性细胞分裂使细胞群体总体生存期延长，这就是干细胞相对地久葆青春的内在机制。

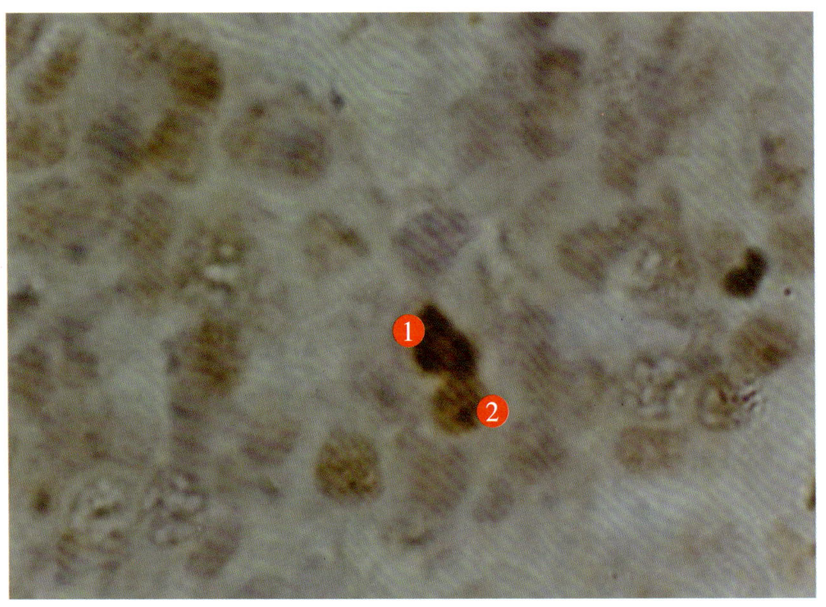

■ 图3-21 大白鼠脑垂体远侧部腺细胞不对称性分裂

PCNA染色 ×1 000

❶示演化较早期腺细胞核；❷示演化较晚期腺细胞核。

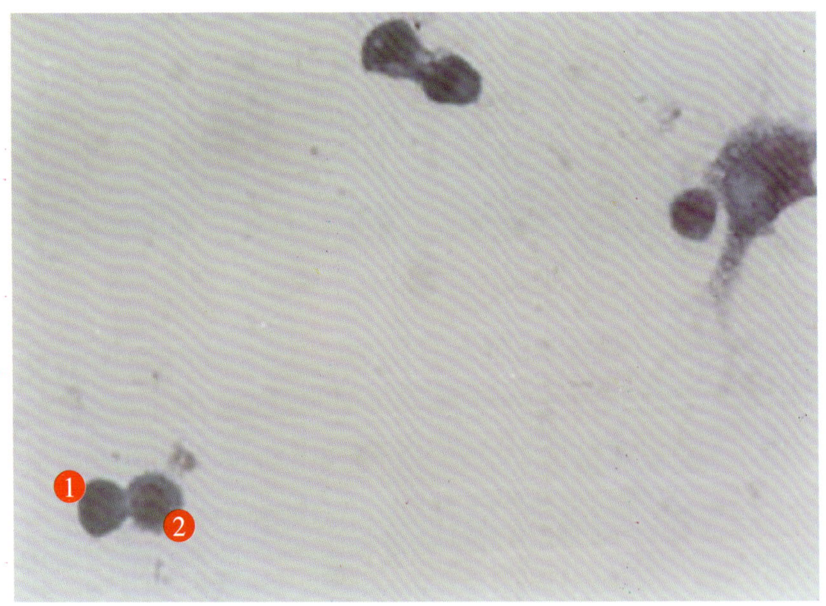

■ 图3-22 PC12细胞不对称性分裂（1）

吉姆萨染色 ×400

❶示演化较早期PC12细胞核；❷示演化较晚期PC12细胞核。

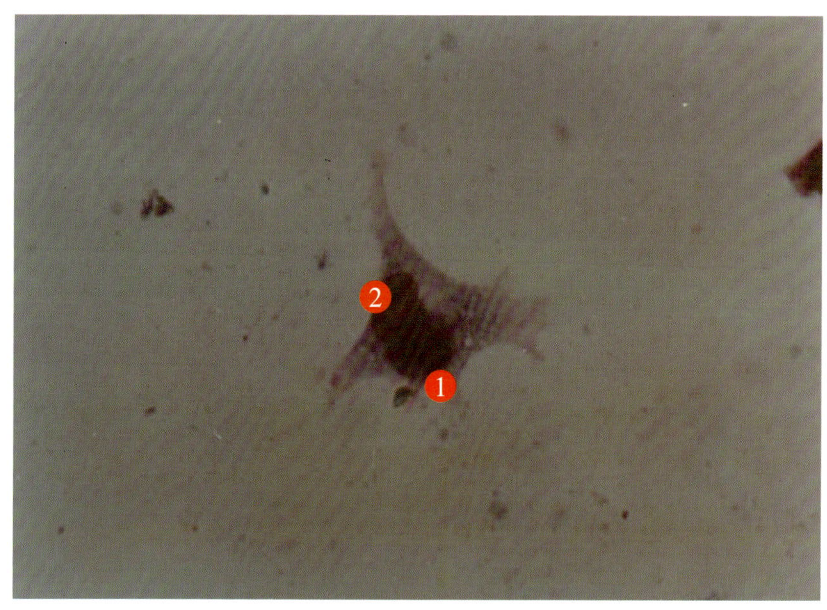

■ 图3-23 PC12细胞不对称性分裂（2）

吉姆萨染色 ×400

❶示演化较早期PC12细胞核；❷示演化较晚期PC12细胞核。

二、细胞核去冗余

细胞核去冗余，即核自净作用，可看作是不对称性细胞分裂的一种极端情况。在培养PC12细胞演化程度不对称细胞分裂中，可见一个生命旺盛的蓝色细胞核为主和一个居次的明显衰退的红色细胞核（图3-24、图3-25），通过这种不对称分裂将细胞核演化形成的核冗余，分给红色细胞核，而蓝色细胞核保持相对轻装、纯洁、有活力的状态。反差更明显者可见大而深染的寡质细胞分出一个演化晚期红色细胞核（图3-26），更有甚者，似为蓝色细胞核吐出无生命力的红色核或无结构核冗余物质，而轻装自净（图3-27、图3-28）。培养细胞冻存就是细胞核的实现集体核自净的过程。

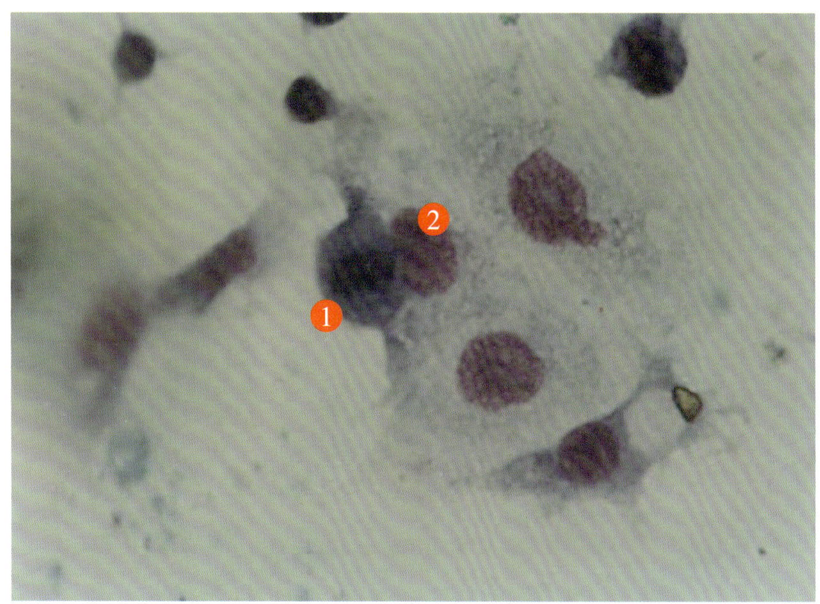

■ 图3-24 PC12细胞核去冗余（1）

吉姆萨染色 ×400

❶示大而深染的较幼稚细胞核；❷示较小红色细胞核。

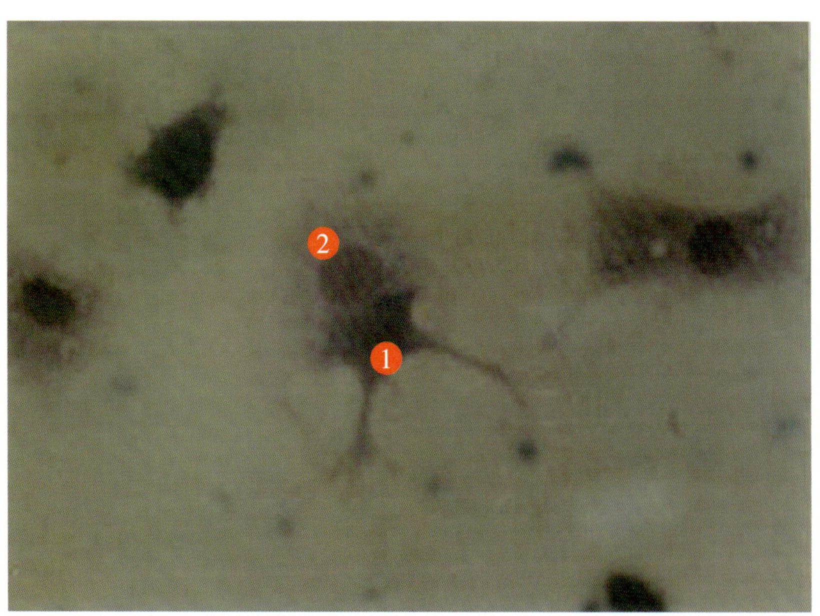

■ 图3-25 PC12细胞核去冗余（2）

吉姆萨染色 ×400

❶示大而深染的较幼稚细胞核；❷示较小红色细胞核。

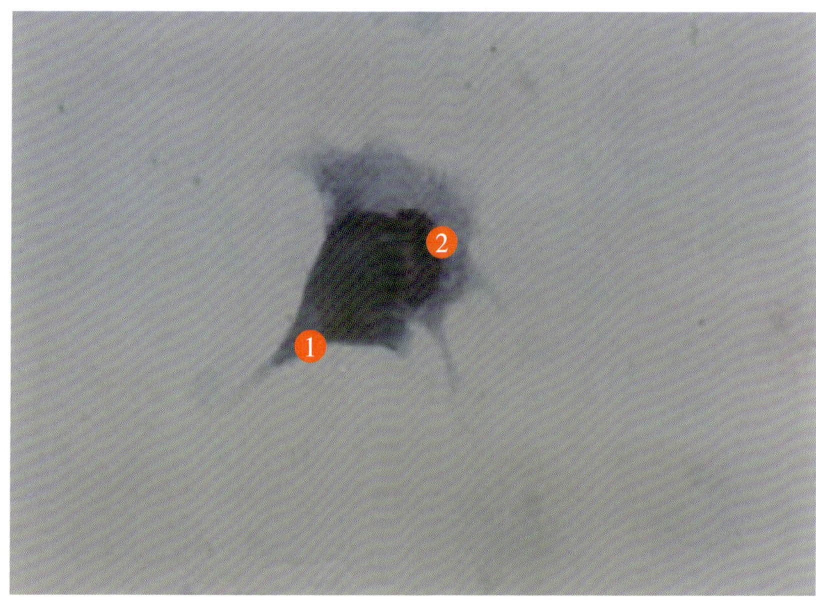

■ 图3-26 PC12细胞核去冗余（3）

吉姆萨染色 ×400

❶示大而深染的寡质细胞；❷示较小红色细胞核。

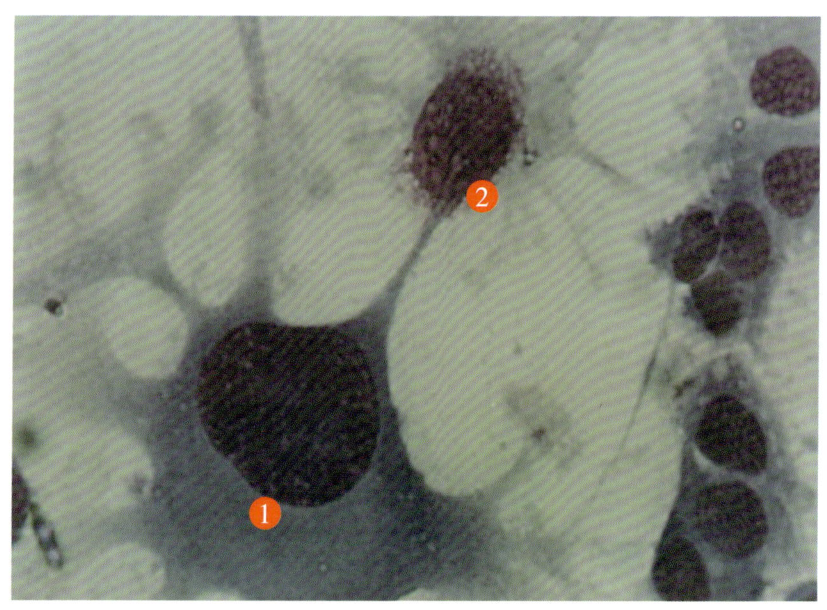

■ 图3-27 PC12细胞核去冗余（4）

吉姆萨染色 ×400

❶示大而深染的幼稚PC12细胞；❷示被抛弃的较小红色细胞核。

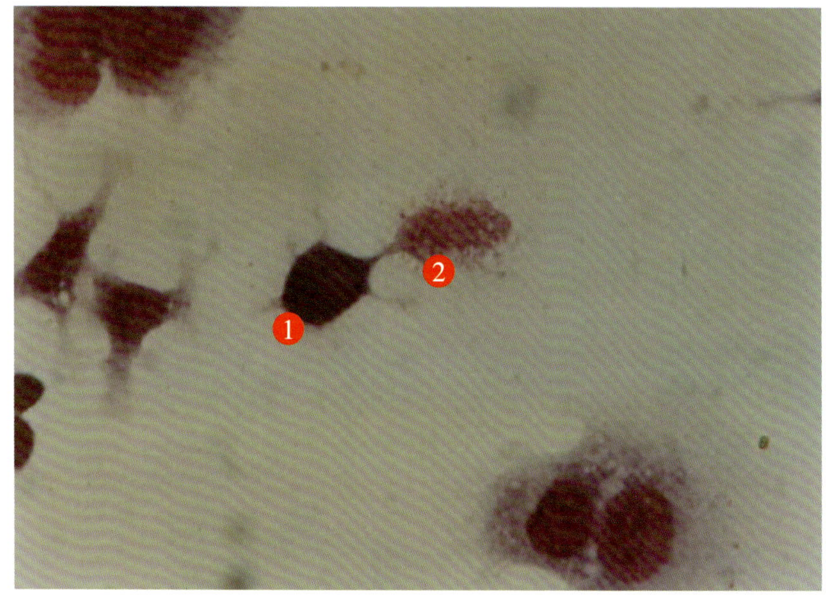

■ 图3-28　PC12细胞核去冗余（5）

吉姆萨染色　×400

❶示深染的寡质PC12细胞；❷示被吐出的红色无结构核冗余。

三、细胞幼核逃逸

细胞幼核逃逸是细胞不对称性分裂的又一极端情况。在培养PC12细胞的演化程度不对称细胞分裂中，可见幼稚的寡质细胞与演化较晚期的神经细胞分离（图3-29），有时母细胞已趋于衰亡（图3-30）。有时明显可见幼稚细胞核从演化晚期的细胞中脱颖而出（图3-31、图3-32）。当母体细胞处于衰亡危机状态时很像是裸核从衰老母体逃逸（图3-33~图3-35），逃逸的也可能是寡质细胞（图3-36、图3-37）。有时也可见多个幼稚细胞核连起少量胞质脱离其PC12细胞母细胞多方离散（图3-38）。

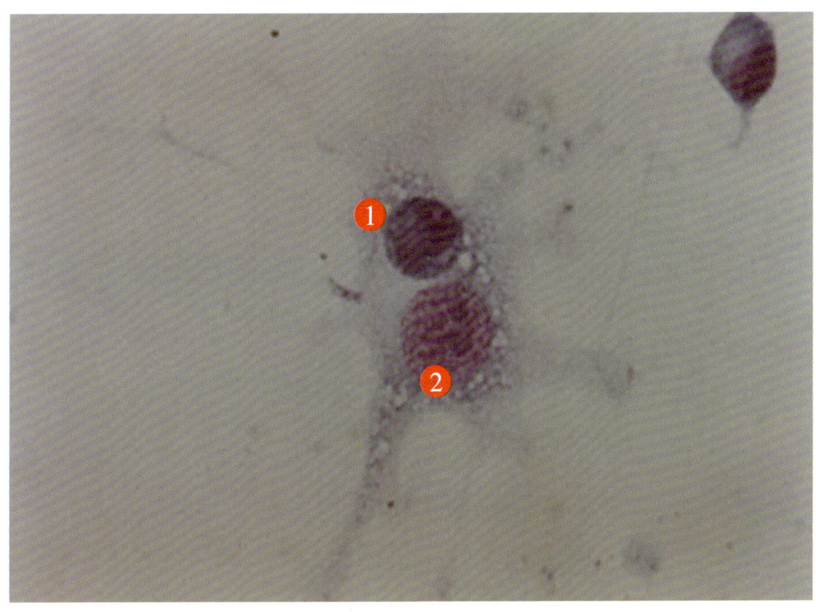

■ 图3-29 PC12细胞演化程度不对称性分裂（1）

吉姆萨染色 ×400

❶示将分离出深染的寡质PC12细胞；❷示演化晚期的神经细胞。

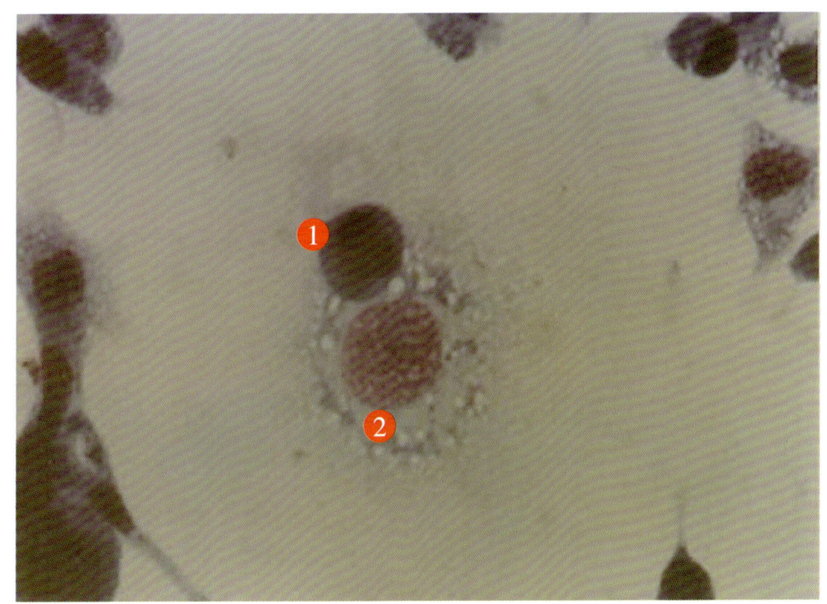

■ 图3-30 PC12细胞演化程度不对称性分裂（2）

吉姆萨染色 ×400

❶示即将分离出深染的寡质PC12细胞；❷示衰亡的PC12细胞。

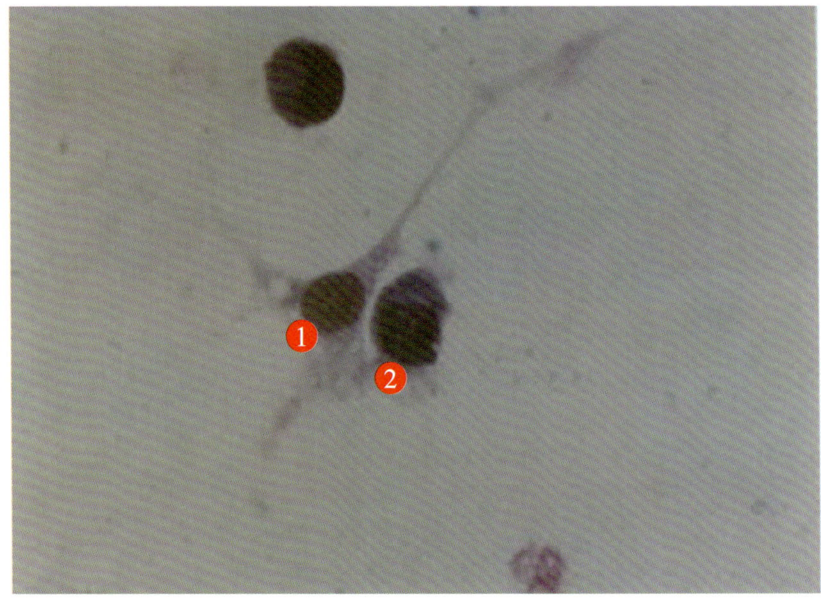

■ 图3-31　PC12细胞幼核逃逸（1）

吉姆萨染色　×400

❶示演化晚期的神经细胞；❷示脱颖而出的寡质PC12细胞。

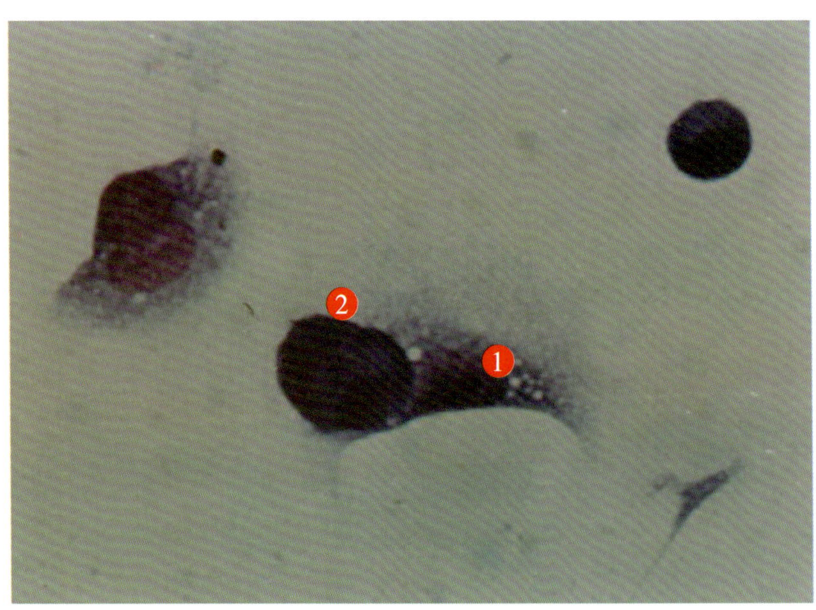

■ 图3-32　PC12细胞幼核逃逸（2）

吉姆萨染色　×400

❶示接近衰亡的PC12细胞；❷示脱颖而出的裸核PC12细胞。

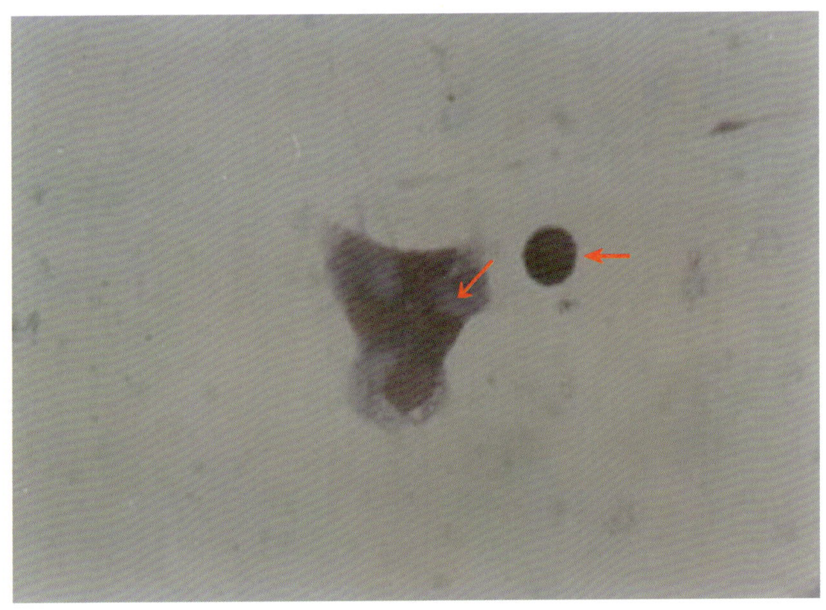

■ 图3-33 PC12细胞幼核逃逸（3）

吉姆萨染色 ×400

←示脱颖而出的裸核；↙示脱颖后的空穴。

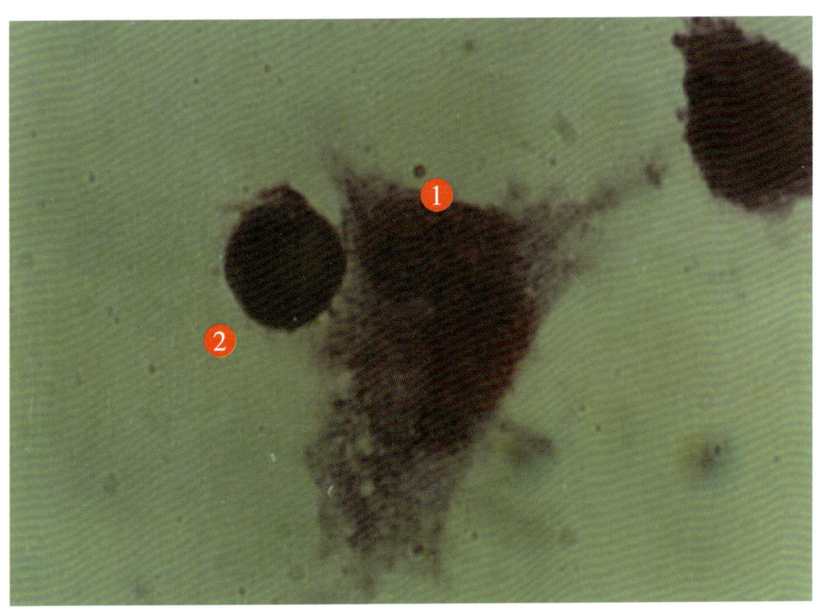

■ 图3-34 PC12细胞幼核逃逸（4）

吉姆萨染色 ×1 000

❶示演化晚期的PC12细胞；❷示逃逸的寡质PC12细胞。

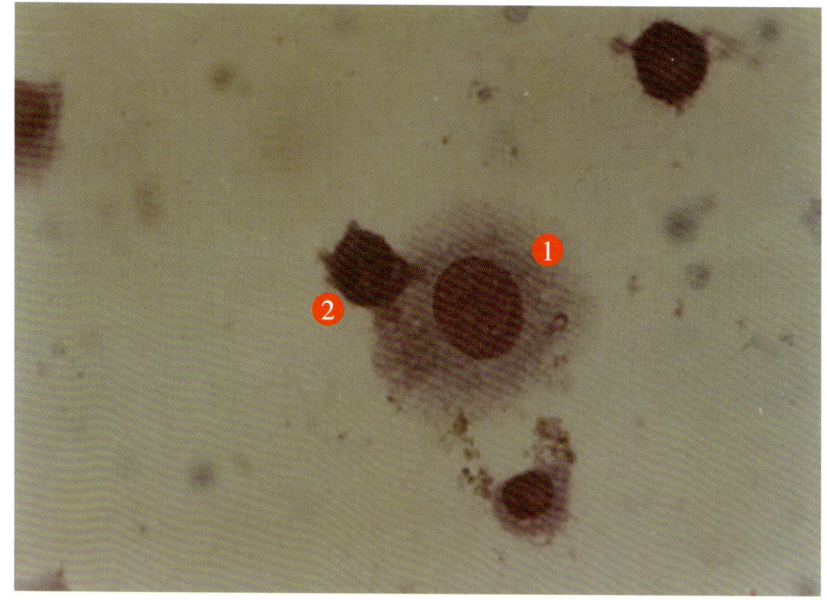

■ 图3-35　PC12细胞幼核逃逸（5）

吉姆萨染色　×400

❶示近于衰亡的PC12细胞；❷示逃逸的寡质PC12细胞。

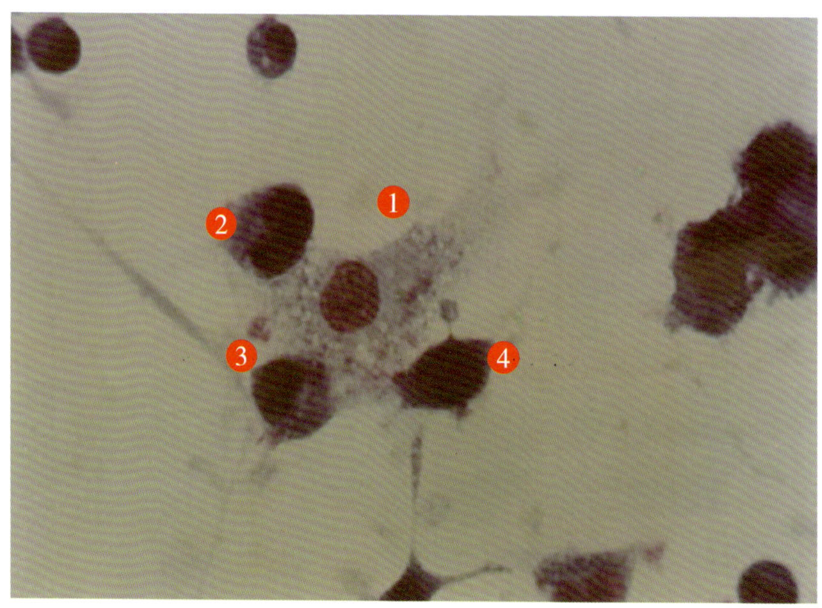

■ 图3-36　PC12细胞幼核逃逸（6）

吉姆萨染色　×400

❶示衰退的PC12母细胞；❷～❹示多方逃逸的少质PC12细胞。

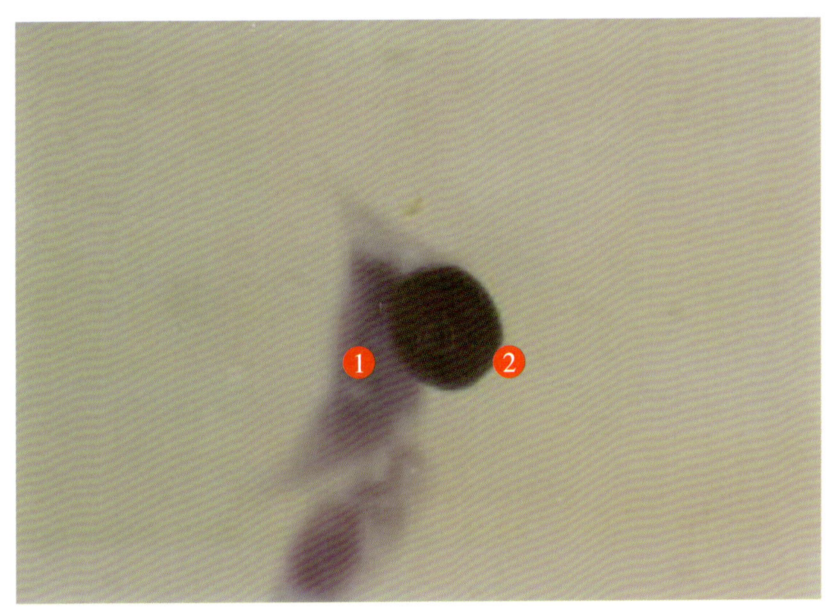

■ 图3-37 NRK 细胞幼核逃逸 （1）

吉姆萨染色 ×1 000

❶示衰亡的NRK细胞；❷示脱颖而出的裸核NRK细胞。

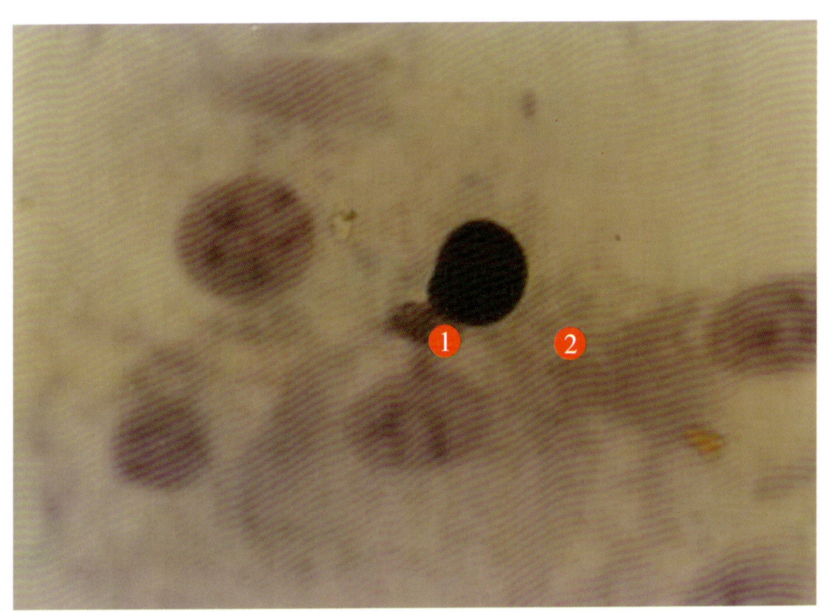

■ 图3-38 NRK 细胞幼核逃逸 （2）

吉姆萨染色 ×1 000

❶示极度衰亡的NRK细胞；❷示脱颖而出的裸核NRK细胞。

四、细胞核萃聚

演化中的PC12细胞核可呈红、蓝混合染色（图3-39），细胞核可由在多个混合染色细胞核之间或死亡细胞废墟中萃聚形成，新的幼稚细胞核萃聚形成如凤凰涅槃，浴火重生（图3-40、图3-41）。

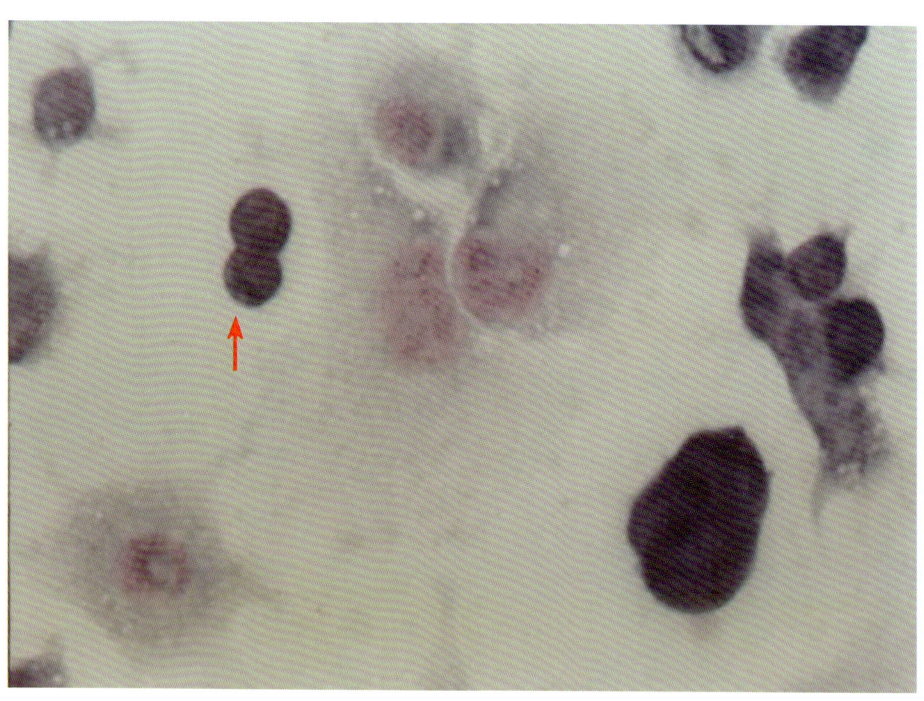

■ 图3-39　混合染色PC12细胞核分裂

吉姆萨染色　×400

↑ 示红、蓝混合染色的PC12细胞核分裂。

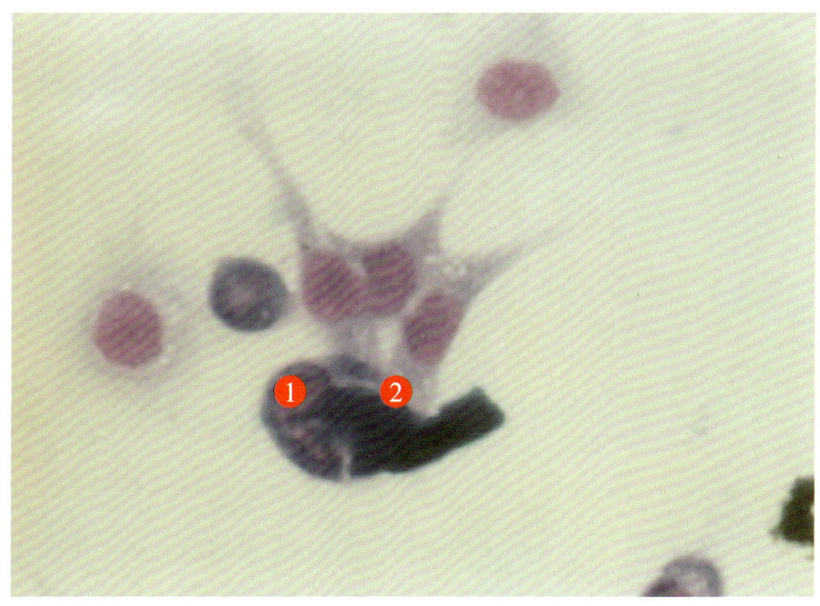

■ 图3-40　PC12细胞核萃聚形成（1）

吉姆萨染色　×400

❶示红、蓝混合染色的PC12细胞核；❷示萃聚形成中PC12细胞核。

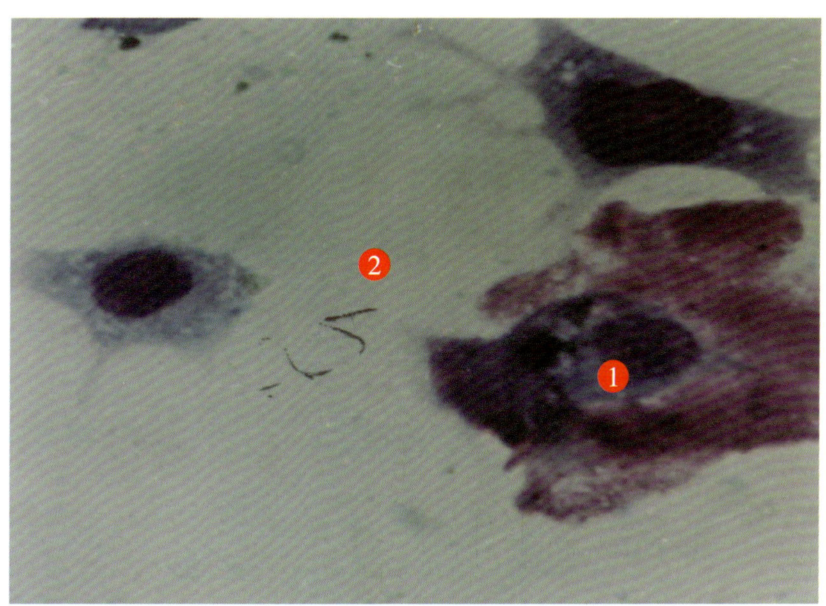

■ 图3-41　PC12细胞核萃聚形成（2）

吉姆萨染色　×1 000

❶示死亡的PC12细胞残体废墟；❷示萃聚形成中幼稚PC12细胞核。

五、新细胞核生成

新核生成与核仁密切相关。在吉姆萨染色的标本上，核仁的着色不一，新核生成之前一些细胞核核仁呈淡红着色区（图3-42），新核生成始于嗜碱性物质向核仁区聚集（图3-43），形成蓝色核仁（图3-44）。蓝色核仁逐渐增大并趋于偏位（图3-45、图3-46），当增大至近于母核大小，则逐渐与母核分离（图3-47~图3-49），有时几乎与红色的母核等大，这与演化程度不对称性细胞核分裂无异（图3-50、图3-51）。新细胞核生成的事实打破了一百多年来“细胞核只能来自细胞核”传统教条，使我们得以更抵近地直面细胞生命，大大促进对“生命是什么”这一终极问题的探索，为在生命大分子自组织层次揭示生命本质找到正确的切入路径。

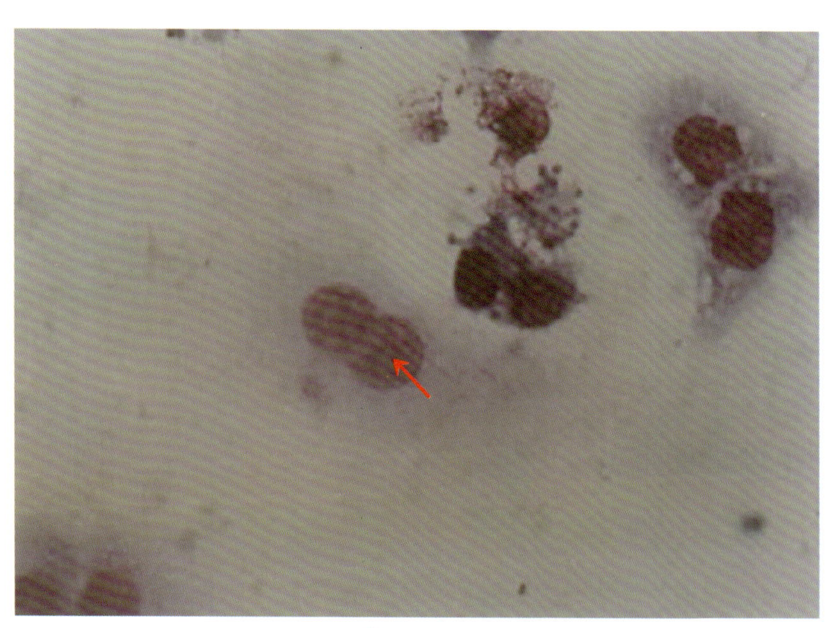

■ 图3-42　PC12细胞新核形成（1）

吉姆萨染色　×400

↖示PC12细胞核仁区。

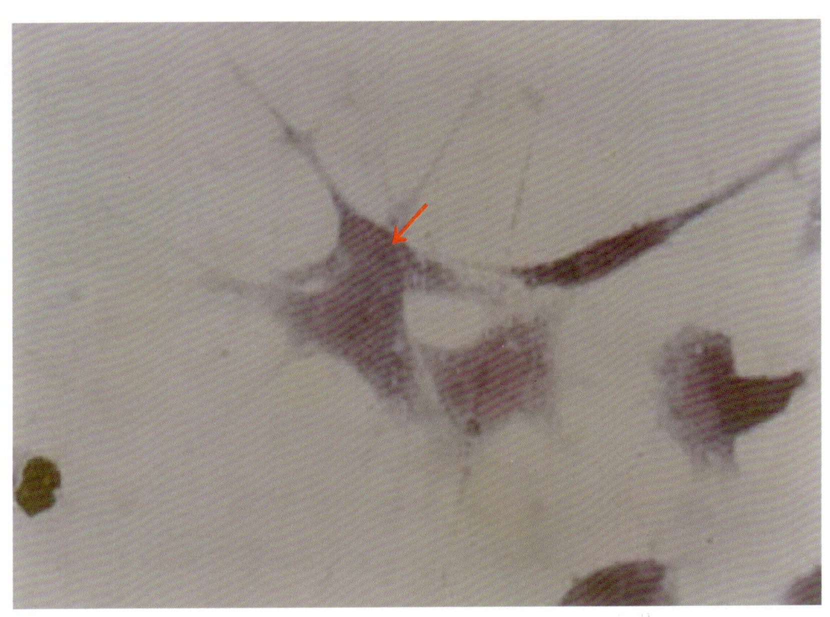

■ 图3-43　PC12细胞新核形成（2）

吉姆萨染色　×400

↙示嗜碱性物质向PC12细胞核仁区聚集。

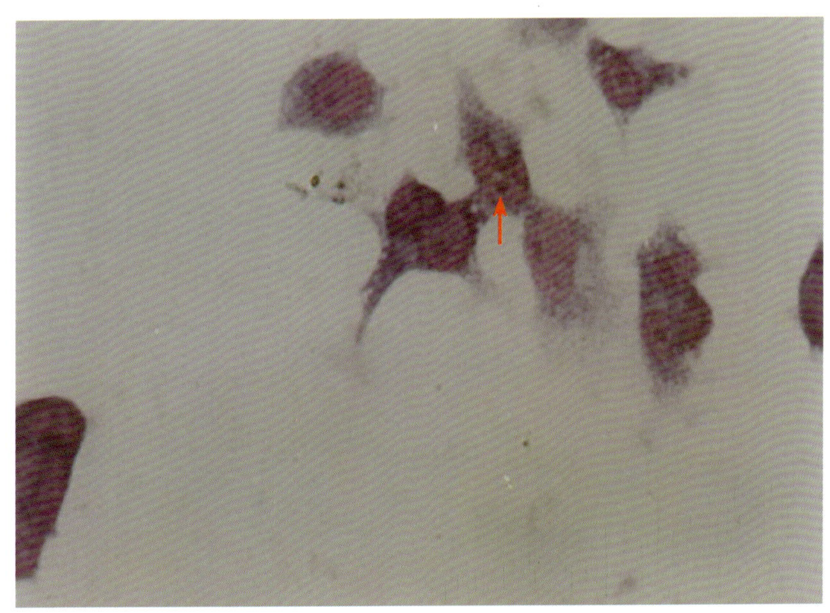

■ 图3-44　PC12细胞新核形成（3）

吉姆萨染色　×400

↑示PC12细胞核蓝染核仁生成。

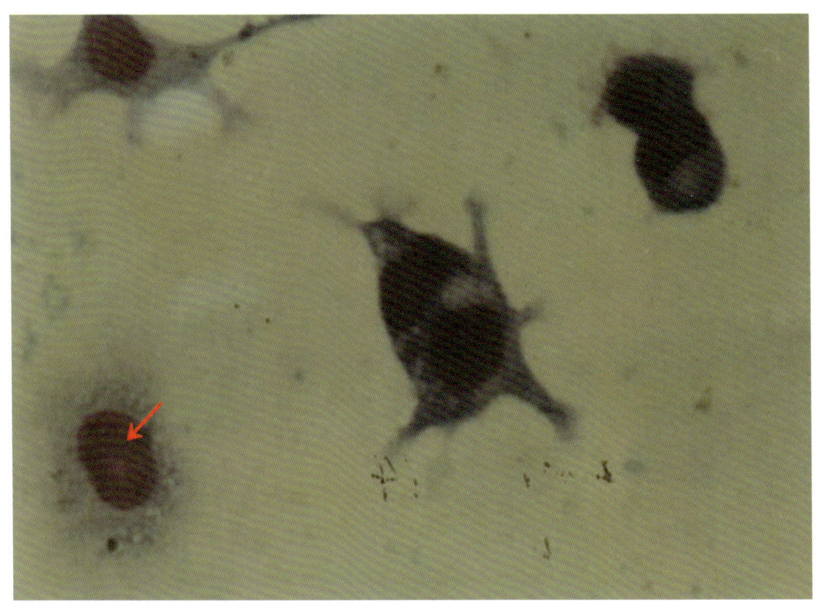

■ 图3-45 PC12细胞新核形成（4）

吉姆萨染色 ×400

↙示PC12细胞核深蓝染色的核仁增大并边缘化。

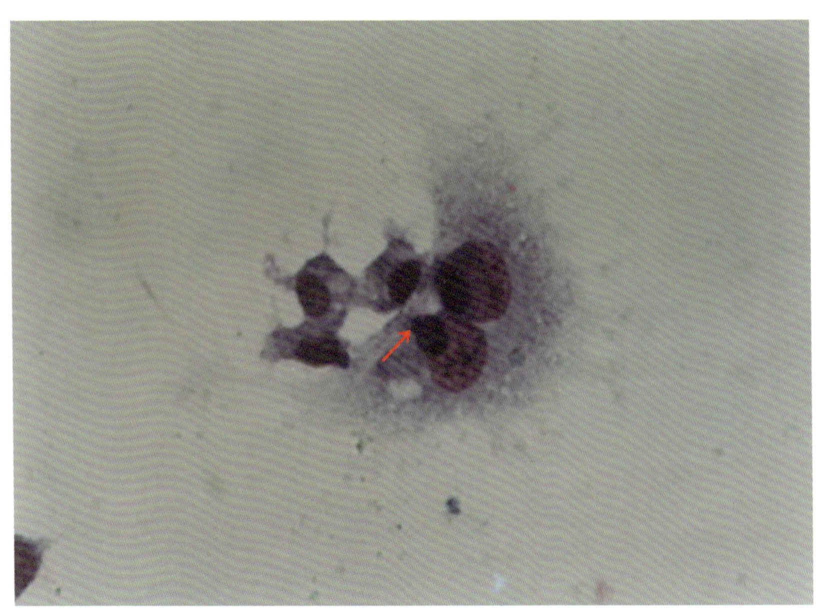

■ 图3-46 PC12细胞新核形成（5）

吉姆萨染色 ×400

↗示深蓝染色的较大核仁位于细胞核的一端。

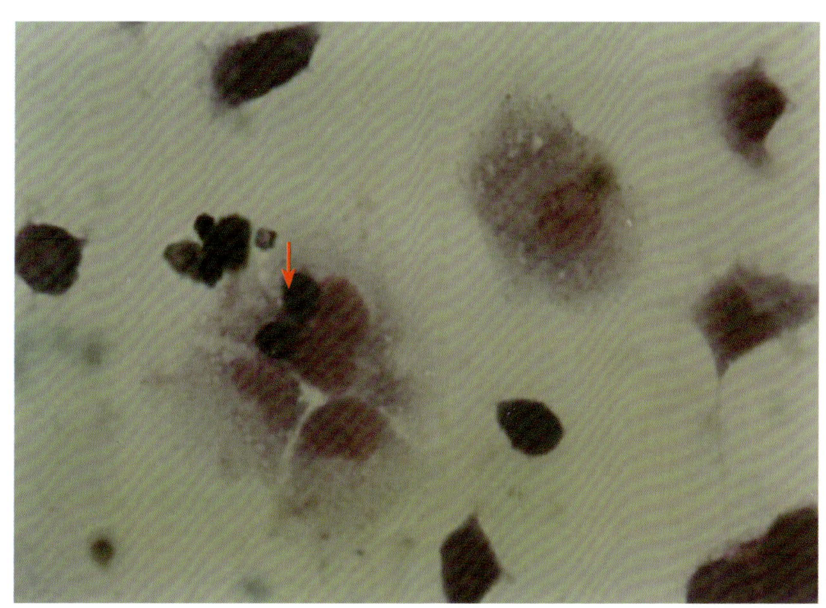

■ 图3-47　PC12细胞新核形成（6）

吉姆萨染色　×400

↓示深蓝染色的较大核仁位于细胞核的一端。

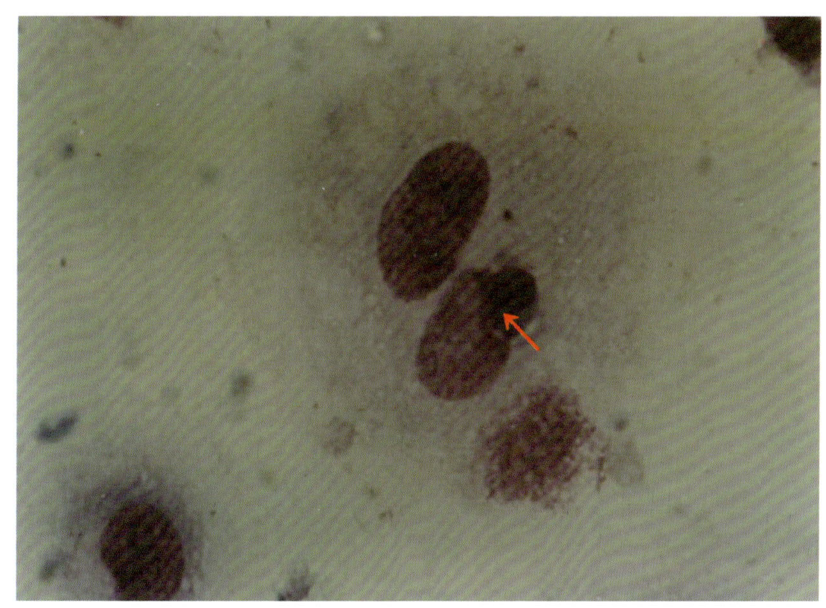

■ 图3-48　PC12细胞新核形成（7）

吉姆萨染色　×1 000

↖示更大的深蓝色核仁结构从一个红染细胞母核中脱颖而出。

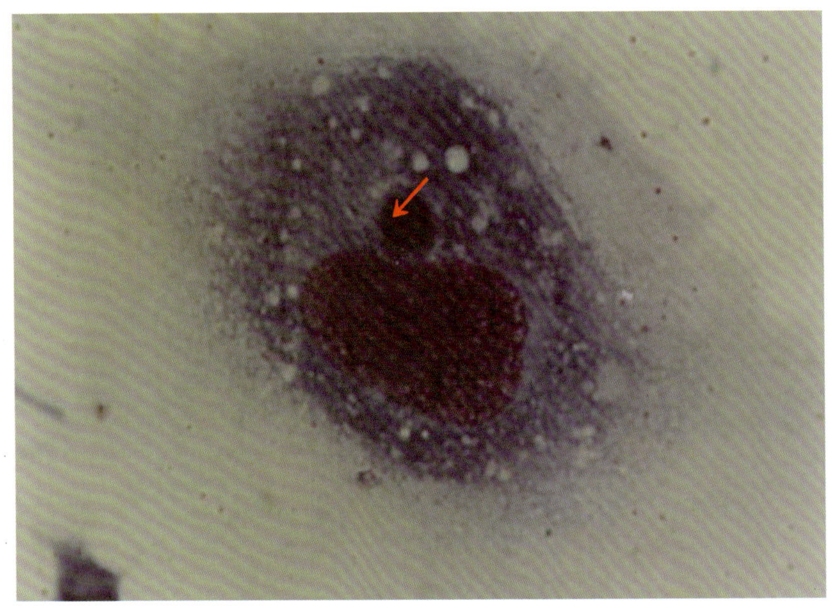

■ 图3-49 PC12细胞新核形成（8）

吉姆萨染色 ×1 000

↙示核仁增大形成的深蓝色新细胞核。

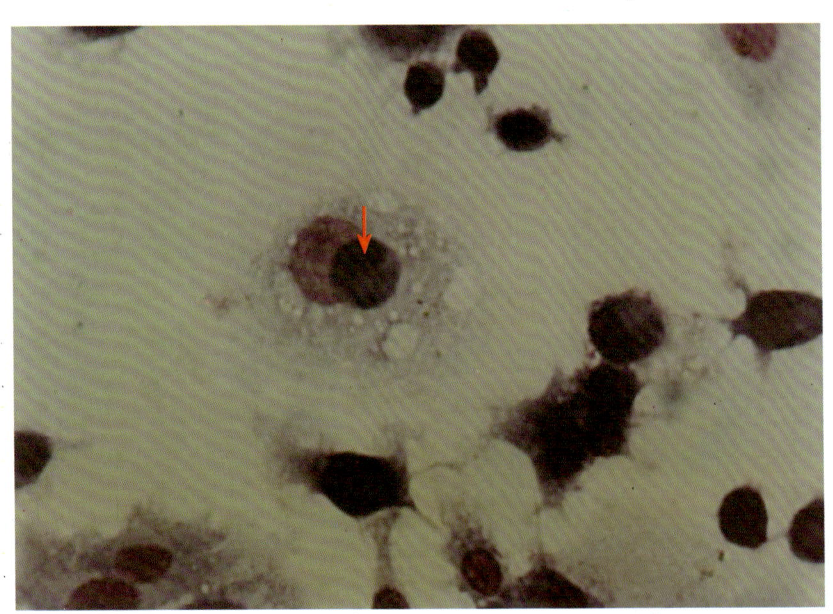

■ 图3-50 PC12细胞新核形成（9）

吉姆萨染色 ×400

↓示新形成的蓝染PC12细胞核，只略小于红染母细胞核。

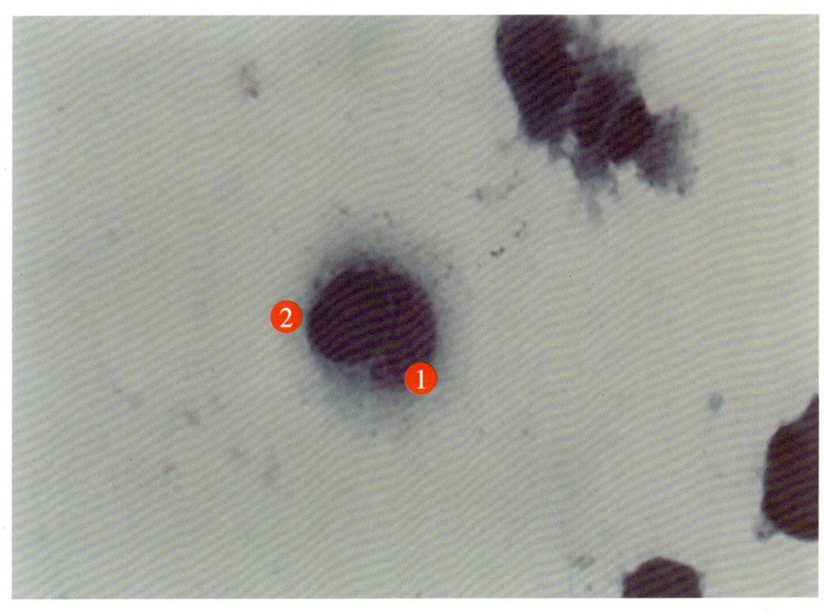

■ 图3-51 PC12细胞新核形成（10）

吉姆萨染色 ×400

❶示演化较晚期的PC12细胞母核；❷示深蓝染色PC12细胞新核从母核脱颖而出。

小结

细胞核具有细胞的全部生命信息和实现机制。细胞的核外所有成分都是由细胞核演化形成的，细胞经历裸核细胞、寡质细胞和少质细胞演化成为具有核、质、膜的一般细胞。因此，从细胞生命的本质来说细胞核就是细胞的全部，核移植和核种植也是这一论断的有力证据。细胞核也是过程，也有新生、演化与衰老演变过程，每个具体的细胞核都是演化过程中暂态，元核可作为细胞演化过程的理论参照物，培养细胞的冻存是细胞群体性自净过程，使之接近于元核的便利措施。细胞核可通过演化程度不对称分裂、细胞核去冗余、细胞核逃逸及细胞核萃聚延长细胞群的健壮水平，也可透过新细胞核产生增加幼稚细胞核数量，核仁是新核发源地与组装厂，新核以核吐形式出核，开始建构新细胞。

第四章 干细胞的流通与配送

人和高等动物机体各器官均有干细胞，但干细胞的分布并不均一，各器官、组织干细胞的演化位阶也有明显差异。中枢神经系统是机体最主要的干细胞库，次库是骨髓，再次库是免疫系统。干细胞要从干细胞库到达目的地需要通过不同的运输与配送方式，主要是血流运输与配送和神经运输与配送两种。器官内所谓间质源干细胞、干细胞巢、血管源干细胞及淋巴结源干细胞最终均可追溯其血源性或神经性来源。

第一节　干细胞与干细胞培养

一、干细胞的概念

干细胞并不是一个新的概念，最早在1774年就有人描述干细胞。当时人们认为不断增殖分化和衰老死亡的细胞群中，必然存在一种作为“种子”的细胞，通过种子细胞的增殖分化，补充不断衰老死亡的细胞群，这种种子细胞就是干细胞。这是一般意义上的干细胞，意味着机体的各种组织都有各自的干细胞。当今，干细胞定义为有无限或较长期自我更新能力，并能产生至少一种高度分化子代细胞的细胞。

二、干细胞的培养

当前，接触到的干细胞除分裂后随即用于接受体以外，大多是体外较长期培养的干细胞。需要注意如下几个方面：

（一）体内外干细胞的差异

干细胞离体后，失去了神经体液的调节和细胞间的相互影响，生活在缺乏动态平衡相对稳定环境中，天长日久，易发生如下变化：分化现象减弱；形态功能趋于单一化或生存一定时间后衰退死亡。因此，培养中的干细胞可视为一种在特定的条件下的细胞群体，它们既保持着与体内细胞相同的基本结构和功能，也有一些不同于体内细胞的性状。

（二）干细胞的异质性

体外培养的干细胞一进入生活环境即开始其伴随细胞分裂的、并不十分同步的自身演化过程，结果在培养后任一时刻，培养细胞都是一种异质性群体，培养时间越长，这种异质性越显著。体外培养干细胞的演化与体内有所不同，这决定于体内外条件差异。

（三）干细胞的不死性

干细胞的不死性也称永生性，是说在体外培养中表现为细胞可无限传代而不死亡。实则不然，干细胞并非长生不老的细胞。衰老机体的组织在应激与损伤时，保持稳态和恢复稳态的能力显著下降。随年龄增加，干细胞也会衰老，其自我更新和多向分化能力也会衰退。

当前定义的干细胞是抽象的干细胞，是将干细胞群体中细胞不对称分裂、核自净、核逃逸、核萃聚、核新生过程以及细胞冻存的效能集合形成的抽象概念。凡进入生活环境中的某个特定干细胞都已纳入不可逆的演化直至死亡的生命进程。除细胞不对称分裂、核自净、核逃逸、核萃聚、核新生导致干细胞复壮、久葆青春的总结果外，冻存在造成干细胞不死性假象中起关键作用。冻存过程是干细胞集体性复壮的过程。不死的是干细胞的元核，而不是干细胞。

（四）干细胞的生长与增殖

刚复苏的冻存干细胞元核呈裸核，而后逐渐合成细胞质，作为保护层，细胞质由少到多，则由寡质细胞、少质细胞到正常核质比的细胞。所谓潜伏期细胞胞质回缩，胞体呈圆球形之说是颠倒之说，将细胞生长当成了细胞回缩。裸核缺少细胞质保护直接暴露于有氧环境，与周围质子梯度落差很大，DNA复制频率很高，细胞增殖率也很高。随着保护层细胞质增厚，质子梯度落差减小，细胞增殖率也随之降低。

三、干细胞的复杂性

体外培养的干细胞与在体干细胞既有可比性，又有区别。体外培养的干细胞是从在体干细胞演化群中选择代表某一时空点的特定细胞经体外人为驯化的细胞品系。它不是细胞生物学意义上的“种”。无论体外培养的干细胞或是在体干细胞在细胞生物学意义上都是复杂的。

（一）从纵向演化看干细胞的复杂性

生活条件下的干细胞随时间延长，可演化形成一系列后代过渡性细胞及其目的细胞。由于细胞演化不同步，因此任一演化时刻的干细胞都是复杂群体，而不是完全同质性的某种干细胞集合体。

（二）从横向演化看干细胞的复杂性

干细胞纵向演化中也可有多种横向不同的演化系列又增加了干细胞的复杂性。一个器官组织场常可诱导多种来源干细胞演化形成该器官实质细胞，这是复杂系统的共同特征，是系统进化的结果，以便当某一演化来源途径受阻，其他途径代偿增强，保证系统的稳定性。

目前，近百种体外培养的干细胞都认定有特定的识别标志。但要知道干细胞培养过程中细胞标志也会有改变。当用之标定在体干细胞时，更应清楚干细胞演化为高分化细胞过程中可有一系列过渡性细胞类型，其细胞标志也是变化的，更何况，又有多种不同来源的同名干细胞又有多种不同的细胞标志。故某种特定标志阴性，并不能否定某种干细胞的存在，更不能否定演化过程的存在。因为特定标志只代表特定时空节点上的某种过渡型细胞，在其前后的过渡性细胞可能尚未具有或已失去这种标志物。近期会有众多学者投入细胞演化的研究，对于体内重要细胞演化过程重点检测其过渡细胞的标志是可以的，但样本要足够大，还要有结果差异难得结论的心理准备。对在体细胞演化过程普遍进行实验检测，除会平添大量雷同的平庸文章外，对推动科学创新并无太大益处，只会造成科研资源的浪费。与其如此，不如加大对不同来源干细胞及其侧群细胞的演化序列的实验研究，以便能更准确地选择更有效、更安全的治疗用干细胞。

第二节　干细胞随血液流通与配送

血管是人体多种细胞、多种物质往返运输的公共通道，骨髓源干细胞可随血流运送，到达靶器官，经细胞识别、锚着、内化参与靶器官的构建。血流中的心脏干细胞可以穿越内皮，演化成为内膜细胞，或直接演化成为心肌细胞。 血源心脏干细胞同样经过识别与粘着于内皮内表面（图4-1），锚着的心脏干细胞延展、扁平化演化形成内皮细胞（图4-2）。可见不同程度地嵌入内皮层的心脏干细胞（图4-3～图4-5），心脏干细胞还可穿越内皮继续下陷，成为内皮下层内膜细胞，保留有较多干细胞特征（图4-6）。心脏干细胞穿越内皮形成的内膜细胞可经细胞透明化并逐步合成肌收缩成分，逐渐向心肌细胞演化（图4-7）。胰腺内微血管腔内干细胞出血管成为胰腺干细胞，进而演化形成胰腺细胞（图4-8）。卵巢内微血管壁外层细胞，可离散成为卵巢基质细胞（图4-9），进而可演化形成黄体细胞。

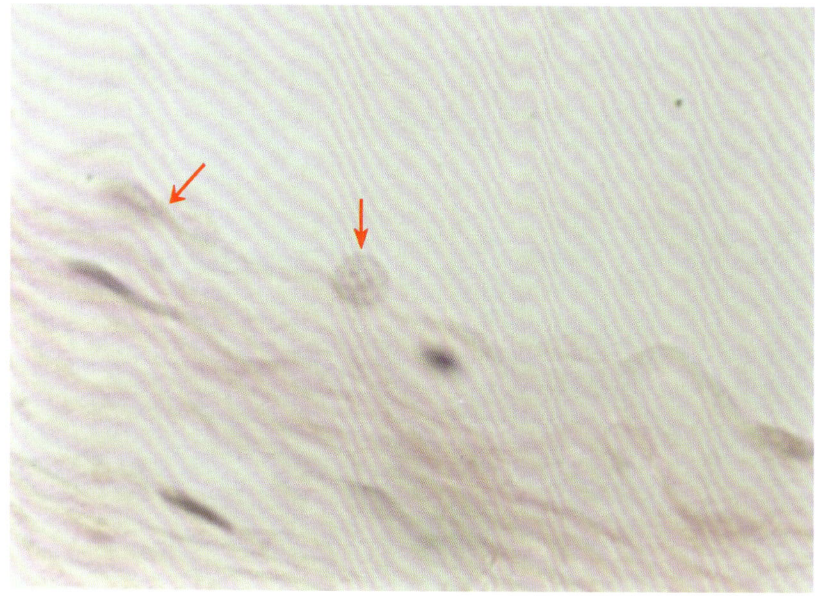

■ 图4-1　人心脏干细胞锚着

苏木素-伊红染色　×400

↙示内皮细胞；↓示粘着于心内皮的“心脏干细胞”。

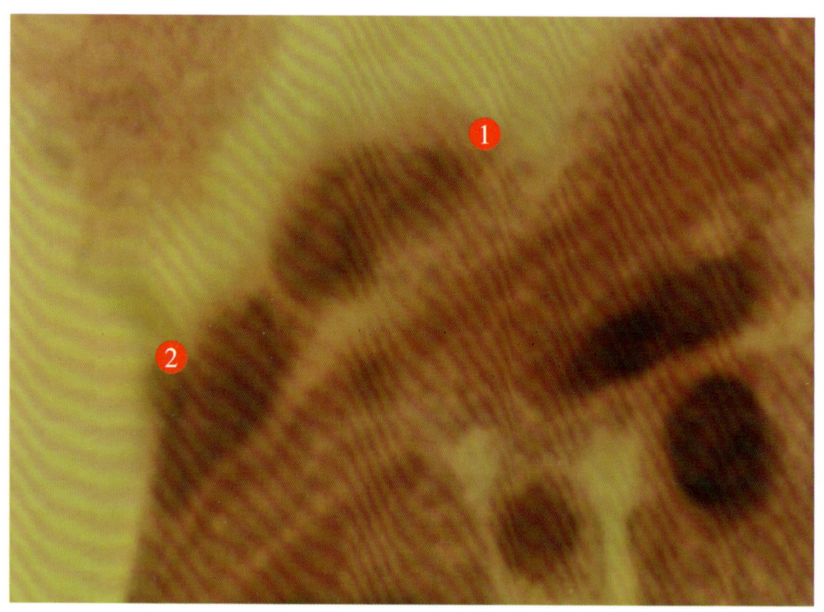

■ 图4-2　人心脏干细胞锚着与内皮化

苏木素-伊红染色　×1 000

❶示心内膜表面的细胞正在锚着；❷示基本锚着，开始扁平化。

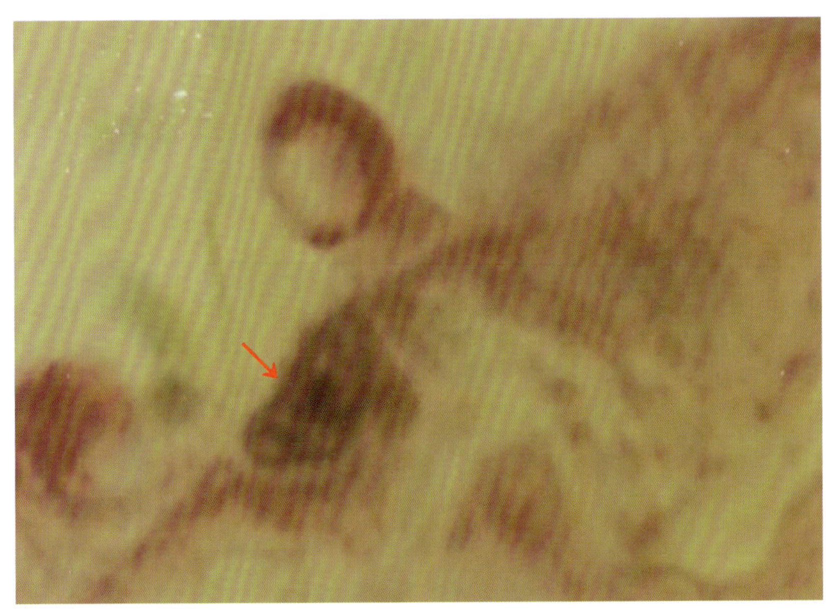

■ 图4-3 人心脏干细胞穿越内皮（1）

苏木素-伊红染色 ×1 000

↘示心脏干细胞正在深陷并穿越内皮成为心内膜细胞。

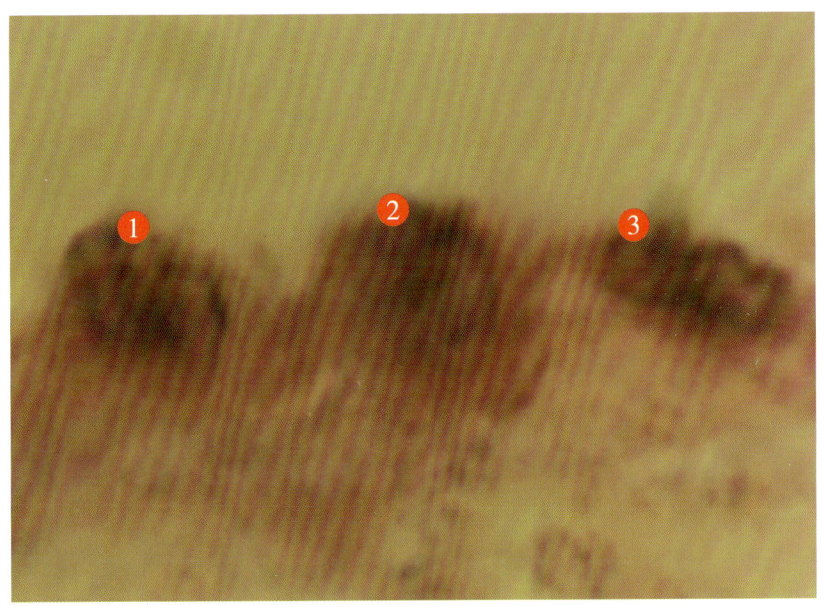

■ 图4-4 人心脏干细胞穿越内皮（2）

苏木素-伊红染色 ×1 000

❶和❷示不同程度地陷入心内皮的心脏干细胞；❸示已扁平化为内皮细胞。

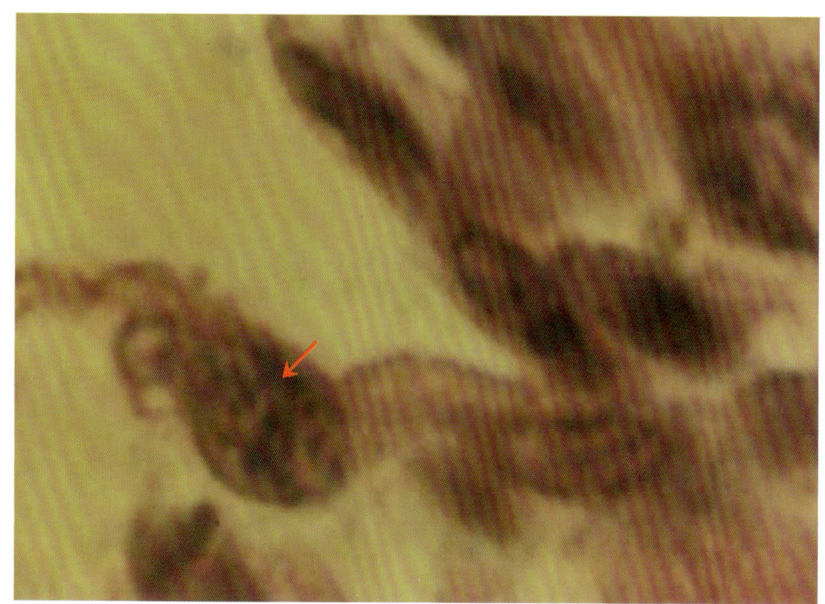

■ 图4-5　人心脏干细胞穿越内皮（3）

苏木素-伊红染色　×1 000

↙示刚穿越到内皮下的心脏干细胞。

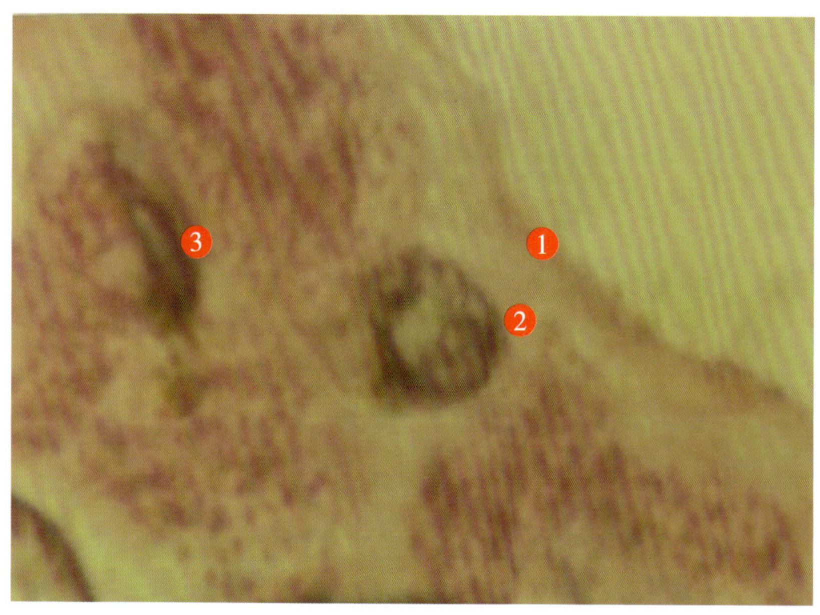

■ 图4-6　人心脏干细胞穿越内皮（4）

苏木素-伊红染色　×1 000

❶示内皮；❷示心内皮下心脏干细胞；❸示内膜细胞。

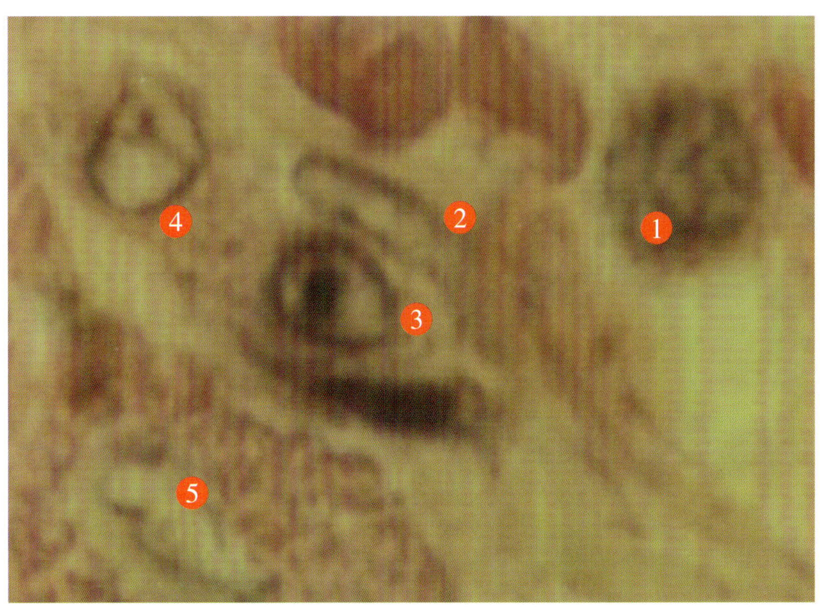

■ 图4-7 人心脏干细胞穿越内皮后演化心肌细胞

苏木素-伊红染色 ×1 000

❶示心室腔内的心脏干细胞；❷示内皮细胞；❸示刚穿越到内皮下的心脏干细胞；❹示过渡性细胞；❺示心肌细胞。

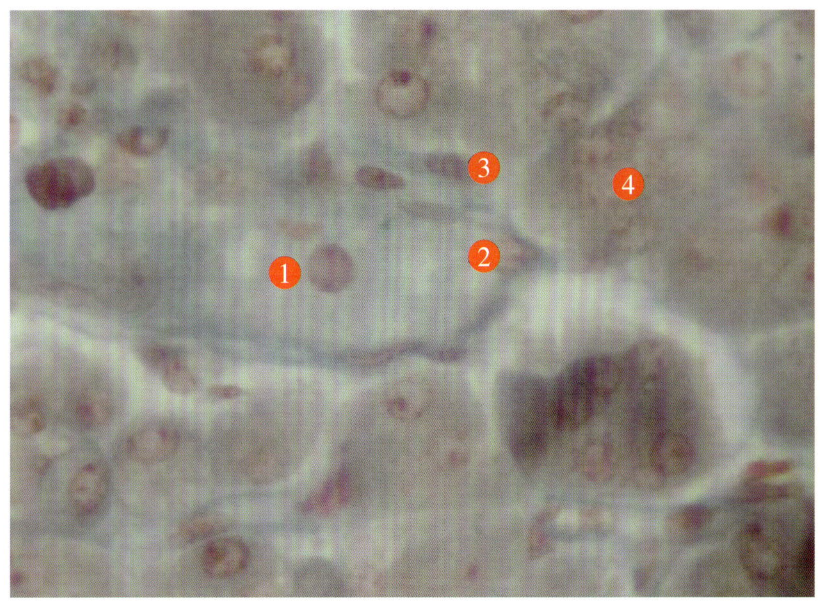

■ 图4-8 人胰腺内小血管源干细胞演化

苏木素-伊红染色 ×400

❶示血源干细胞；❷示外迁干细胞；❸示过渡性细胞；❹示胰腺细胞。

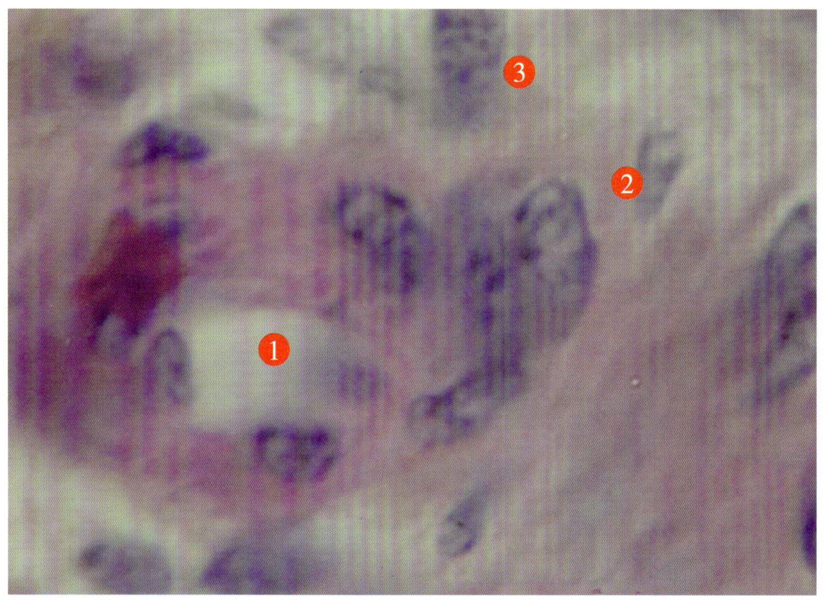

■ 图4-9　猫卵巢内小血管源干细胞演化

苏木素-伊红染色　×1 000

❶示血管；❷示离散血管壁细胞；❸示卵巢基质细胞。

第三节　干细胞的神经配送

一、细胞迁移的辨识

最先细胞迁移观念的建立得益于培养细胞的观察，偶然遇到培养BRL细胞爬片有一小缺口，发现培养细胞向缺口鱼贯游动（图4-10~图4-12），BRL细胞流线形方向与细胞流方向一致（图4-13、图4-14）。从而得出迁移细胞呈流线形，细胞流线代表细胞迁移轨迹的概念。

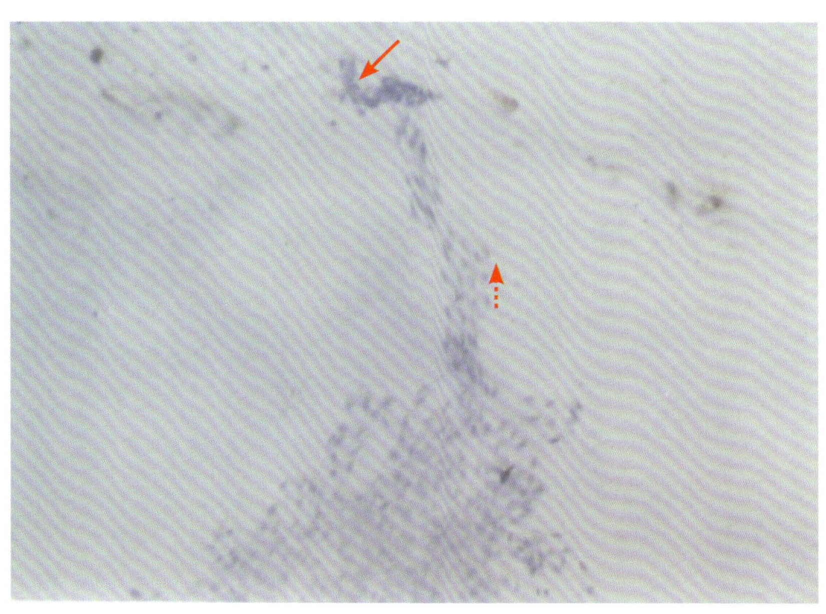

■ 图4-10 BRL细胞的迁徙（1）

吉姆萨染色 ×100

↙示盖玻片缺口；↑示BRL细胞的迁徙方向。

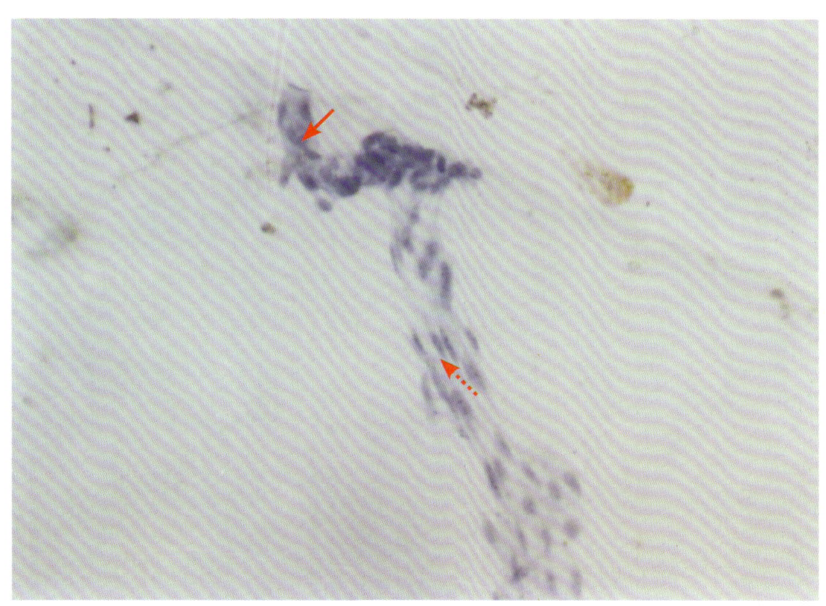

■ 图4-11 BRL细胞的迁徙（2）

吉姆萨染色 ×200

↙示盖玻片缺口；↖示尾段BRL细胞流的方向。

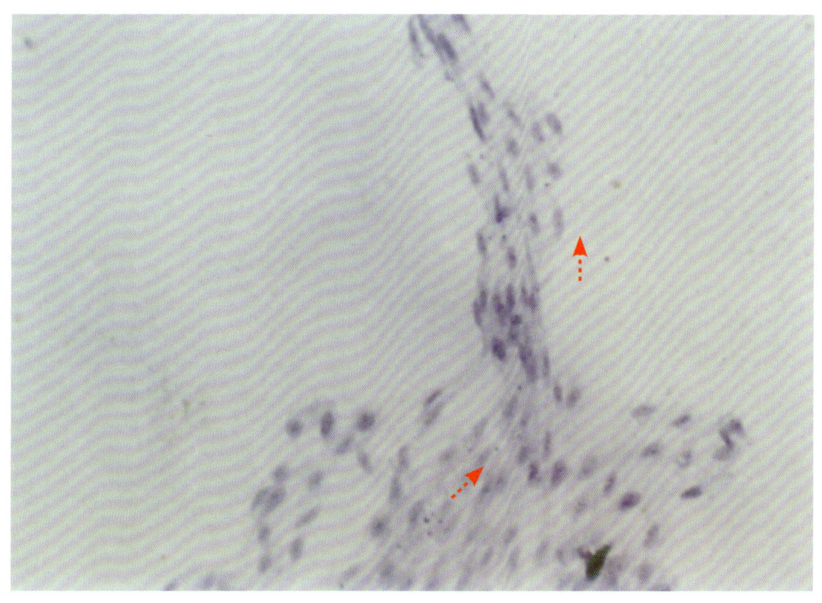

■ 图4-12 BRL细胞的迁徙 （3）

吉姆萨染色 ×200

示BRL细胞头段方向；示中段BRL细胞流的方向。

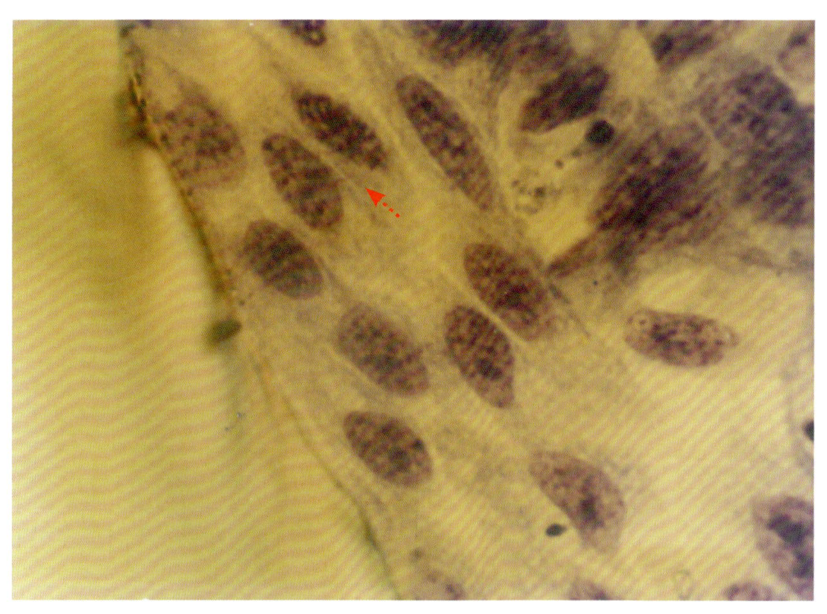

■ 图4-13 BRL细胞的迁徙 （4）

吉姆萨染色 ×1 000

示流线形BRL细胞流的方向。

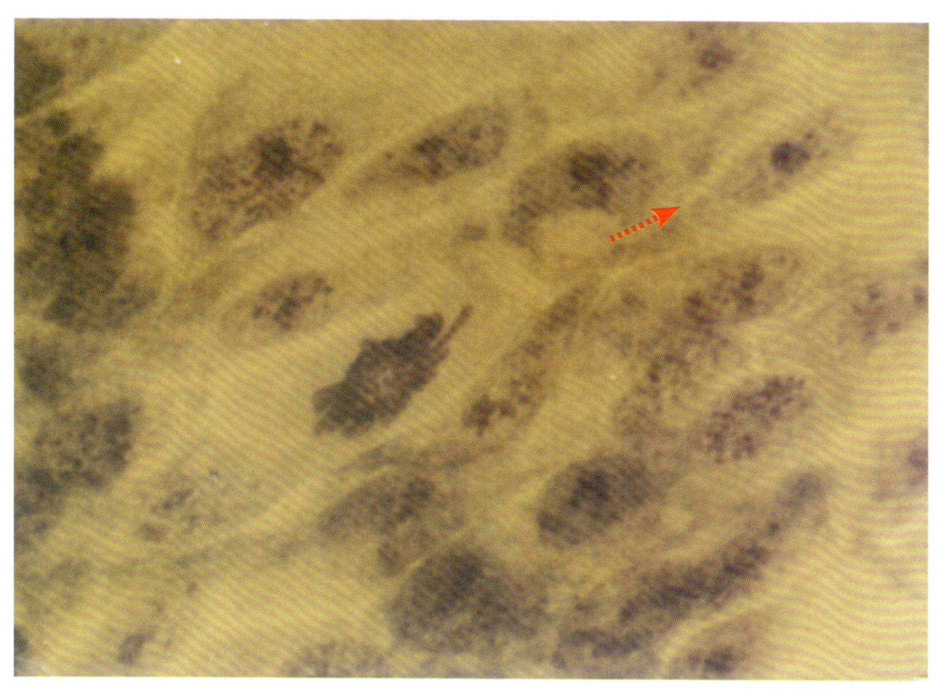

■ 图4-14 BRL细胞的迁徙（5）
吉姆萨染色 ×1 000
示起始部流线形BRL细胞迁移方向。

二、中枢神经系统中的神经细胞迁移

（一）大脑内神经细胞迁移

人大脑内显示有升达大脑皮质上行迁移的神经细胞和神经细胞流线（图4-15、图4-16）。

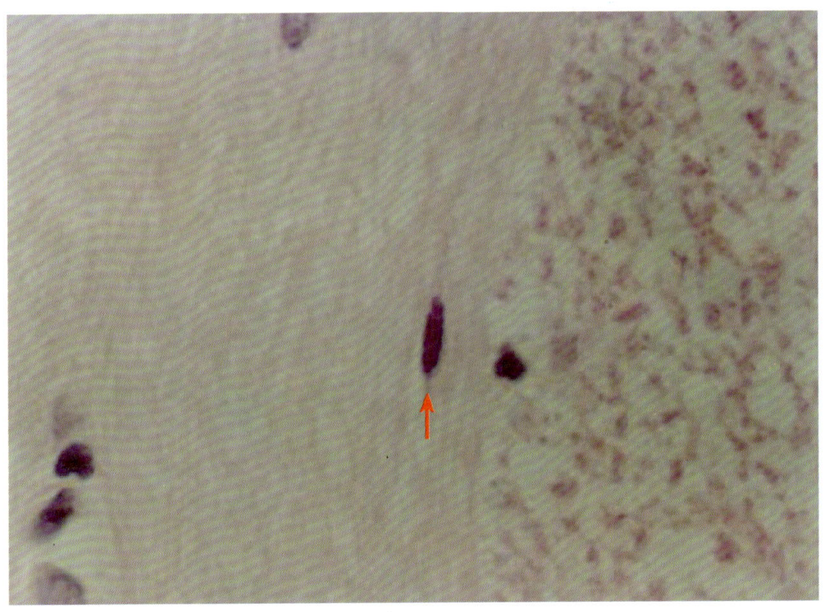

■ 图4-15　人大脑内神经细胞迁移（1）

苏木素-伊红染色　×400

↑示人大脑白质内上行迁移的流线形神经细胞。

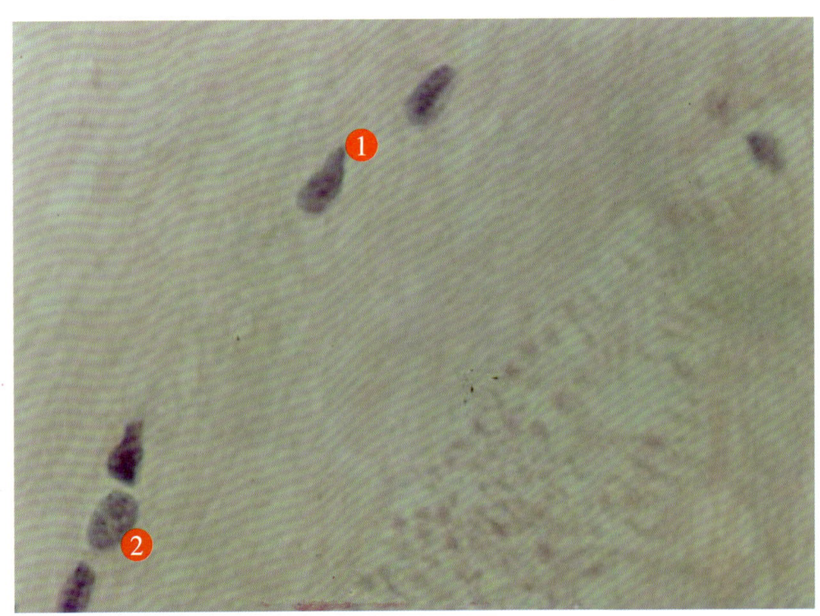

■ 图4-16　人大脑内神经细胞迁移（2）

苏木素-伊红染色　×400

❶和❷示人大脑内上行迁移的神经细胞流线。

（二）小脑内神经细胞迁移

小脑内也见迁移的流线形神经细胞（图4-17）。

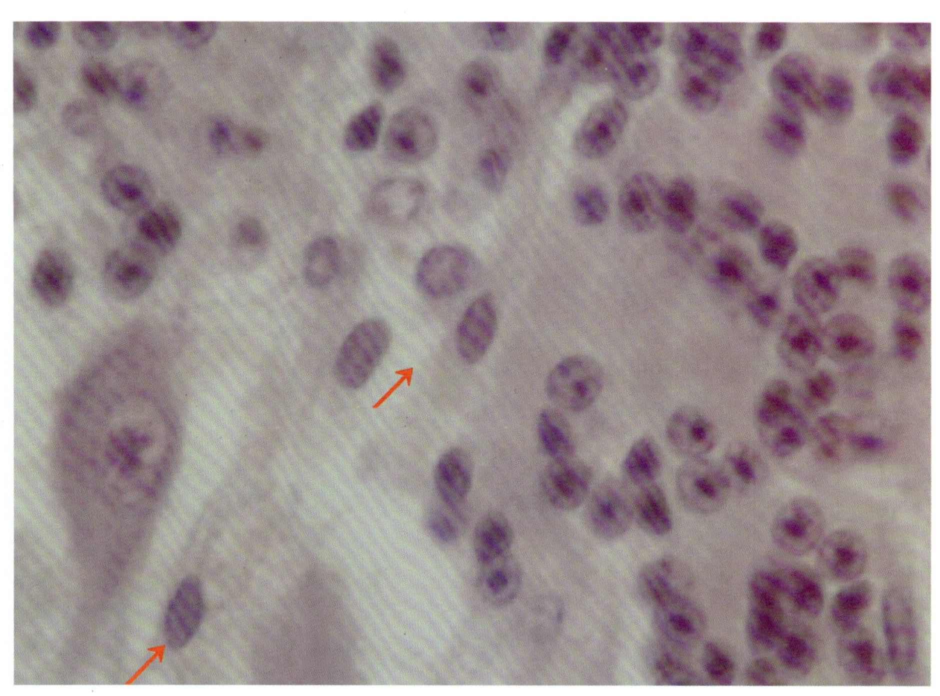

■ 图4-17　大白鼠小脑内神经细胞迁移

苏木素-伊红染色　×400

↗示小脑内迁移的流线形神经细胞。

（三）脊髓内神经细胞迁移

1. 脊髓后角神经细胞迁移　狗脊髓后角神经细胞多呈流线形，并见向后根方向迁移的细胞流线（图4-18～图4-20）。

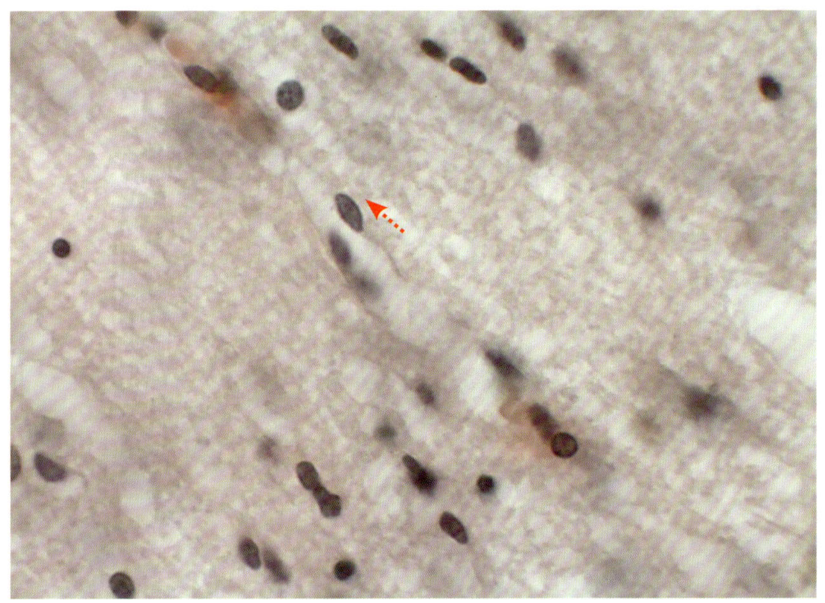

■ 图4-18　狗脊髓后角神经细胞迁移（1）

苏木素-伊红染色　×400

示近后角神经细胞迁移方向。

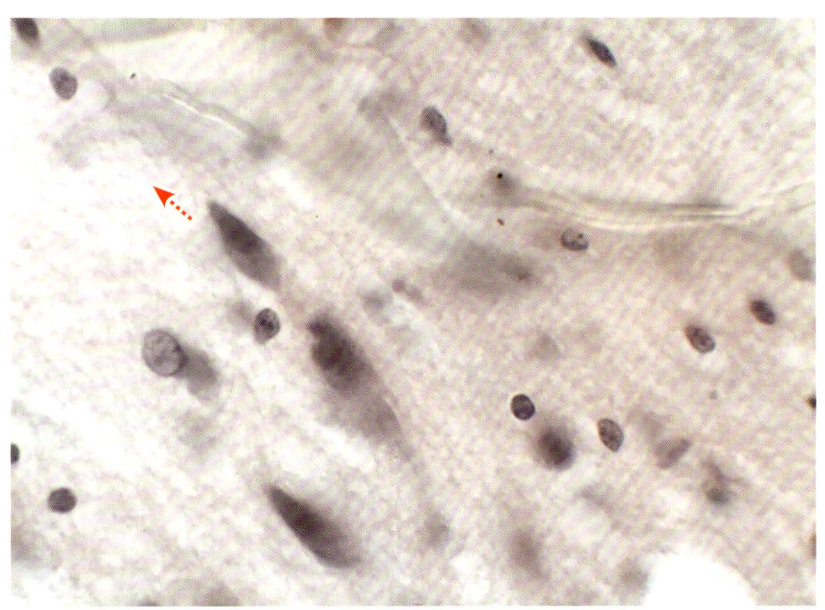

■ 图4-19　狗脊髓后角神经细胞迁移（2）

苏木素-伊红染色　×400

示近后角演化早期神经细胞迁移方向。

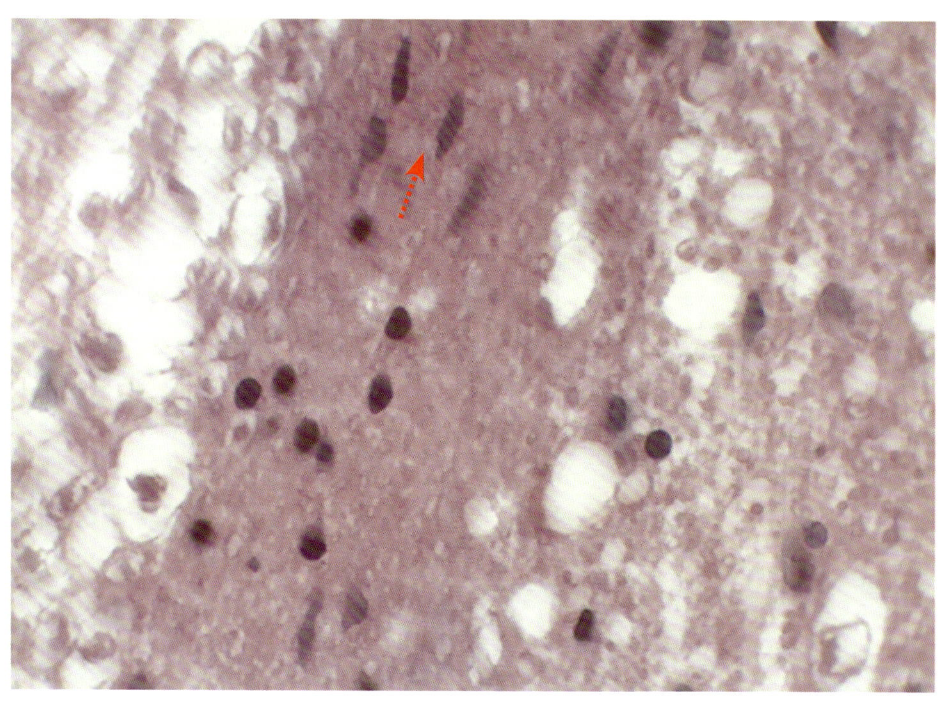

■ 图4-20　狗脊髓后角神经细胞迁移（3）

苏木素-伊红染色　×400

示迁移的流线形后角神经细胞。

2. 脊髓前角神经细胞迁移　脊髓前角基部神经细胞像蝌蚪样向前根方向迁移，但各个细胞迁移方向各有差异（图4-21)，越近前根神经细胞迁移方向越趋一致（图4-22、图4-23）。

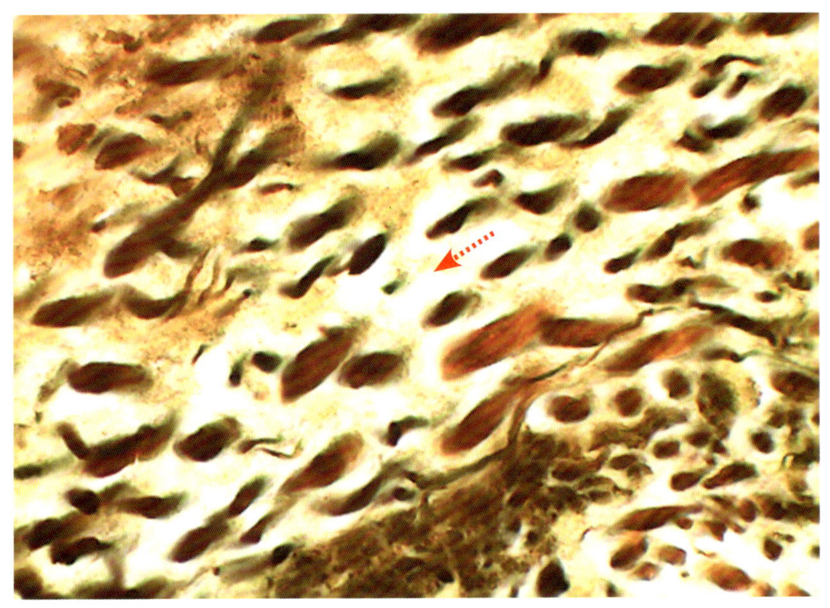

■ 图4-21　狗脊髓前角神经细胞迁移（1）

硝酸银染色　×400

↙示蝌蚪样前角神经细胞向前根方向迁移，但各个细胞的方向又有差异。

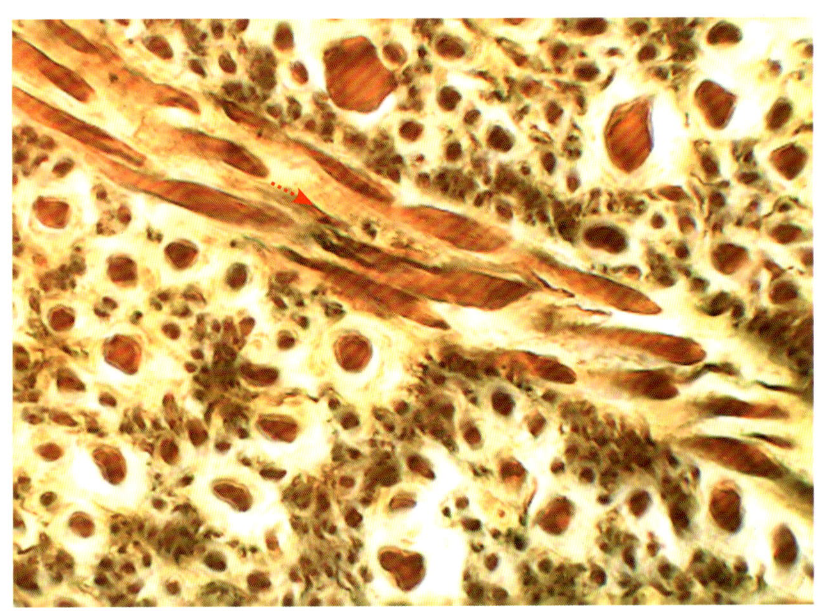

■ 图4-22　狗脊髓前角神经细胞迁移（2）

硝酸银染色　×400

↘示前角神经细胞向前根方向迁移，方向更趋一致。

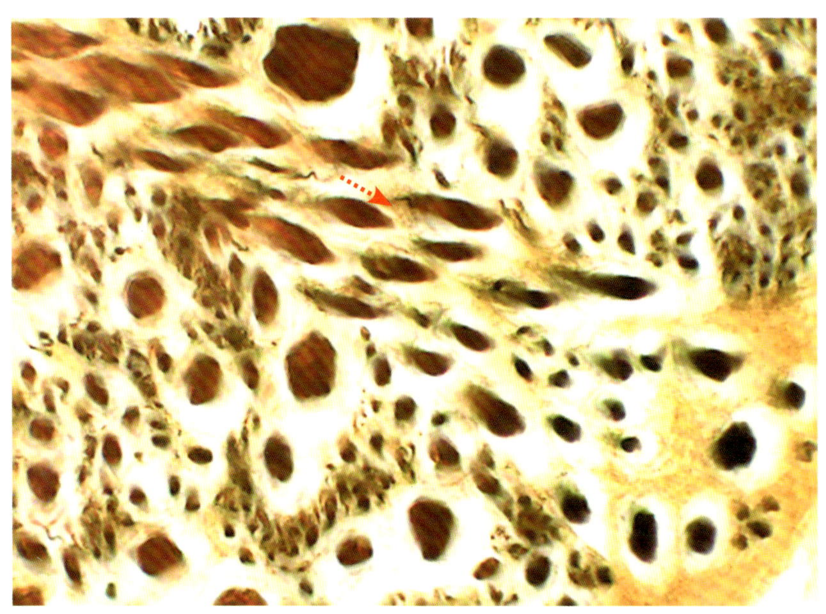

■ 图4-23 狗脊髓前角神经细胞迁移（3）

硝酸银染色 ×400

示前角神经细胞向前根方向迁移，方向更趋一致。

三、周围神经中神经细胞迁移

周围神经可分为无髓神经和有髓神经两类，其中神经细胞迁移也有两种不同情况。

（一）无髓神经中神经细胞迁移

1. 螺旋神经中神经细胞迁移 螺旋神经各段均呈流线形迁移细胞流（图4-24、图4-25）。

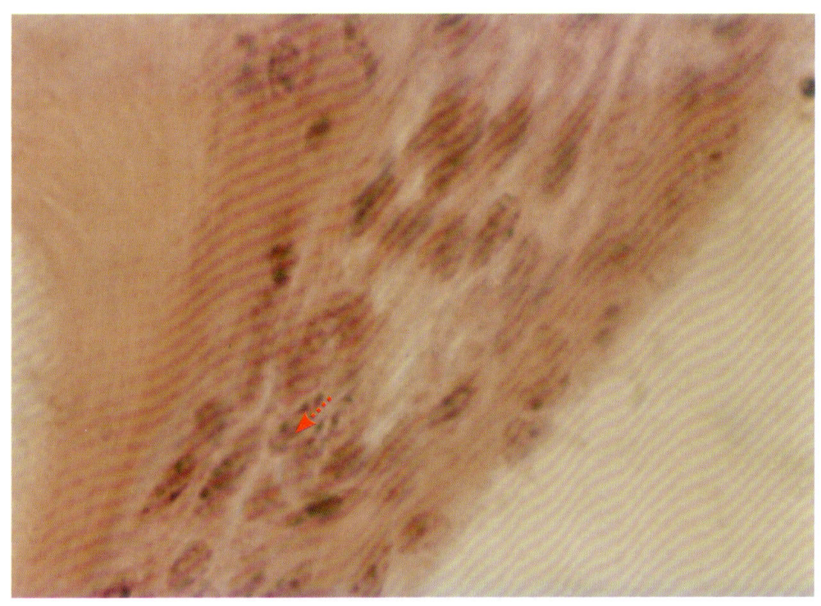

■ 图4-24 豚鼠螺旋神经中神经细胞迁移（1）

苏木素-伊红染色 ×400

↙示螺旋神经源干细胞流。

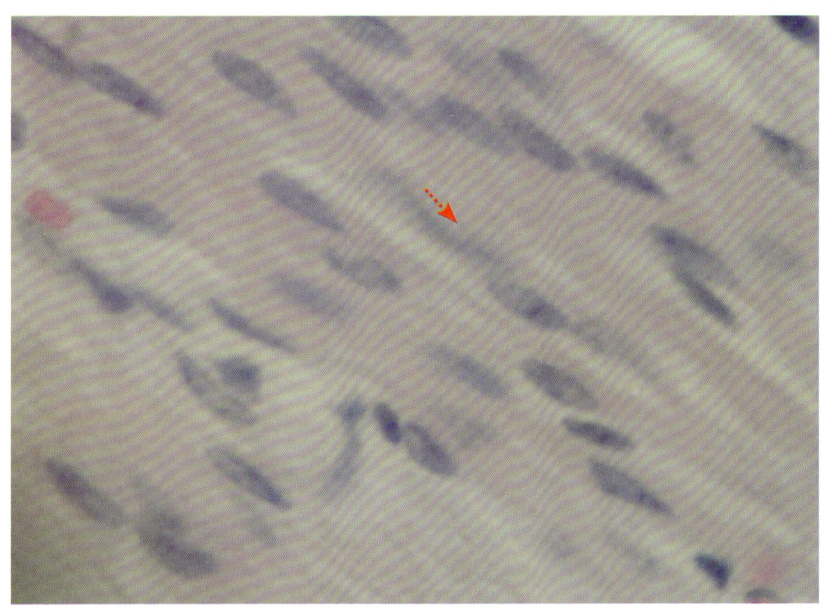

■ 图4-25 豚鼠螺旋神经中神经细胞迁移（2）

苏木素-伊红染色 ×400

↘示螺旋神经中神经束细胞流迁移的方向。

2. 肾上腺穿皮质神经束中神经细胞迁移 狗肾上腺穿皮质神经束中见神经细胞迁移（图4-26）。

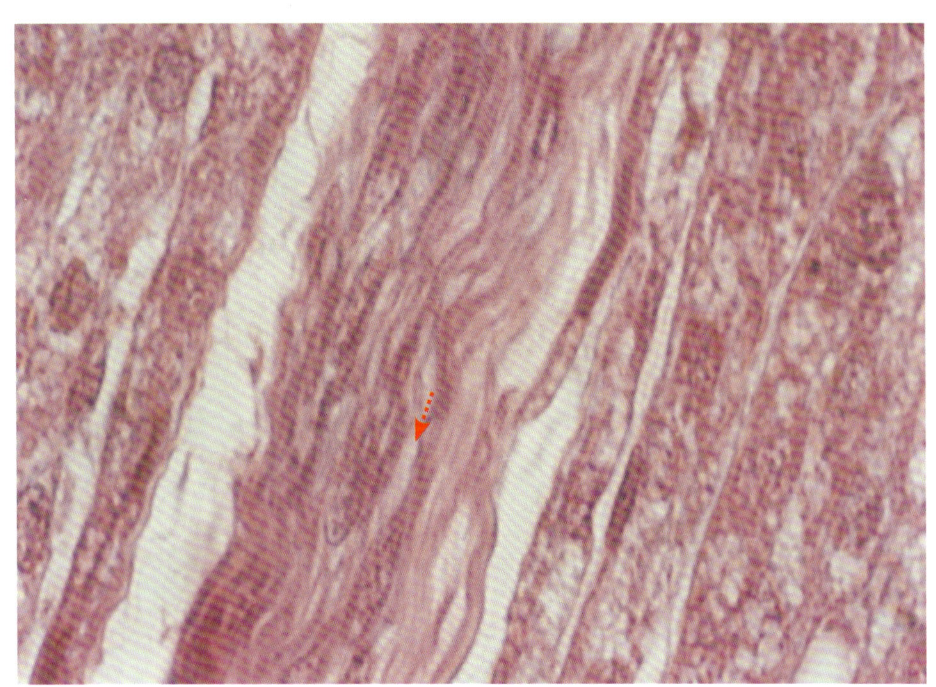

■ 图4-26 狗肾上腺穿皮质神经束中神经细胞迁移

苏木素-伊红染色 ×1000

示穿越皮质的交感神经束，束细胞多呈流线形。

（二）有髓神经中神经细胞核迁移

以坐骨神经中神经细胞核迁移为例。狗坐骨神经有髓神经纤维轴索内变形核多呈长短不一的梭形（图4-27、图4-28），有时呈很长的流线形（图4-29），有时流线形较短（图4-30）。在郎飞结处可见变形细胞核进一步钝圆化（图4-31、图4-32）。

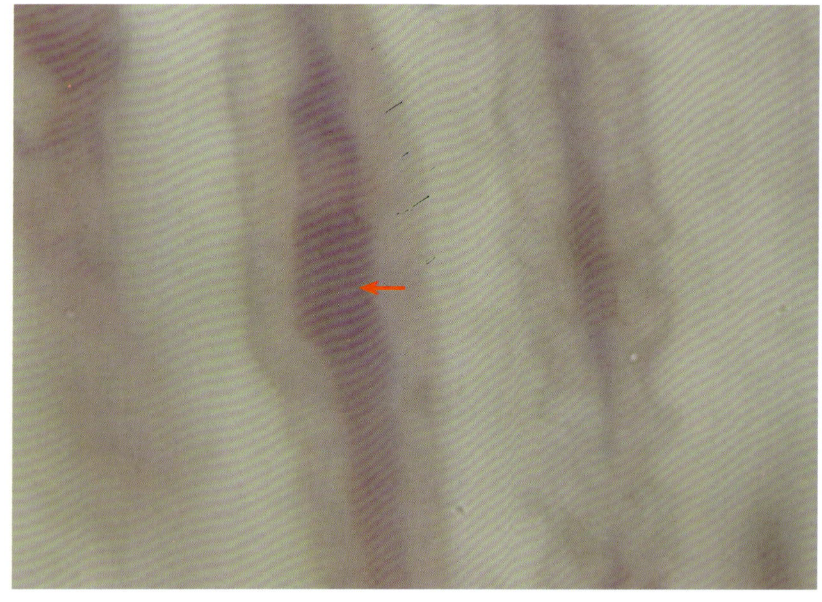

■ 图4-27　狗坐骨神经组织动力学（1）

苏木素-伊红染色　×1 000

←示有髓神经纤维轴索内长梭形变形核。

（标本由向爱华高级实验师提供）

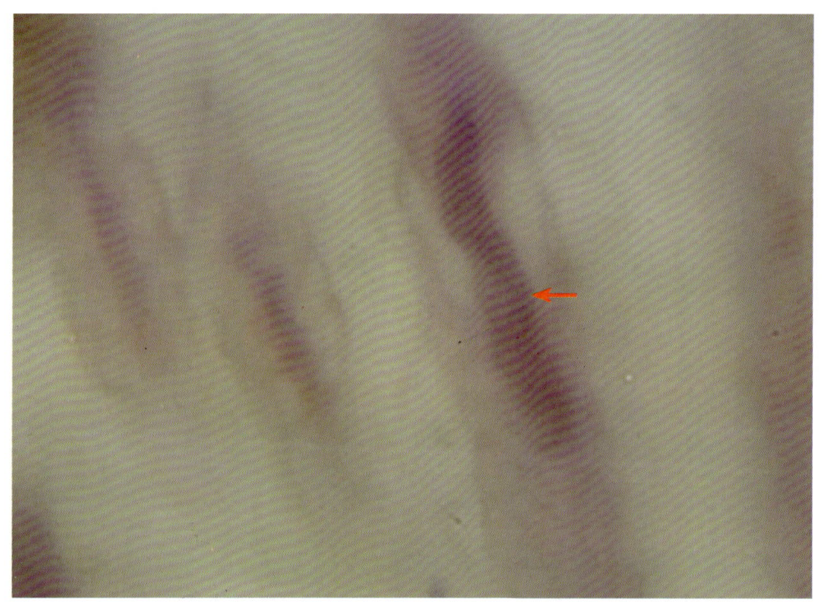

■ 图4-28　狗坐骨神经组织动力学（2）

苏木素-伊红染色　×1 000

←示有髓神经纤维轴索内梭形变形核。

（标本由向爱华高级实验师提供）

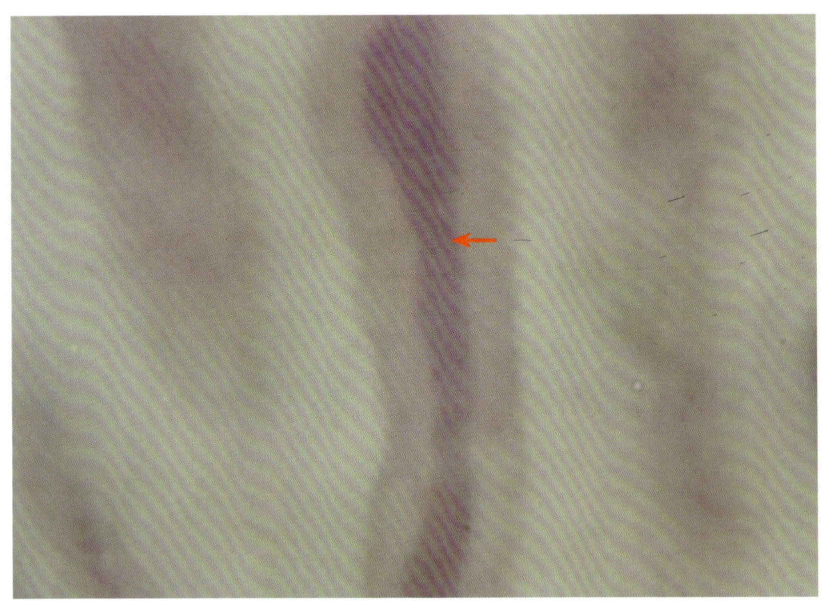

■ 图4-29 狗坐骨神经组织动力学（3）

苏木素–伊红染色 ×1 000

←示有髓神经纤维轴索内长流线形变形核。

（标本由向爱华高级实验师提供）

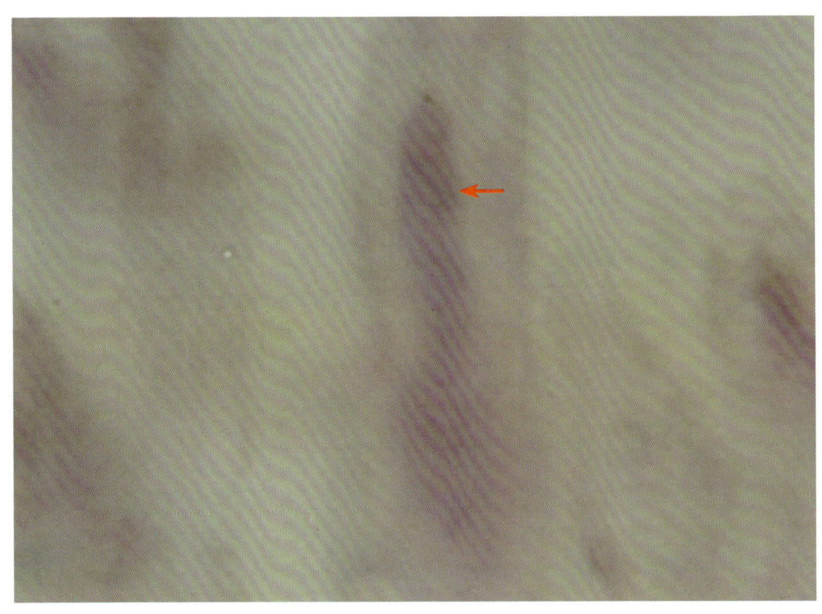

■ 图4-30 狗坐骨神经组织动力学（4）

苏木素–伊红染色 ×1 000

←示有髓神经纤维轴索内流线形变形核。

（标本由向爱华高级实验师提供）

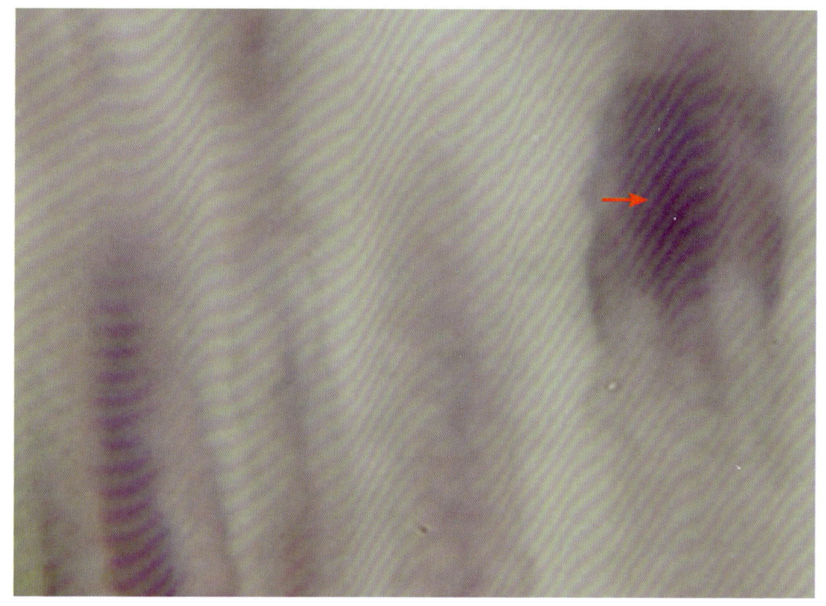

■ 图4-31　狗坐骨神经组织动力学（5）

苏木素-伊红染色　×1 000

→示有髓神经纤维轴索内流线形核郎飞结处增粗、变短。

（标本由向爱华高级实验师提供）

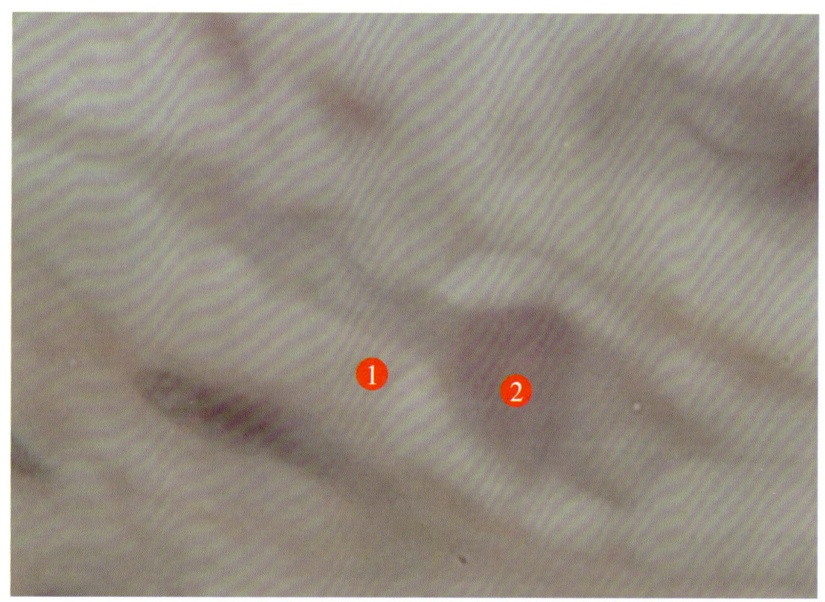

■ 图4-32　狗坐骨神经组织动力学（6）

苏木素-伊红染色　×1 000

❶示郎飞结；❷示在轴索引导下有待穿越郎飞结的变形细胞核。

（标本由向爱华高级实验师提供）

四、神经末梢参与器官构建

观察显示进入猴肾上腺髓质的交感神经束细胞呈流线型迁移至靶组织，逐步钝圆化、增殖并演化形成髓质细胞（图4-33～图4-35）。人和狗肾上腺无髓神经纤维末梢神经束细胞也可见演化形成髓质细胞（图4-36、图4-37）。

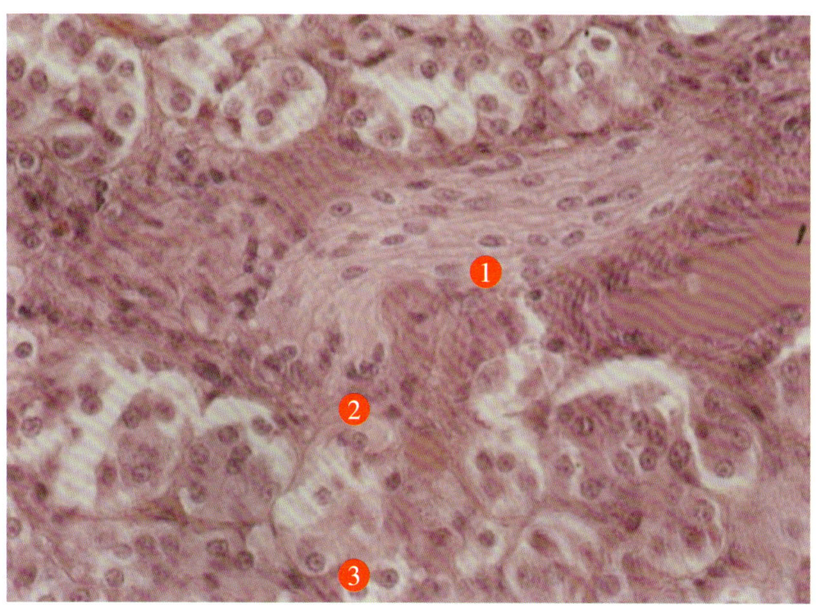

■ 图4-33 猴肾上腺神经束细胞-髓质细胞演化（1）

苏木素-伊红染色 ×400

❶示神经束流线形神经束细胞；❷示末端演化过渡细胞；❸示新生髓质单位。

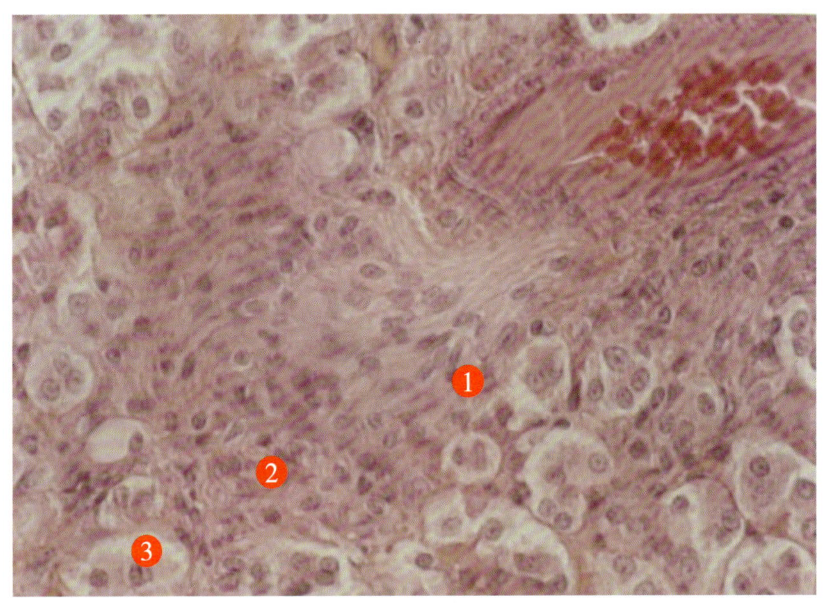

■ 图4-34　猴肾上腺神经束细胞-髓质细胞演化（2）

苏木素-伊红染色　×400

❶示神经束末端流线形神经束细胞；❷示末端演化过渡细胞；❸示新生髓质单位。

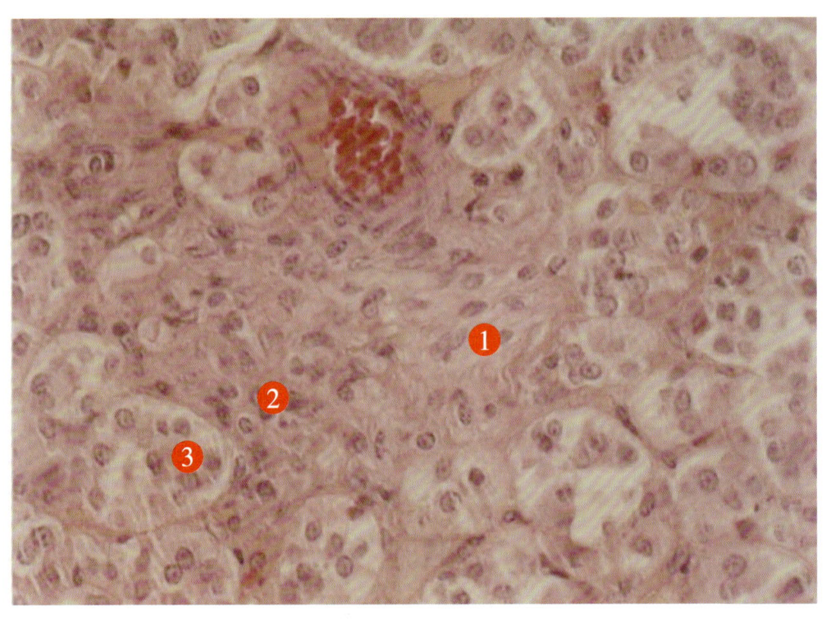

■ 图4-35　猴肾上腺神经束细胞-髓质细胞演化（3）

苏木素-伊红染色　×400

❶示神经束细胞；❷示过渡性细胞；❸示髓质细胞。

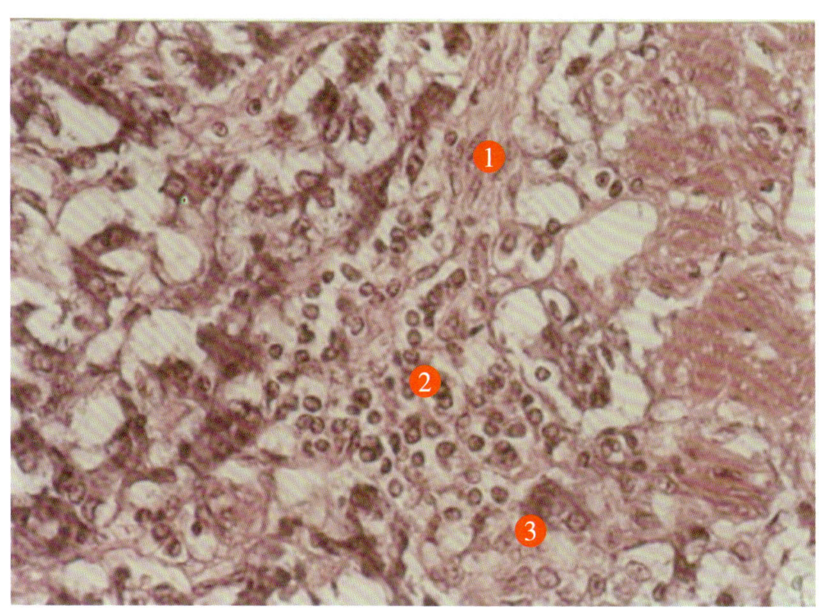

■ **图4-36　人肾上腺神经束细胞-髓质细胞演化**

苏木素-伊红染色　×400

❶示神经束细胞；❷示过渡性细胞；❸示髓质细胞。

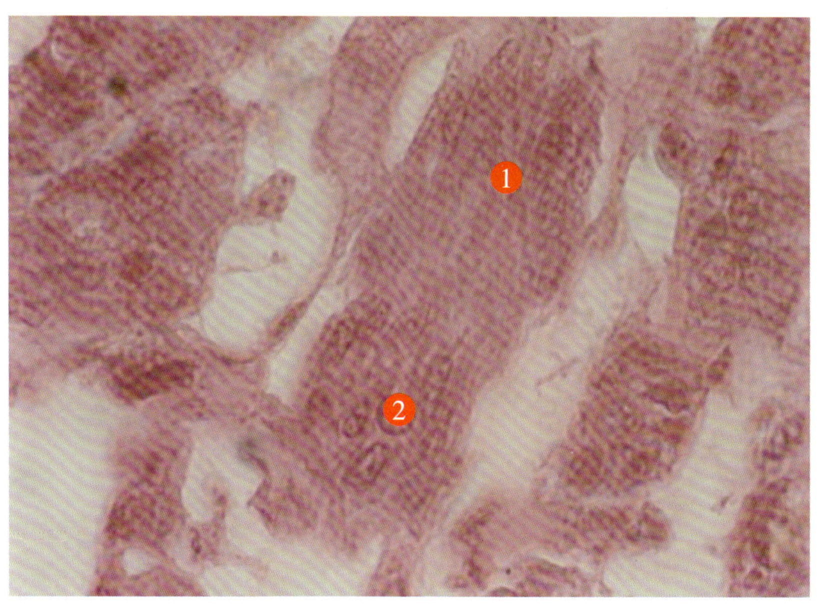

■ **图4-37　狗肾上腺神经束细胞-髓质细胞演化**

苏木素-伊红染色　×1 000

❶示交感神经途中束细胞多呈流线形；❷示神经束末端束细胞变成圆形。

除此之外，已发现神经细胞可演化形成小血管、血细胞、肌梭、骨骼肌细胞、心肌细胞、平滑肌细胞、螺旋器细胞、视网膜细胞、睾丸间质干细胞、睾丸间质细胞和松果体细胞等在相关分册中已有描述，不再重复，更多“神经细胞演化其他细胞”的证据还将会不断发现，显然器官内神经末梢提供的神经源干细胞在所在器官组织场影响下，演化形成器官实质细胞，参与所支配器官实质构建，已是器官的有机组成成分。神经系统作为重要干细胞库，并负责干细胞配送，参与所支配器官的实质建构的事实将极大改变整个医学生物学面貌，对临床医学也将产生重大而深远的影响。所谓神经元性疾病渐冻症实属干细胞神经配送障碍性疾病，深入开展干细胞神经配送机制研究可望找到防治之策。

小结

干细胞流通与配送小结既是细胞动力学有机组成部分，又是整个系列全书的框架总结。干细胞的血流配送学术界已有共识，血源性干细胞通过识别、粘附、内化可形成各种细胞。干细胞的神经性来源与神经配送是全新命题。体内外均可发现细胞迁移细胞流，细胞迁移的形态特征是流线形变，有许多证据表明中枢神经系统、周围神经（包括无髓神经和有髓神经）中都有神经细胞迁移，主要是细胞核迁移。中枢神经系统是全身各器官构建的主要干细胞来源，周围神经实际是神经性干细胞的流通渠道，神经分支及末梢犹如神经细胞演化形成其他细胞的卸货码头。

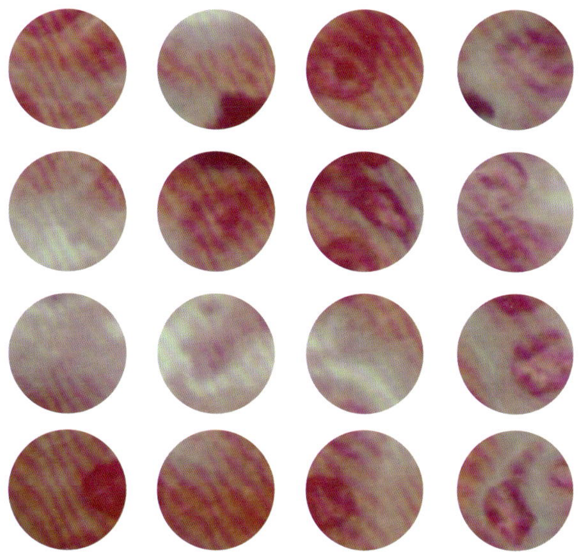

第五章
机体自组织

细胞是构成机体的基本单元，细胞通过不同的自组织形式构建各种亚器官结构，由不同结构组成器官和整个机体。亚器官结构是细胞系的存在形式，表现为不同的自组织结构类型。自组织的细胞学基础是细胞分裂、细胞演化和细胞死亡，根据自组织过程的先后和复杂性可将自组织结构分为6类。

第一节　第一类自组织结构

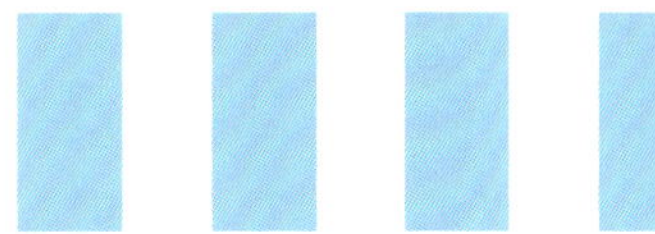

一类自组织结构是最基本的细胞自组织形式，包括细胞团和细胞索。

一、细胞团

细胞团是在相对自由三维空间里干细胞增殖的基本自组织结构形态，如淋巴滤泡（图5-1）、成食管腺干细胞团（图5-2）等。

二、细胞索

细胞索是在横向空间受限而纵向空间宽松干细胞增生形成的基本自组织结构形态，如舌腺导管细胞索（图5-3）、成肾细胞索（图5-4）等。

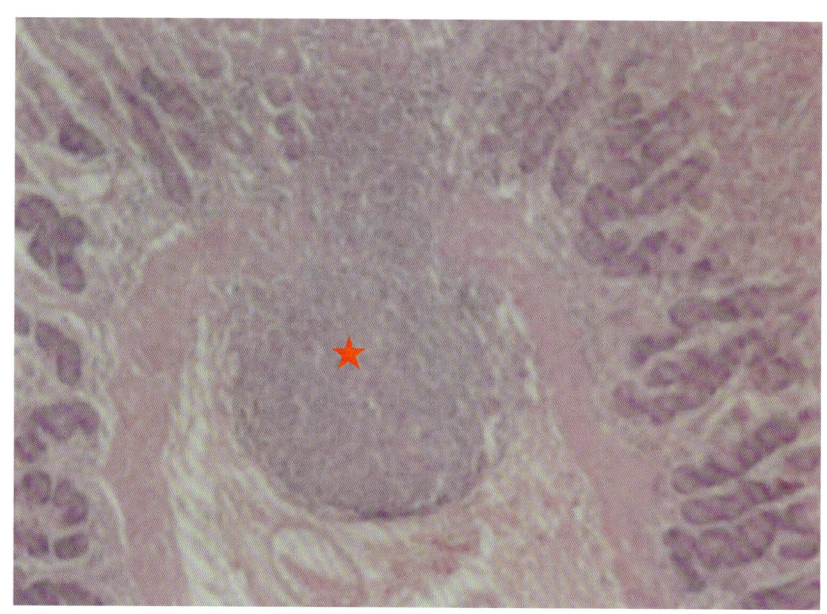

■ 图5-1　兔胃黏膜下层淋巴小结

苏木素-伊红染色　×50

★示兔胃黏膜下层淋巴小结向黏膜层散发淋巴细胞。

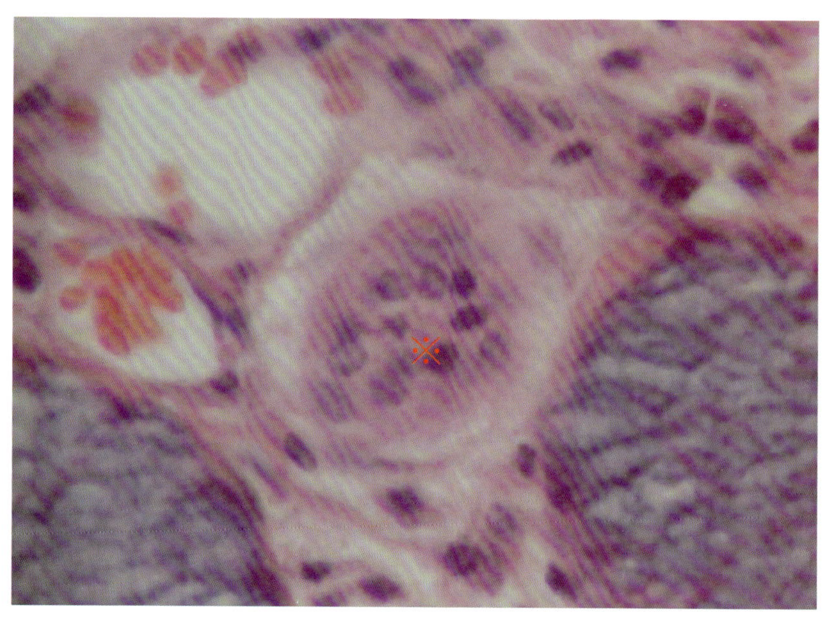

■ 图5-2　人成食管腺干细胞演化

苏木素-伊红染色　×400

※示成食管腺细胞团。

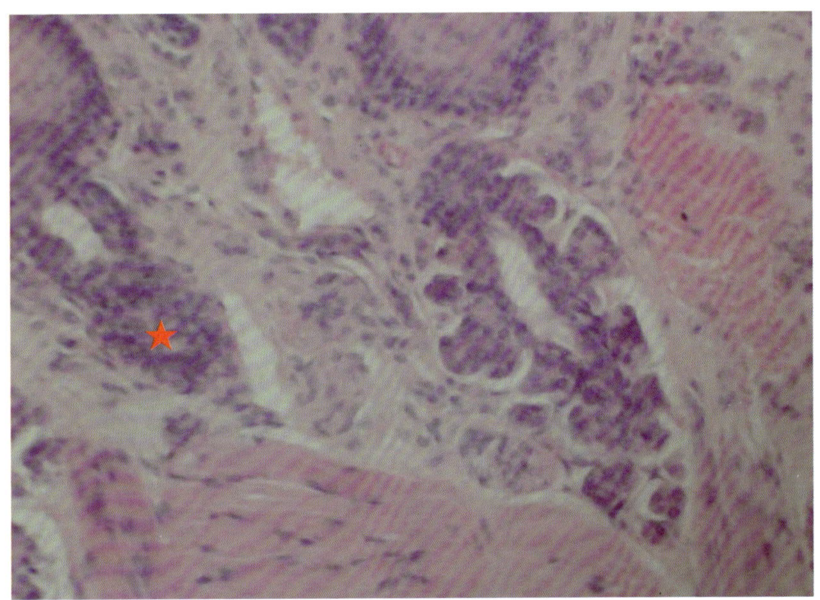

■ 图5-3 人舌腺导管干细胞索

苏木素-伊红染色 ×100

★示舌腺导管干细胞索。

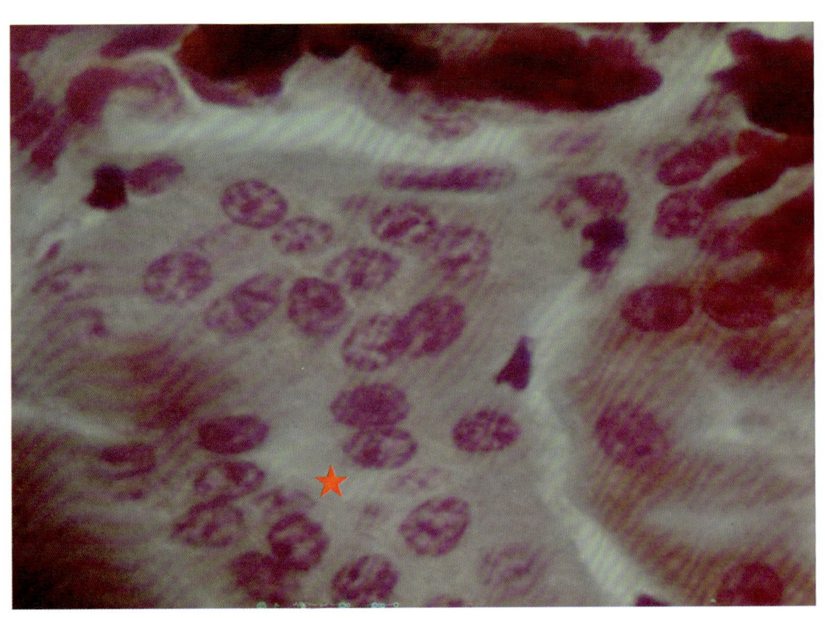

■ 图5-4 猴成肾细胞索

卡红染色 ×400

★示成肾细胞索。

第二节　第二类自组织结构

第二类自组织结构，泡状结构和管状结构，是由基本自组织结构细胞团和细胞索中空形成。细胞团、细胞索中空过程是细胞团、细胞索的中心细胞因地缘劣势营养被剥夺而死亡的结果。

一、泡状结构

泡状结构是细胞团中空所致，如食管腺泡。首先成食管腺细胞团中心细胞演化为黏液细胞（图5-5），继之黏液细胞增多（图5-6），而后中心黏液细胞溶解而成腔，即成为食管腺泡（图5-7）。

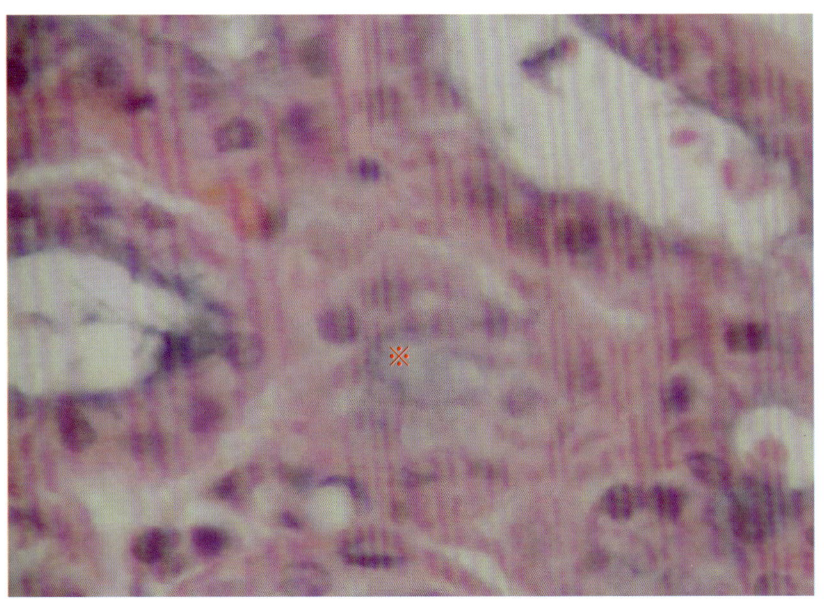

■ 图5-5　人食管腺泡形成（1）

苏木素-伊红染色　×400

※示成食管腺细胞团中心出现黏液细胞。

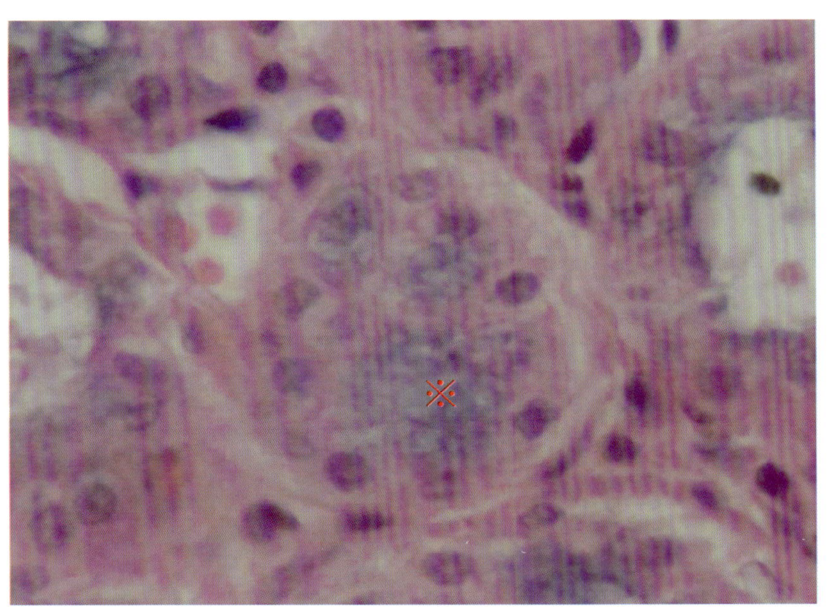

■ 图5-6　人食管腺泡形成（2）

苏木素-伊红染色　×400

※示成食管腺细胞团中心黏液细胞增多。

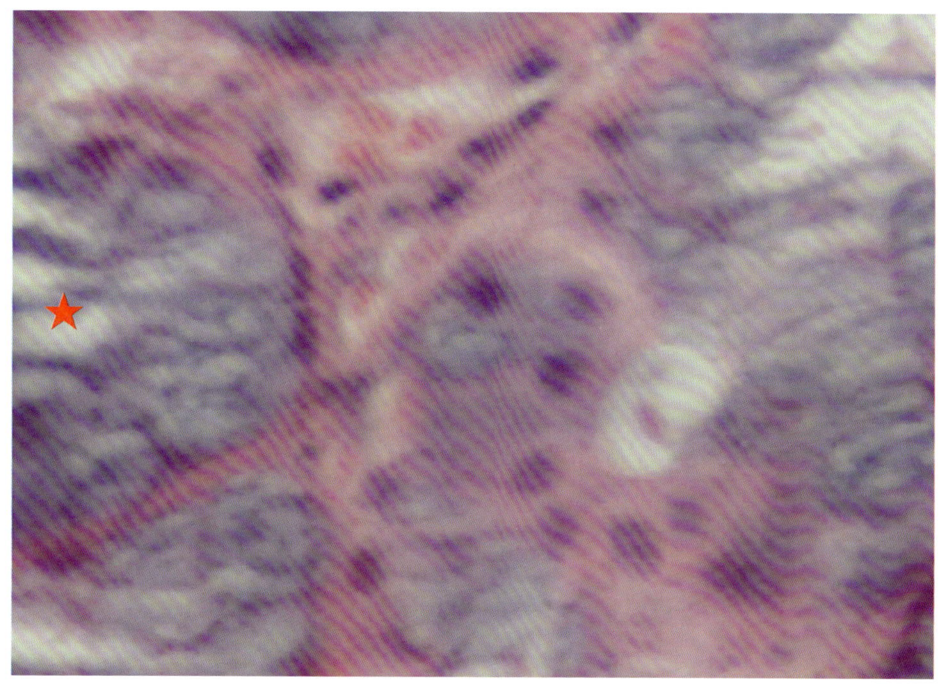

■ 图5-7 人食管腺泡形成（3）

苏木素-伊红染色 ×400

★示细胞团中心黏液细胞溶解成腔。

二、管状结构

管状结构是由细胞索中空形成，如舌腺导管、肾小管。猴肾小管形成之初，成肾干细胞索中轴局部出现不规则裂隙（图5-8），中轴裂隙融合形成中心腔，并逐渐扩大（图5-9、图5-10），但开始腔壁细胞仍呈多层（图5-11），而后演变为单层立方上皮的远端肾小管（图5-12、图5-13）。

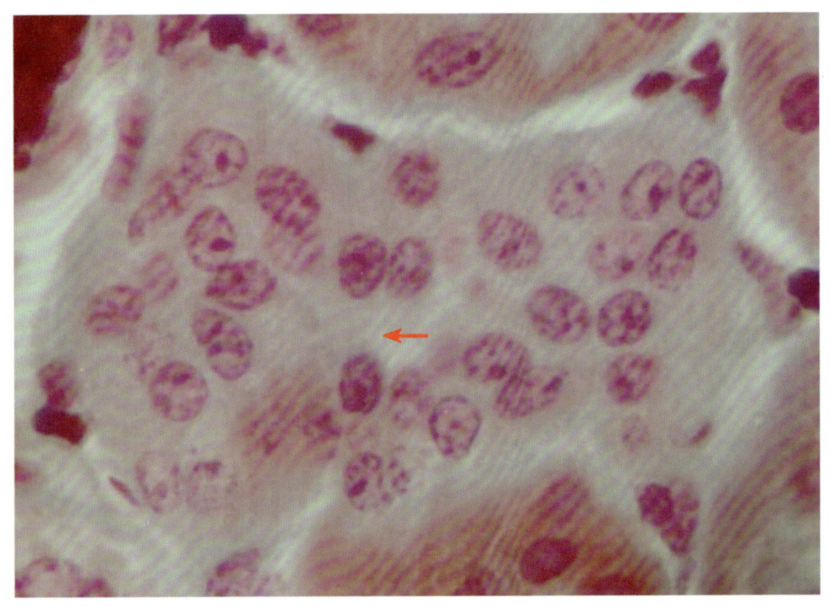

■ 图5-8　猴肾小管形成（1）

卡红染色　×400

←示成肾细胞索中轴局部出现细胞间不规则裂隙。

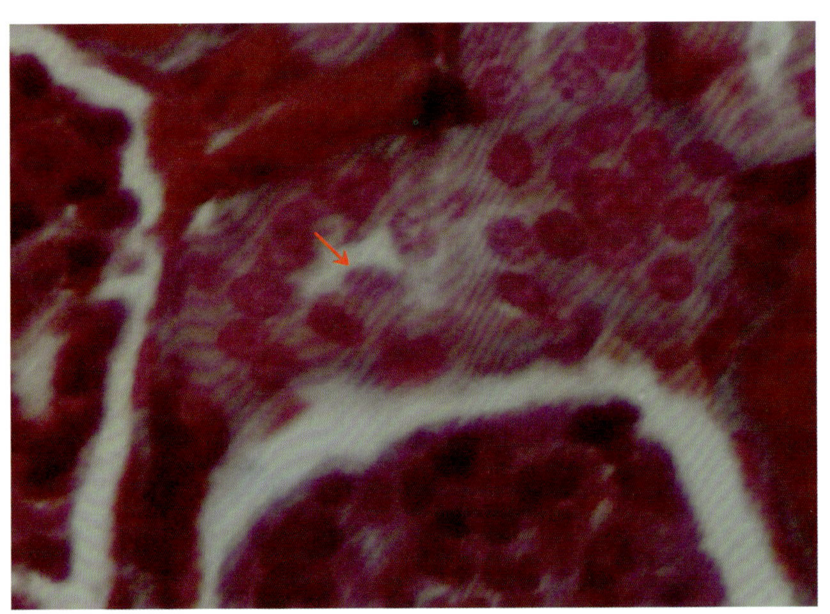

■ 图5-9　猴肾小管形成（2）

卡红染色　×400

↘示成肾细胞索中轴不规则裂隙融合成中心腔。

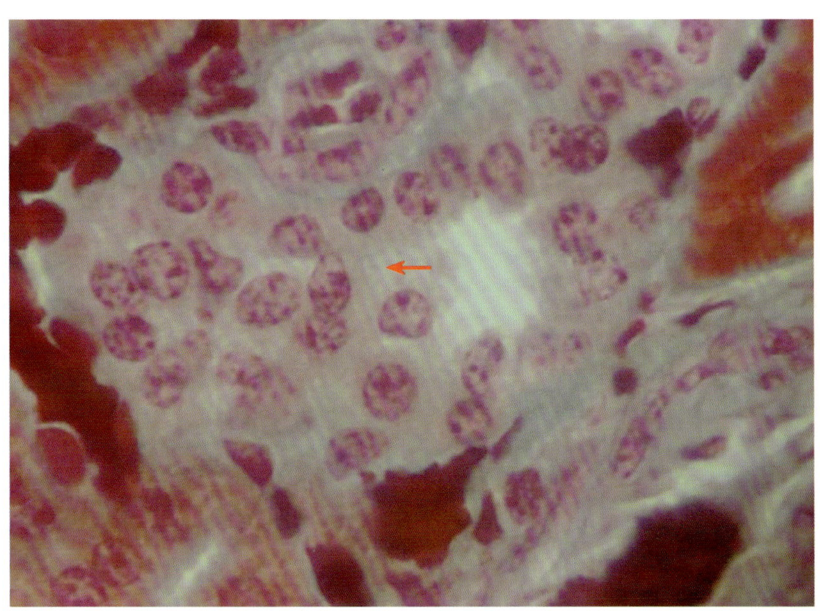

■ 图5-10　猴肾小管形成（3）

卡红染色　×400

←示肾小管腔向细胞索扩展。

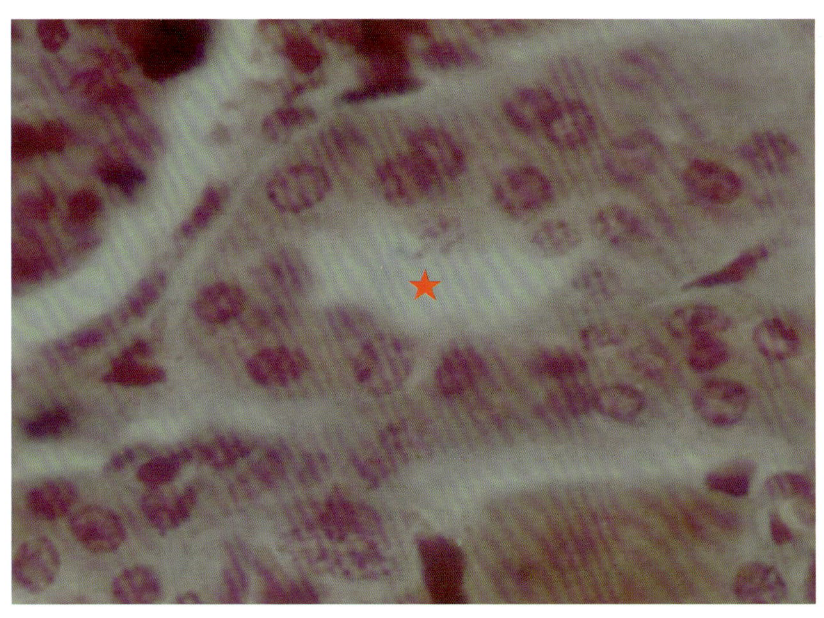

■ 图5-11　猴肾小管形成（4）

卡红染色　×400

★示多层细胞的肾小管壁。

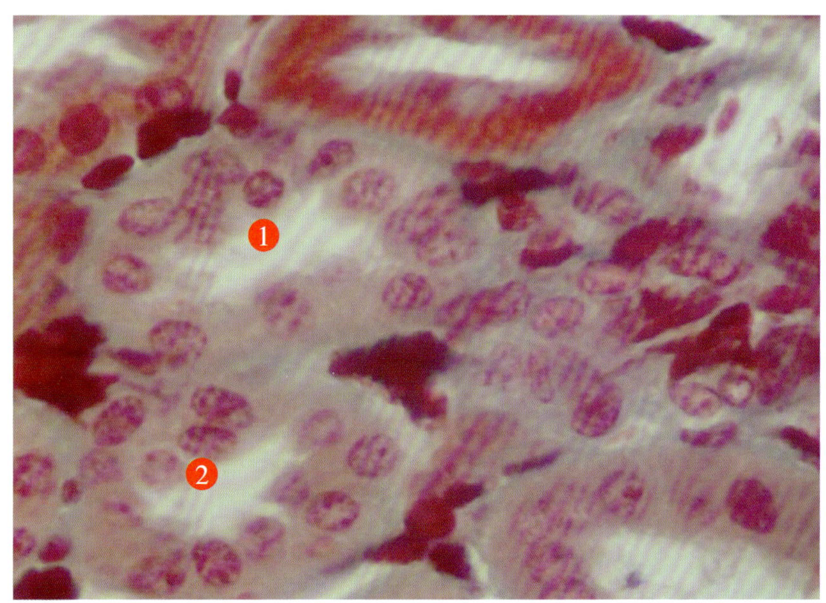

■ 图5-12 猴肾小管形成（5）

卡红染色 ×400

❶和❷示肾小管壁细胞有多层逐渐变为单层。

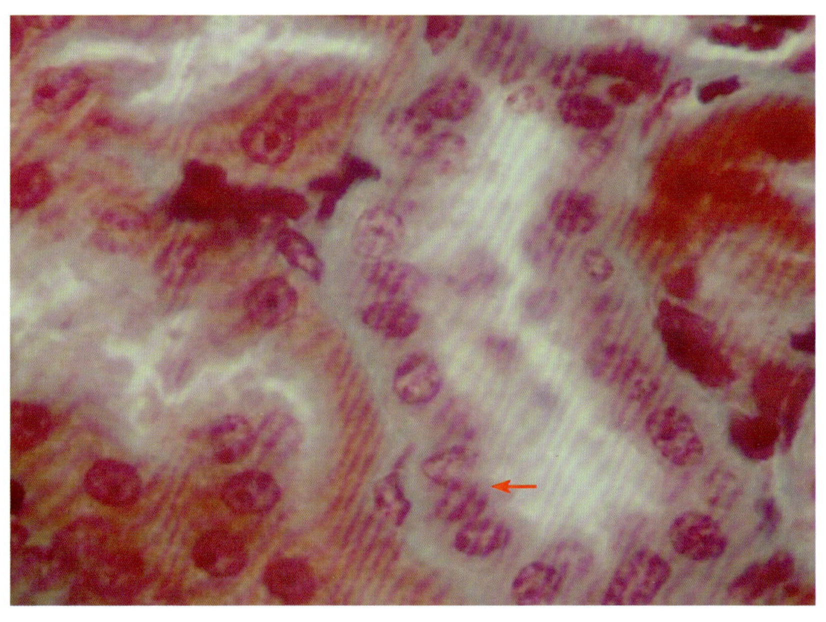

■ 图5-13 猴肾小管形成（6）

卡红染色 ×400

←示单层上皮肾小管。

第三节 第三类自组织结构

第三类自组织结构是第一类自组织结构由外来细胞参与改建而成，如肝细胞板（肝板）、狗肾上腺质等。

一、肝板自组织过程

肝板是肝细胞增生与肝静脉内皮及血源细胞雕塑综合的结果，肝板形成有两种方式，其一是先增生后雕塑，始于肝细胞增生形成细胞密集区（图5-14、图5-15），肝静脉分支逐步深入入侵肝细胞密集区，分割形成肝板（图5-16~图5-18），血源肝干细胞存在肝血窦内单个核细胞群内，其形态多种多样，也参与肝板的雕塑（图5-19）；其二是边增生边雕塑，在Mallory染色和苏木素-伊红染色标本上均可观察到肝干细胞经过渡性细胞形成肝细胞的演化序（图5-20、图5-21），干细胞还可逐渐嵌入肝板内演化成肝细胞（图5-22），替代衰亡肝细胞致使肝细胞板得以改建。

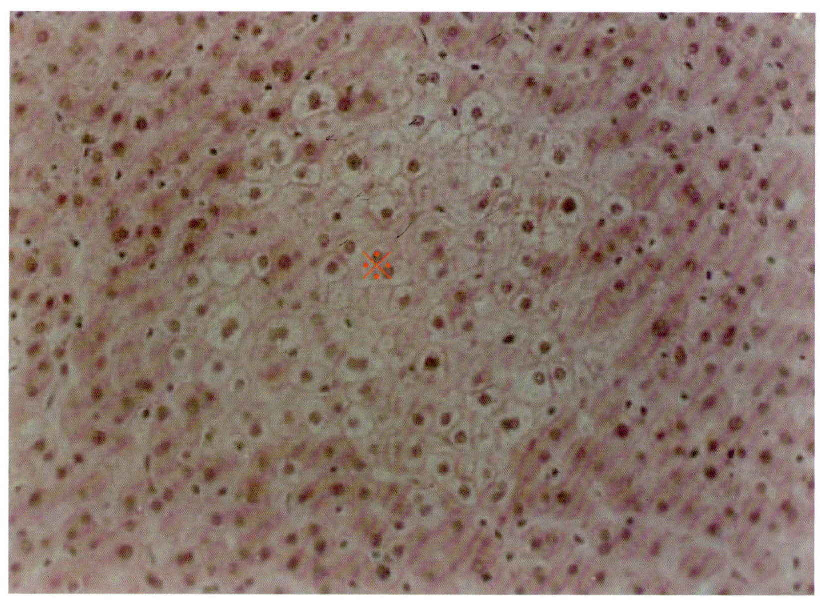

■ 图5-14　人肝板形成（1）

苏木素-伊红染色　×100

※示肝细胞密集区。

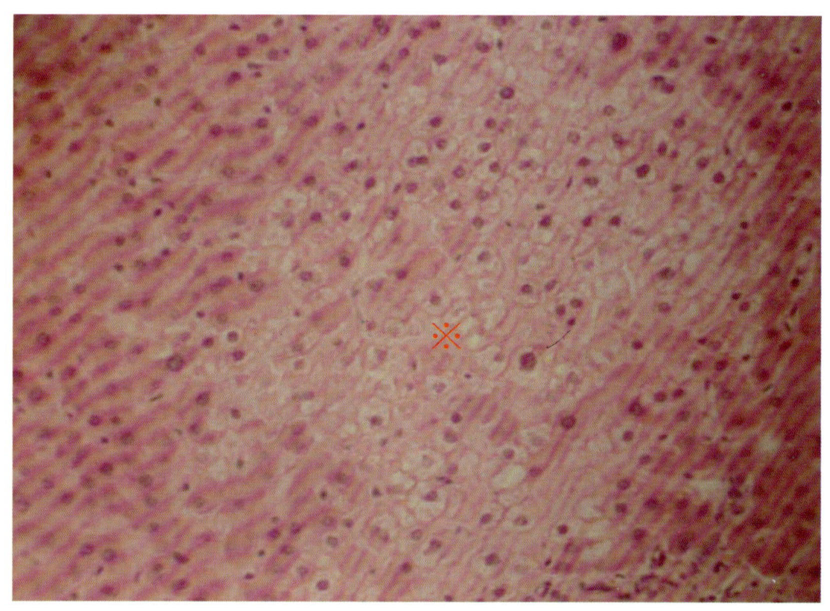

■ 图5-15　人肝板形成（2）

苏木素-伊红染色　×100

※示肝细胞密集区。

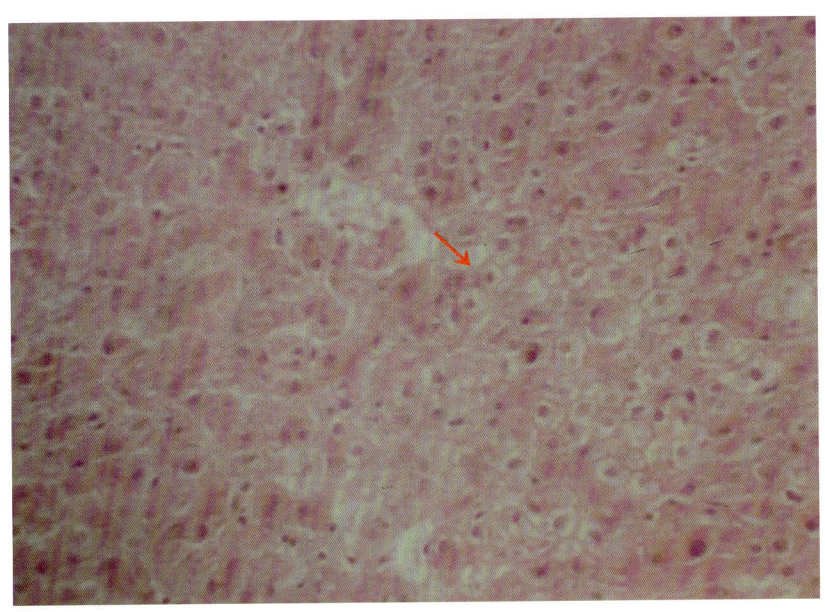

■ 图5-16　人肝板形成（3）

苏木素-伊红染色　×100

↘示肝静脉分支入侵肝细胞密集区。

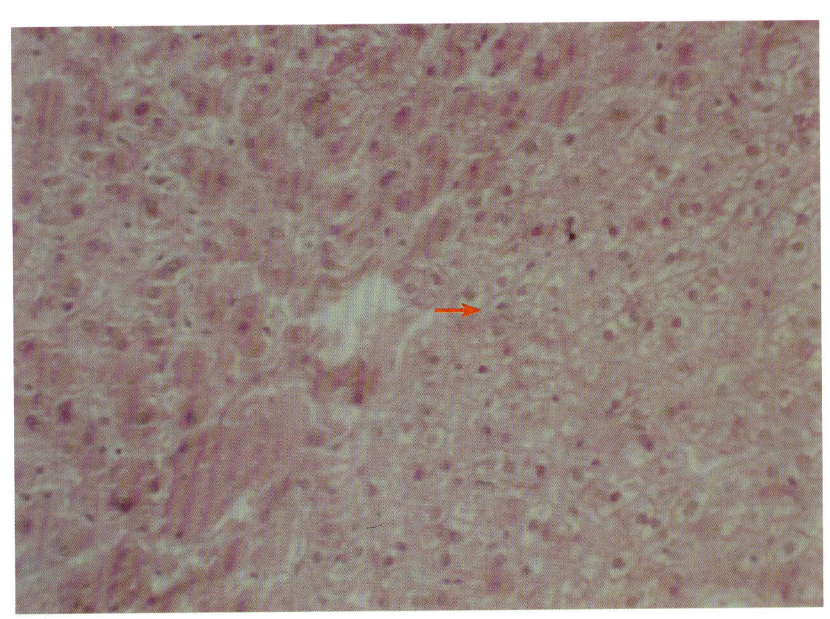

■ 图5-17　人肝板形成（4）

苏木素-伊红染色　×100

→示肝静脉分支入侵肝细胞密集区。

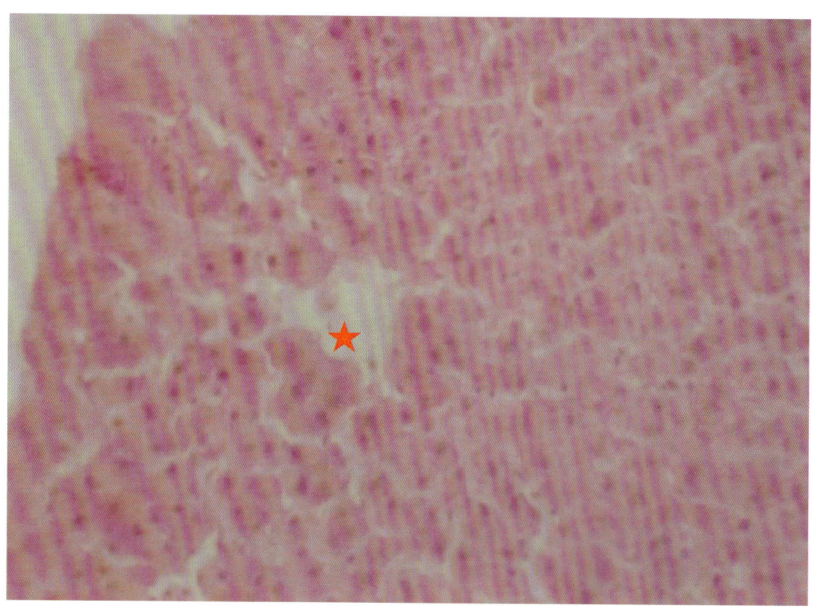

■ 图5-18　人肝板形成（5）

苏木素-伊红染色　×100

★示中央静脉分支深入肝细胞密集区。

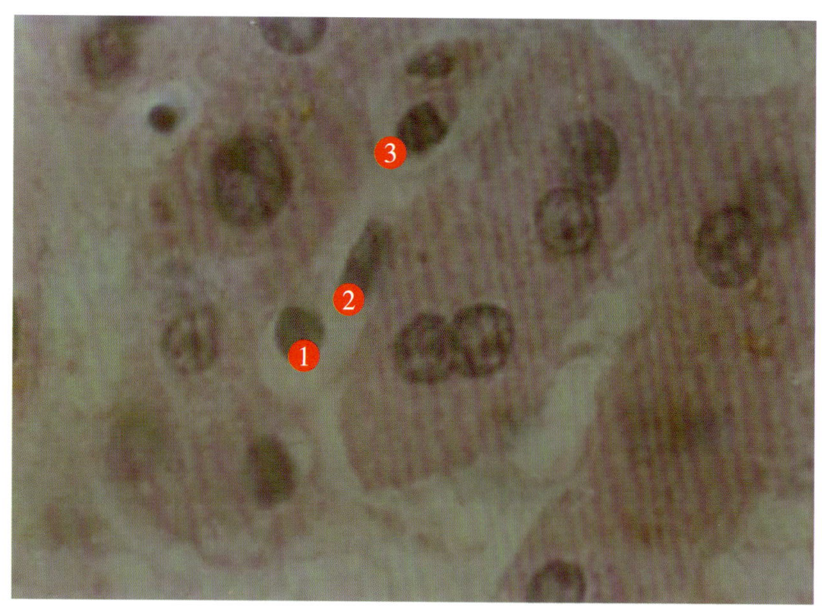

■ 图5-19　人肝板改建（1）

苏木素-伊红染色　×1 000

❶、❷和❸示肝血窦内单个核细胞多样性。

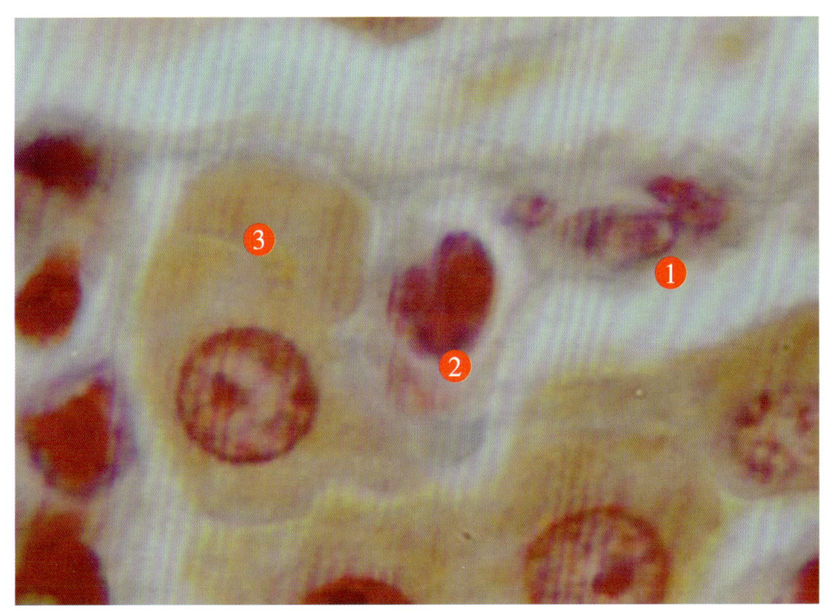

■ 图5-20 人肝板改建（2）

Mallory染色 ×1 000

❶示演化早期干细胞；❷示过渡性细胞；❸示肝细胞。

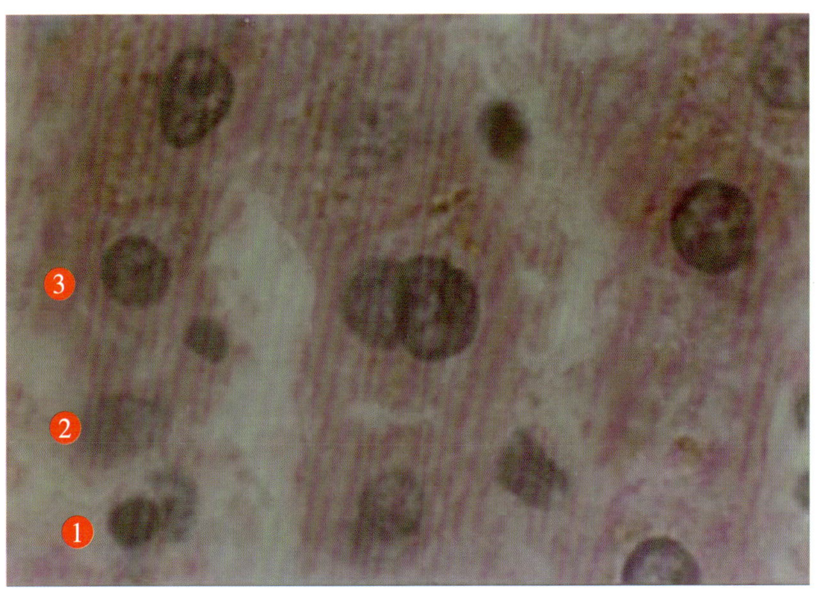

■ 图5-21 人肝板改建（3）

苏木素-伊红染色 ×1 000

❶示演化早期干细胞；❷示过渡性细胞；❸示肝细胞。

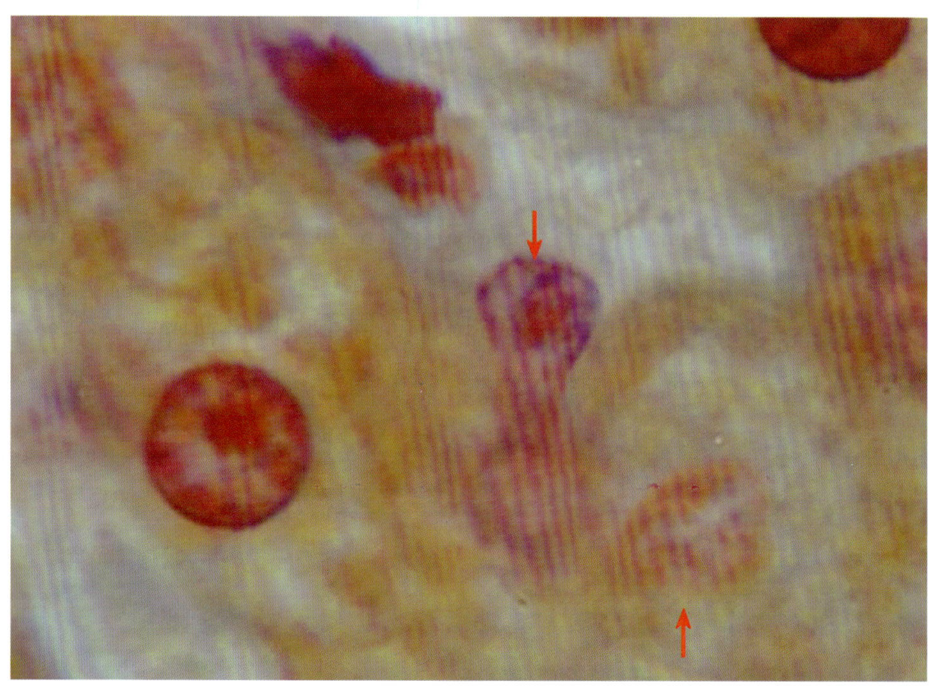

■ 图5-22　人肝板改建（4）

Mallory染色　×1 000

↓示血源干细胞嵌入肝板；↑示邻近肝细胞衰亡。

二、狗肾上腺髓质自组织过程

狗肾上腺不同途径演化成熟的髓质细胞多以实心细胞团（髓质单位）形式存在，但随着髓质单位的继续增大，中心细胞出现剥夺性衰退，导致中心性细胞溶解而空洞化（图5-23）。进而邻近血管内皮细胞迁入，使空腔内壁逐步内皮化，成为血窦（图5-24）。

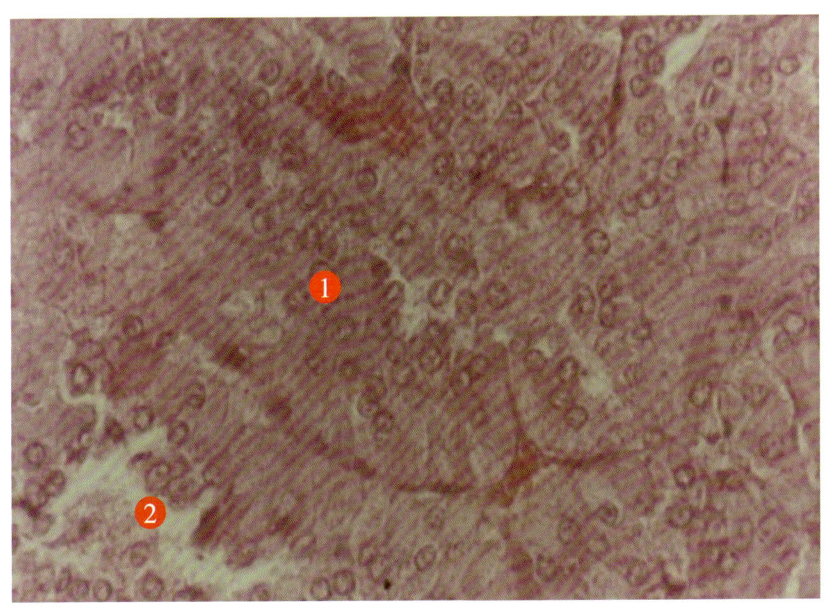

■ 图5-23　狗肾上腺髓质单位改造（1）

苏木素-伊红染色　×400

❶示髓质单位；❷示中心细胞溶解。

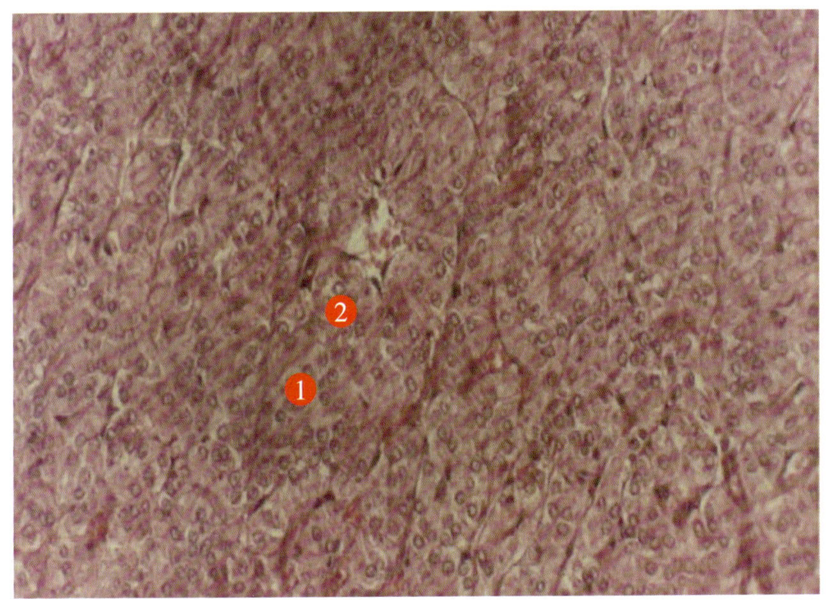

■ 图5-24　狗肾上腺髓质单位改造（2）

苏木素-伊红染色　×100

❶示髓质单位；❷示中心溶蚀内腔面内皮化。

第四节　第四类自组织结构

在牵拉应力作用下细胞呈长柱状、长梭形变形，细胞群组成梭形束状结构，如心肌束、骨骼肌束、平滑肌束等。柱状心肌细胞端端相接的构成心肌链，许多心肌链集合而成心肌束，外包束衣（图5-25）。

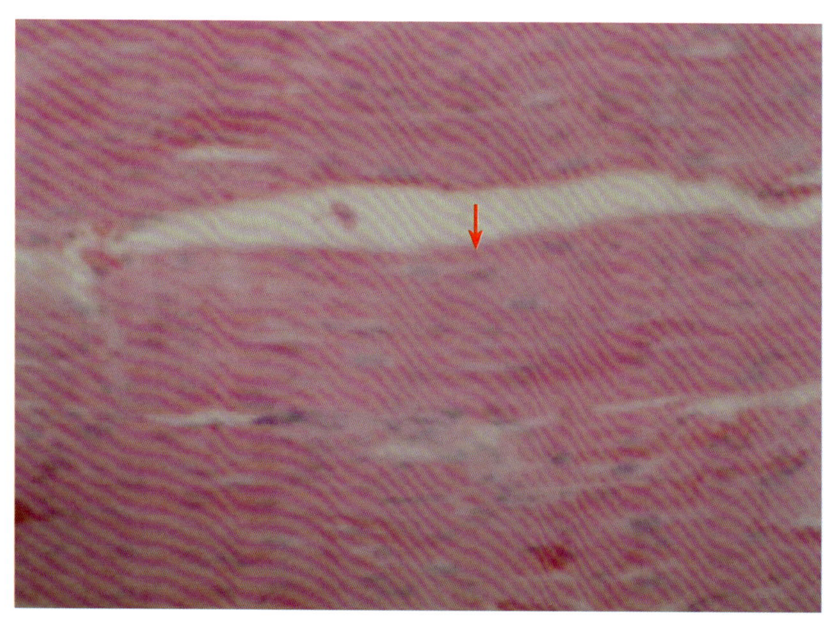

■ **图5-25　人心肌束**

苏木素-伊红染色　×100

↓示一心肌束。

第五节　第五类自组织结构

应力作用下，细胞产生的大量间质成分构建而成，包括腱、软骨和骨。骨则更有骨单位这种特殊结构形式（图5-26）。

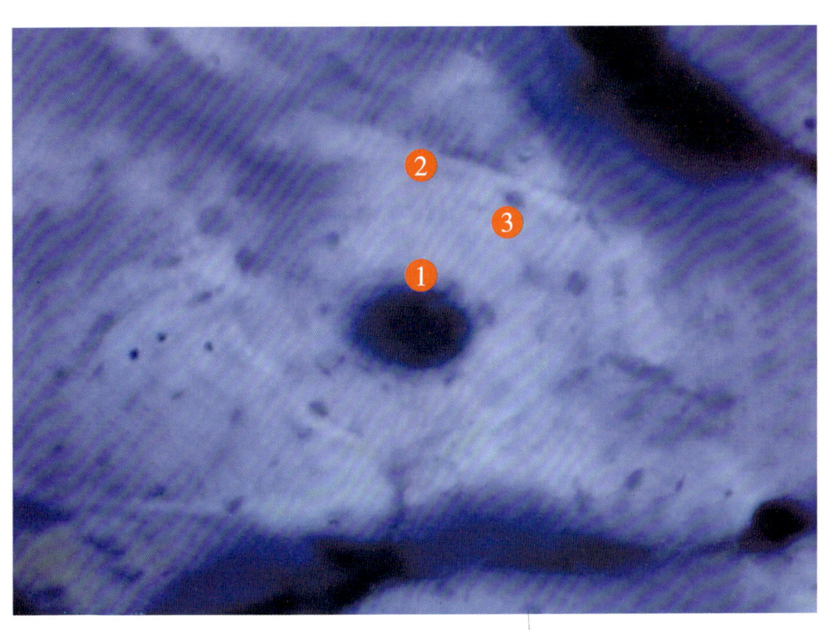

■ 图5-26　人骨组织

大力紫染色　×100

❶示骨单位中央管；❷示骨间质；❸示骨陷窝。

第六节　第六类自组织结构

第六类自组织主要是神经系统特殊的自组织形式，包括神经网络和多级传导通路，决定于神经细胞特殊的直接分裂演化方式。

一、神经网络的自组织

PC12演化中晚期，一些神经细胞的一个核可分为数个子细胞核，原位分裂形成多个细胞(图5-27、图5-28)，多个细胞核也可循不同的细胞突起分支外迁(图5-29、图5-30)，加上分裂神经细胞之间的细胞质桥拉长，仍以细丝保持两细胞间的直接联系（图5-31～图5-33）。正是所有这些神经细胞之间细胞间桥加上突起与突起、突起与胞体之间的突触连接共同构成神经网络。

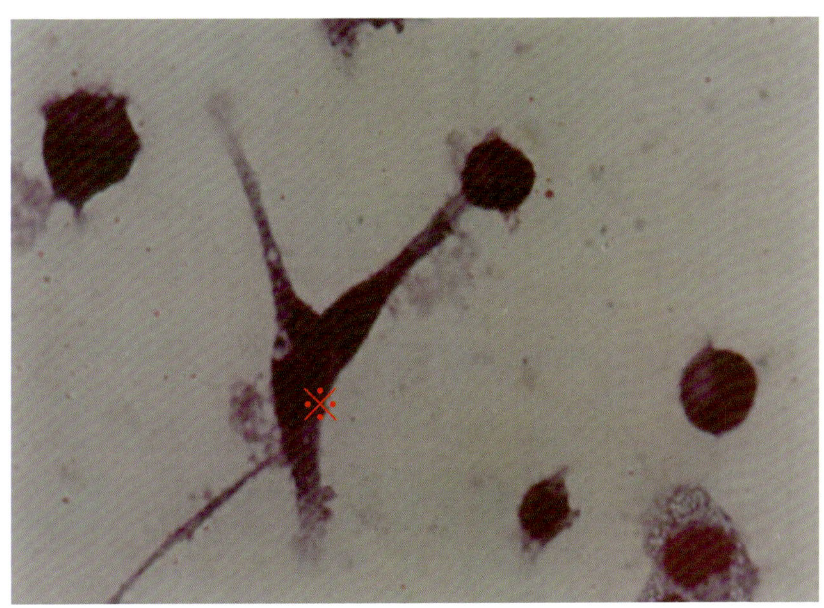

■ 图5-27　神经网络自组织（1）

吉姆萨染色　×400

※示3个细胞核分别循3个细胞分支迁移。

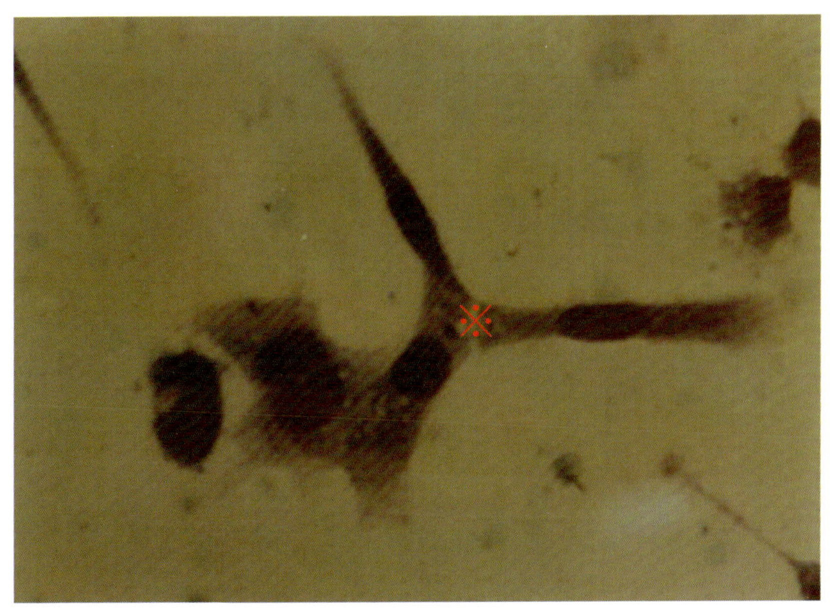

■ 图5-28　神经网络自组织（2）

吉姆萨染色　×400

※示3个细胞核循3个细胞分支以不同速度外迁。

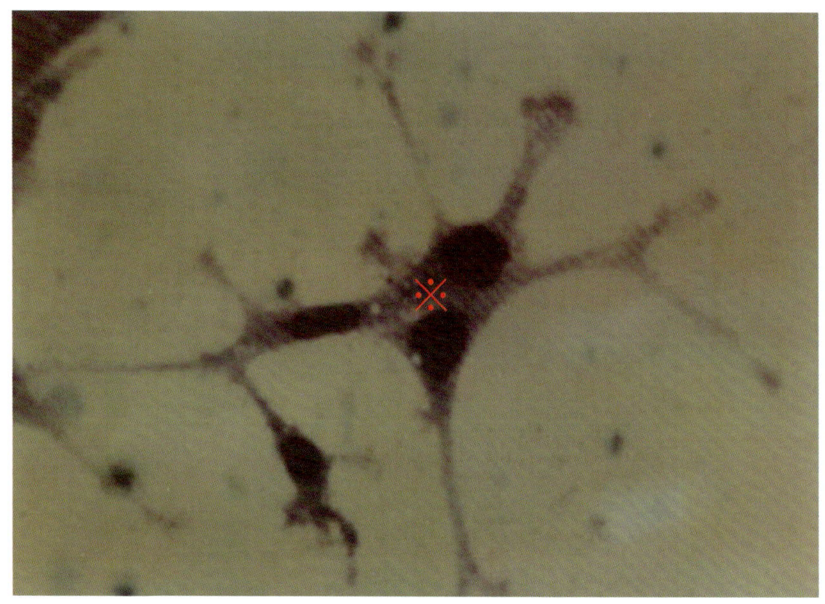

■ 图5-29　神经网络自组织（3）

吉姆萨染色　×400

※示三个细胞核的迁移速度与迁移距离不同，其中一个迁移最显著。

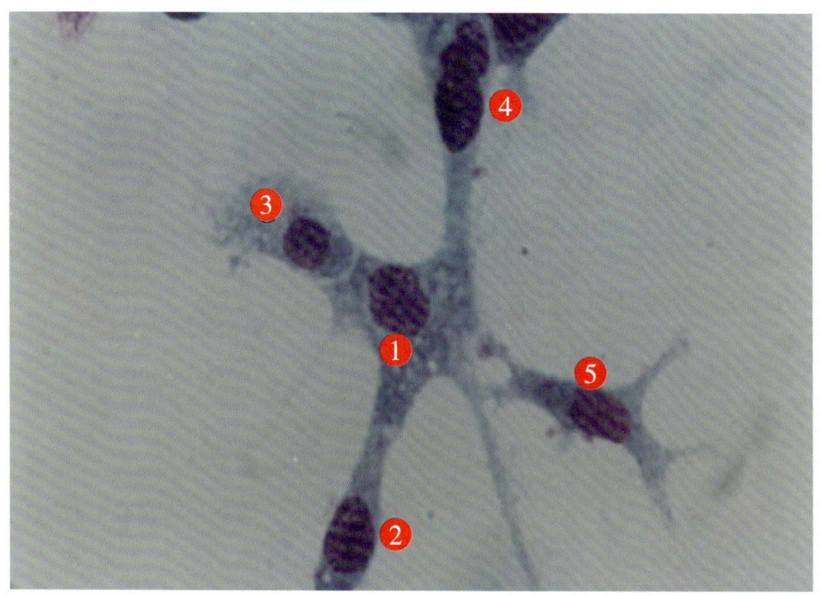

■ 图5-30　神经网络自组织（4）

吉姆萨染色　×400

图示4个细胞核的外迁。❶示母细胞；❷示迁移较远细胞核；❸示细胞脱颖；❹示远迁细胞核分裂；❺示与母体脱离但仍保持联系的子细胞。

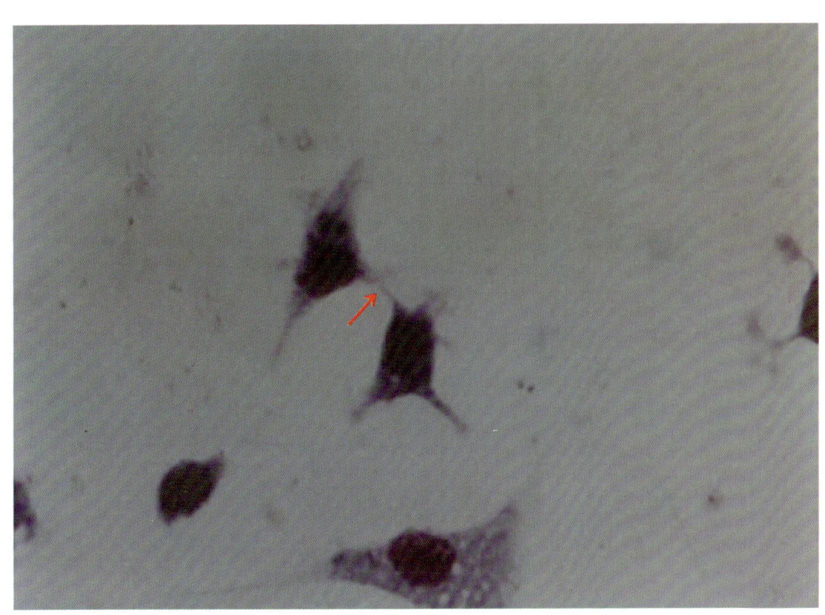

■ 图5-31　神经网络自组织（5）

吉姆萨染色　×400

↗示细胞质分裂晚期，两个细胞之间有细丝相连。

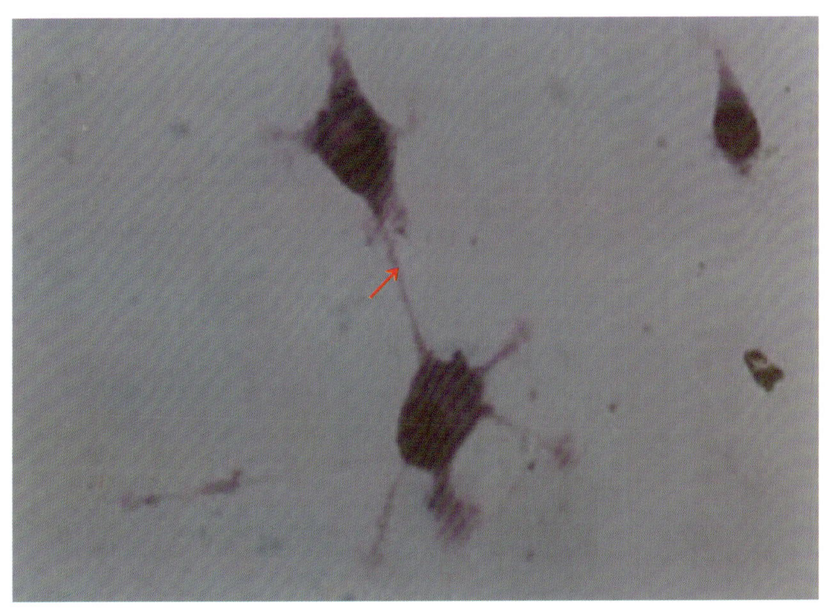

■ 图5-32　神经网络自组织（6）

吉姆萨染色　×400

↗示细胞质分裂晚期，两个细胞之间有细丝相连。

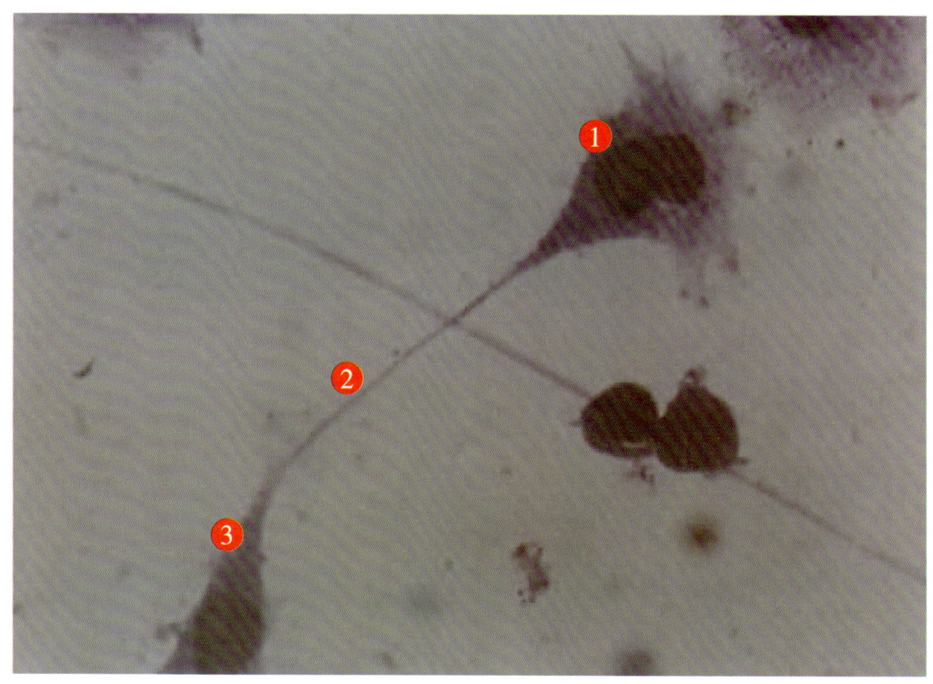

■ 图5-33　神经网络自组织（7）

吉姆萨染色　×400

❶示母体细胞；❷示细胞质桥；❸示远离的细胞。

二、多级神经传导通路的自组织

培养中晚期PC12细胞有时呈现为单向多细胞分裂，多个细胞核顺次向单一突起方向移动，形成单向神经细胞链（图5-34～图5-36）。有时前后细胞像竹节样相互衔接（图5-37、图5-38），形成多个世代接续的细胞递次衔接组成宝塔样结构，这实际上是神经系统多级传导通路建立的基本细胞机制。

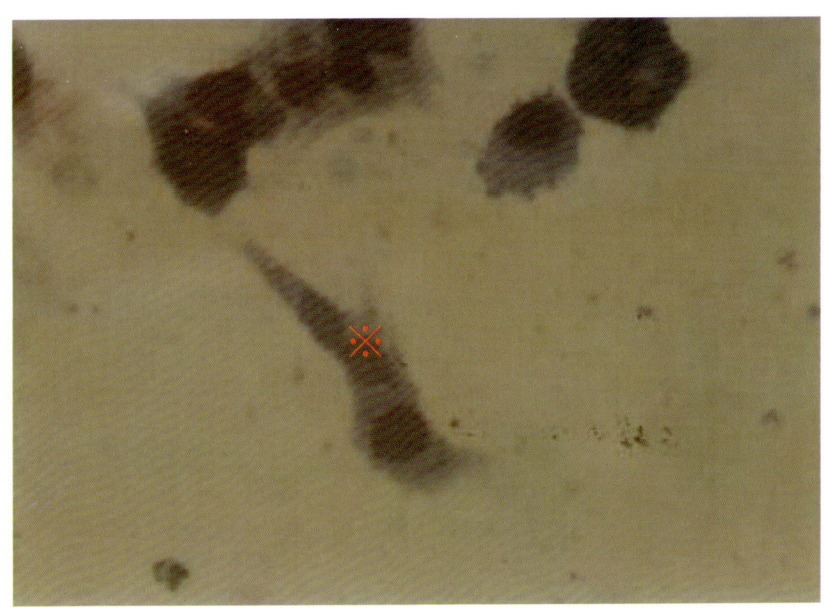

■ 图5-34　多级神经传导通路的自组织（1）

吉姆萨染色　×400

※示单向多裂的神经细胞。

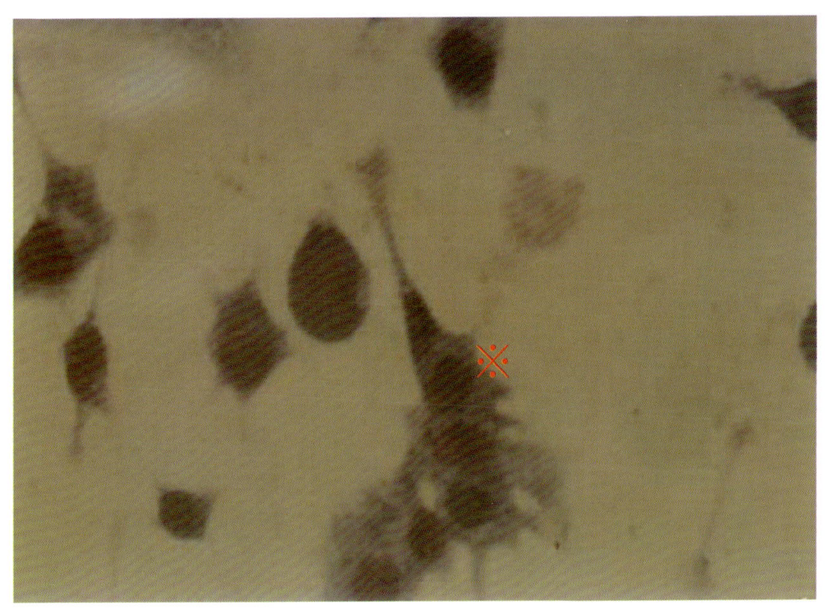

■ 图5-35　多级神经传导通路的自组织（2）

吉姆萨染色　×400

※示单向多裂的神经细胞。

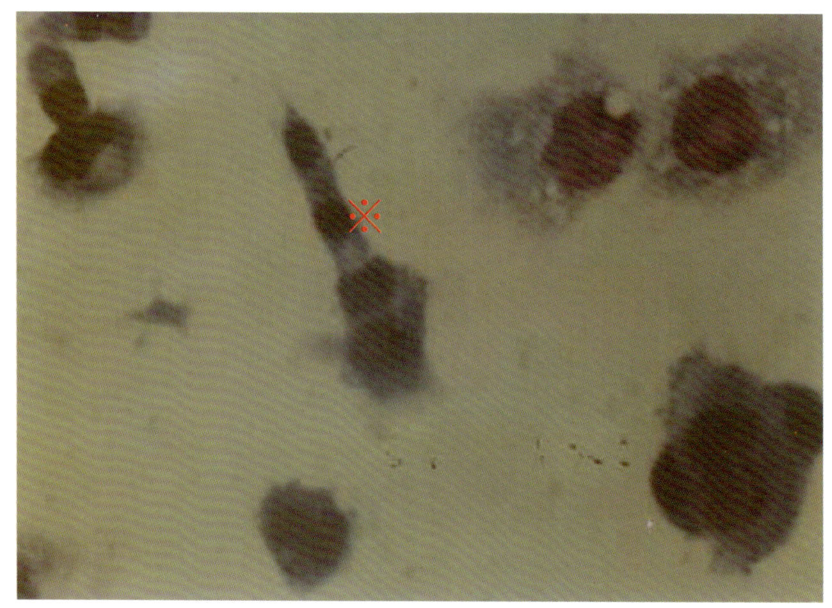

■ 图5-36 多级神经传导通路的自组织（3）

吉姆萨染色 ×400

※示单向多裂的神经细胞。

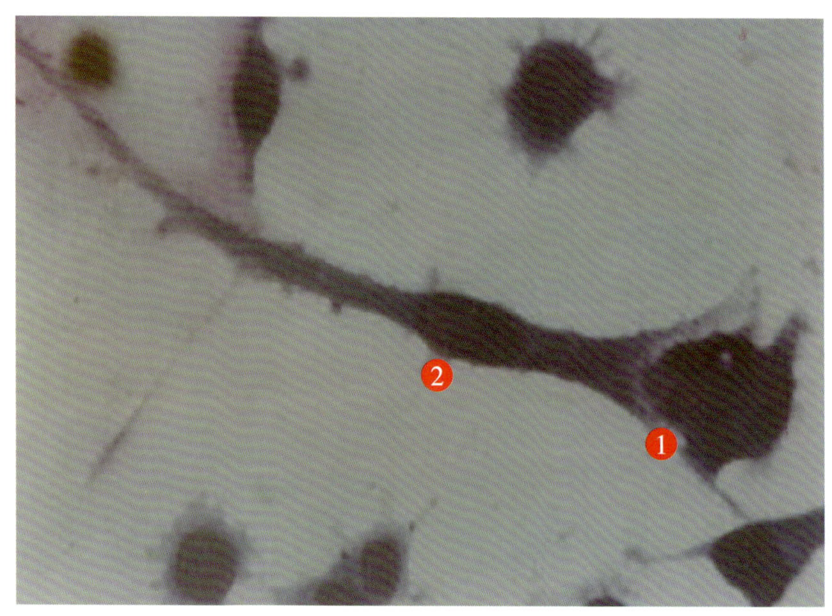

■ 图5-37 多级神经传导通路的自组织（4）

吉姆萨染色 ×400

❶示母细胞；❷示子细胞，前后神经细胞像竹笋样衔接。

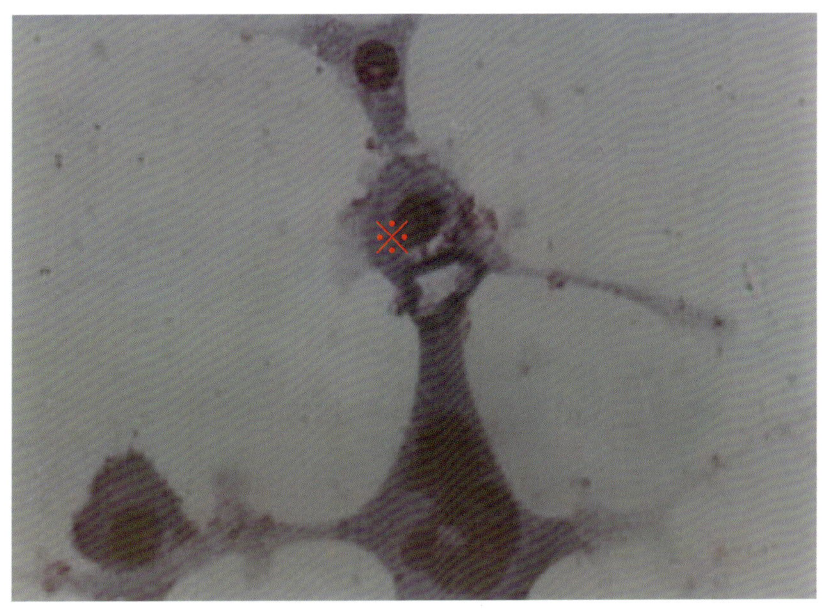

■ 图5-38 多级神经传导通路的自组织（5）

吉姆萨染色 ×400

※示单向多裂的前后神经细胞相互衔接，构建成宝塔样单向细胞链。

小 结

机体自组织是机体细胞的基本特性，与细胞演化、细胞分裂、细胞死亡密切相关。人体自组织形式大体可分第一类基本自组织结构：细胞团与细胞索；第二类初步改造自组织：泡状结构和管状结构；第三类有另外细胞参与进一步改建的自组织结构，如肝细胞板；第四类自组织是多数细长细胞集合成束，外包束衣，如心肌束、骨骼肌束；第五类自组织细胞合成大量细胞间质充填其间；第六类神经组织有两种特殊的自组织形式，神经网络和神经传导束。前者是由神经细胞之间以突触和细胞质间桥相互连接成网，后者则是神经细胞依次单向接力式分裂形成的多级神经传导机制。

参考文献

[1] 周光兴. 比较组织学彩色图谱 [M]. 上海：复旦大学出版社，2002.

[2] 章静波，宗书东，马文丽. 干细胞 [M]. 北京：中国协和医科大学出版社，2003.

[3] 杨志明. 组织工程 [M]. 北京：化学工业出版社，2002.

[4] 史学义，张钦宪，丁一. 人体组织学 [M]. 郑州：河南科学技术出版社，2003.

[5] 苗东升. 系统科学精要 [M]. 北京：中国人民大学出版社，1998.

[6] 欧阳莹之. 复杂系统理论基础 [M]. 田宝国，周亚，樊瑛，译. 上海：上海科技教育出版社，2002.

[7] 凌诒萍. 细胞生物学 [M]. 北京: 人民卫生出版社，2004.

[8] 杨抚华, 胡以平. 医学细胞生物学 [M]. 4版. 北京: 科学出版社，2002.

[9] W. 巴尔格曼. 人体组织学和显微解剖学[M]. 何凯璇，译. 北京: 人民卫生出版社, 1965.

[10] 贝时璋. 细胞重建 [G]. 第2集. 北京：科学出版社，2003.

[11] 樊启昶, 白书农. 发育生物学原理 [M]. 北京：高等教育出版社,2002.

[12] 王忠华，王全兴，王建潮. 发育分子生物学[M]. 上海：第二军医大学出版社，2000.

[13] 鞠晓芳，安铁洙，滕春波. 干细胞巢研究进展[J]. 生理科学进展，2007，38(3)：213－218.

[14] 张娓，史学义，丁明杰，等. 传代培养PC12细胞的早期细胞分裂过程观察[J]. 河南医科大学学报，2001，36（1）：29－30.

[15] 潘承湘. 细胞有丝过程的发现及其重要意义[J]. 自然科学史，1990,9（2）：171－177.

[16] 潘琼婧. 培养细胞的核仁与核仁周异染色质在分裂间期的变化[J]. 解剖学报，

1964，7（1）：46－54.

[17] 庄孝僡. 从胡克到细胞生物学[J]. 细胞生物学杂志，1986,8（1）：1－6.

[18] 冯建芳，章静波. 程序性细胞死亡及细胞凋亡[J]. 生理科学进展，1995，26（4）：373－378.

[19] 朱国璋，张永莲，龚岳亭. 神经细胞死亡的细胞和分子机制[J]. 生命的化学，1996,16（3）：4－7.

[20] 周美立. 论生物系统中相似与演化关系[J]. 生物学杂志，1989，32（6）：10－13.

[21] 吴旻，蔡有余. 大仓鼠的有丝分裂染色体组型[J]. 解剖学报，1980，11（1）：109－112.

[22] 牛富文，史学义，白经修，等. 医用分子细胞生物学[M]. 郑州：河南医科大学出版社，1997.

[23] 赵亮，张宗玉，童坦君. 生物体衰老与复制衰老——体内与体外研究[J]. 生理科学进展，2000，31（3）：205－210.

[24] 张中华，徐元鼎. 分形理论在生物医学领域的应用[J]. 肿瘤，1996，16（2）：108－110.

[25] 庄孝僡. 细胞社会学——从细胞生物学研究个体发育的一条途径[J]. 细胞生物学杂志，1991，17（1）：1－9.

[26] 牛满江. 对诱导因子的探索[J]. 细胞生物学杂志，1990,12（4）：145－154.

[27] 安捷，薛绍白. 哺乳类有丝分裂期细胞染色体凝集因子[J]. 细胞生物学杂志，1984,6（2）：56－59.

[28] 韩玉珉. 核仁和核仁染色质[J]. 细胞生物学杂志，1981,3（4）：5－9.

[29] 邢文英，史学义，丁一，等. 传代培养PC12细胞无丝分裂与细胞分化观察[J]. 河南医科大学学报，2001，36（3）：284－285.

[30] 赵跃华. 细胞微核技术的研究和应用[J]. 生物学通报，1992，1：5－7.

[31] 王宇玫，佟万仁. 衰老干细胞的研究进展[J]. 心血管病学进展，2007,28(6)：872－875.

[32] 洪满贤. 细胞核分子生物学[M]. 厦门：厦门大学出版社，1999.

[33] 王亚平. 干细胞衰老与疾病[M]. 北京：科学出版社，2009.

[34] 曾弥白. 决定、分化与细胞间相互作用[J]. 细胞生物学杂志，1991，16（3）：

97－101.

[35] 丁小燕．细胞外基质对发育和细胞分化的调控[J]．细胞生物学杂志，1996,18（2）：63－67.

[36] 刘平平．成体干细胞横向分化的研究现状[J]．国外医学生理病理科学和临床分册，2003,23（1）：34－36.

[37] 韩贻仁．哺乳动物早期胚胎细胞的极性与分化[J]．细胞生物学杂志，1990,12（4）：154－160.

[38] 张传茂，罗文捷，翟中和．用分裂中期Hela 细胞的匀浆物在非细胞体系中重建细胞核[J]．解剖学报，1993，24（2）：159－162.

[39] 埃尔温·薛定谔．生命是什么？[M]．罗来鸥，罗辽复，译．长沙：湖南科学技术出版社，2003.

[40] 吴尚懃．细胞核的移植[J]．细胞生物学杂志，1980，2（2）：37－42.

[41] 洪定国．物理学的进展与分析序实在观的终结兼论生命现象的的探究方向[J]．哲学研究，1998,4：66－70.

[42] 王英杰，董萍．质膜流动性与细胞分裂[J]．生命的化学，1995,15（1）：16－18.

[43] 张自立．现代生命科学进展[M]．北京：科学出版社，2004.

[44] 汪德耀．普通细胞生物学[M]．上海：上海科学技术出版社，1988.

[45] 杨桂通，陈维毅，徐晋斌．生物力学[M]．重庆：重庆出版社，2000.

[46] 冯·贝塔朗菲．一般系统论——基础、发展和应用[M]．北京：清华大学出版社，1987.

[47] 杨志明．组织工程[M]．北京：化学工业出版社，2003.

[48] 伏尔更斯坦．现代物理学与生物学概论[M]．龚少明，译．上海：复旦大学出版社，1985.

[49] 成令忠，钟翠萍，蔡文琴．现代组织学[M]．上海：上海科学技术出版社，2003.

[50] CHRISTIANE NFISSLEIN－VOLHARD．沈瑛，译．组织胚胎发育的梯度[J]．科学，1996,12：16－21.

[51] 王亚辉．“后基因组时代”的生物学[J]．生命科学,1997,9（4）：145－153.

[52] 王亚辉．生命起源的现代探讨——基于磷酰化氨基酸的核酸和蛋白质共起源学说讲述[J]．生命科学,1998，10（3）：111－114.

[53] 解涛，丁达夫．生命的第三界——三界学说新发展[J]．生命科学,1997,9（5）：

233－235.

[54] 赵凯荣．复杂性哲学[M]．北京：中国社会科学出版社，2001.

[55] MARTIN C．RAFF．细胞生存与死亡的社会性控制[J]．细胞生物学杂志，1993,15（3）：118－121．李茂国译自Nature，1992,356:397－399.

[56] DE ROBERTIS EM, MORITA EA, CHO KWY．梯度场区和同源异型框基因[J]．细胞生物学杂志，1992,14（2）：70－75．王莹译自Development，1991，112:669－678.

[57] ABBOTT A． Doubt cast over tiny stem cells[J]． Nature，2013, 499（7459）：390.

[58] ALISON MR, ISLAM S． Attributes of adult stem cells[J]． J Pathol，2009，217（2）：144－160.

[59] ANVERSAP, NADAL－GINAED B． Myocyte renewal and ventricular remodeling[J]. Nature，2002，415(6868)：240－243.

[60] AOI T, YAE K, NAKAGAWA M，et al． Generation of pluripotent stem cells from adult mouse liver and stomach cells[J]． Science，2008，321（5889）：699－702.

[61] BELICCHI M, PISATI F，LOPA R，et al． Human skin－derived stem cells migrate throughout forebrain and differentiate into astrocytes after injection into adult mouse brain[J]． J Neurosci Res , 2004, 77（4）：475－486.

[62] BELTRAMI A P，BARLUCCHI L，TORELLA D，et al． Adult cardiac stem cells are multipotent and support myocardial regeneration[J]． Cell，2003，114(6)：763－776.

[63] BJORNSON C R R, RIETZE R L，REYNOLDS B A，et al． Turning brain into blood：A hematopoietic fate adopted by adult neural stem cells in vivo[J]． Science，1999，283（5401）：534－537.

[64] BRIGGS R, KING TJ． Transplantation of living cell nuclei from blastula cells into enucleated frogs eggs[J]． Proc Natl Acad Sci USA，1952,38（5）：455－463.

[65] BRIGGS R, KING TJ． In Biological specificity and growth[M]． Princeton：Princ． Univ. Press，1955.

[66] BRODY JR，CUNHA GR． Histologic, morphometric, and immunocytochemical analysis of myometrial development in rats and mice：I． Normal development[J]． Am J Anat，1989，186（1）：1－20.

[67] BURNESS M L，SIPKINS D A． The stem cell niche in health and malignancy[J].

Semin Cancer Biol, 2010, 20（2）: 107 - 115.

[68] CERVELLO I, MARTINEZ - CONEJERO JA, HORCAJADAS JA, et al. Identification, characterization and co - localization of label - retaining cell population in mouse endometrium with typical undifferentiated markers[J]. Hum Reprod, 2007, 22（1）: 45 - 51.

[69] CHALLEN G A, LITTLE M H. A side order of stem cells: The SP phenotype[J]. Stem Cells, 2006, 24（1）: 3 - 12.

[70] CHRISTOPHERSEN NS, HELIN K. Epigenetic control of embryonic stem cell fate[J]. J Exp Med, 2010, 207 (11): 2287 - 2295.

[71] CROW M T, MANI K, NAM Y J, et al. The mitochondrial death pathway and cardiac myocyte apoptosis [J]. Circ Res, 2004, 95（10）: 957 - 970.

[72] DU H, TAYLOR HS. Contribution of bone marrow - derived stem cells to endometrium and endometriosis[J]. Stem Cells, 2007, 25（8）: 2082 - 2086.

[73] FISHER PA. Disassembly and reassembly of nuclei in cell - free system[J]. Cell, 1987, 48(2): 175 - 176.

[74] FUCHS E, TUMBAR T, GUASCH G. Socializing with the neighbors: stem cells and their niche[J]. Cell, 2004, 116(6): 769 - 778.

[75] GHARIB SA, KHALYFA A, KUCIA M J, et al. Transcriptional landscape of bone arrow - derived very small embryonic - like stem cells during hypoxia[J]. Respir Rese, 2011, 12: 63.

[76] HSU YC, FUCHS E. A family business: Stem cell progeny join the niche to regulate homeostasis[J]. Nat Rev Mol Cell Biol, 2012, 13（2）: 103 - 114.

[77] JANZEN V, SCADDEN DT. Stem cells: good, bad and reformable[J]. Nature, 2006, 441（7092）: 418 - 419.

[78] KATO K, YOSHIMOTO M, KATO K, et al. Characterization of side - population cells in human normal endometrium[J]. Hum Reprod, 2007,22（5）: 1214 - 1223.

[79] KITANO H. System biology: a brief overview[J]. Science, 2002, 295（5560）: 1662 - 1664.

[80] KLIONSKY D J, EMR S D. Autophagy as a regulated pathway of cellular degradation [J]. Science, 2000, 290（5497）: 1717 - 1721.

[81] KURITA T, COOKE P S, CUNHA G R. Epithelial - stromal tissue interaction in paramesonephric (Mullerian) epithelial differentiation[J]. Dev Biol , 2001,240 (1) : 194 - 211.

[82] LAPIDOT T, DAR A, KOLLET O. How do stem cells find their way home? [J]. Blood, 2005, 106(6): 1901 - 1910.

[83] LERI A, KAJSTURA J, ANVERSA P. Cardiac stem cells and mechanisms of myocardial regeneration [J]. Physiol Rev, 2005, 85(4): 1373 - 1416.

[84] LISTER R, PELIZZOLA M, KIDA YS, et al. Hotspots of aberrant epigenomic reprogramming in human induced pluripotent stem cells[J]. Nature,2011,471 (7336): 68 - 73.

[85] LOBEL MK, SOMASUNDARAM P, MORTON CC. The genetic heterogeneity of uterine leiomyomata[J]. Obstet Gynecol Clin North Am , 2006, 33 (1) : 13 - 39.

[86] LOEFFLER M, BIRKE A, WINTON D, et al. Somatic mutation, monoclonality and stochastic models of stem cell organization in the intestinal crypt[J]. J Theor Biol, 1993, 160 (4) : 471 - 491.

[87] MASSASA E, COSTA X S, TAYLOR H S. Failure of the stem cell niche rather than loss of oocyte stem cells in the aging ovary[J]. Aging (Albany NY) , 2010, 2: 1 - 2.

[88] MCGUCKIN C, JURGA M, ALI H, et al. Culture of embryonic - like stem cells from human umbilical cord blood and onward differentiation to neural cells in vitro[J]. Nat Protoc, 2008, 3 (6) : 1046 - 1055.

[89] MESSINA E, DE ANGELIS L, FRATI G, et al. Isolation and expansion of adult cardiac stem cells from human and murine heart[J]. Circ Res, 2004, 95(9): 911 - 921.

[90] MESSIER B, LEBLOND CP. Cell proliferation and migration as revealed by radioautography after injection of thymidine - H3 into male rats and mice[J]. Amer J Anat, 1960, 106: 247 - 285.

[91] MORRISON S J, SPRADLING A C. Stem cells and niches: mechanisms that promote stem cell maintenance throughout life[J]. Cell, 2008, 132(4): 598 - 611.

[92] NEWPORT J. Nuclear reconstitution in vitro: Stages of assembly around protein - free DNA[J]. Cell, 1987, 48(2): 205 - 217.

[93] ONO M, MARUYAMA T, MASUDA H, et al. Side population in human uterine

myometrium displays phenotypic and functional characteristics of myometrial stem cells [J]. Proc Natl Acad Sci USA , 2007,104 (41) : 18700 - 18705.

[94] ORVIS GD, BEHRINGER RR. Cellular mechanisms of Müllerian duct formation in the mouse[J]. Dev Biol, 2007, 306: 493 - 504.

[95] OSWALD J, BOXBERGER S, JORGENSEN B, et al. Mesenchymal stem cells can be differentiated into endothelial cells in vitro[J]. Stem Cells, 2004, 22 (3) : 377 - 384.

[96] PADYKULA H. A. Regeneration in the primate uterus: the role of stem cells[J]. Ann N Y Acad Sci, 1991, 622: 47 - 56.

[97] PANG R, ZHANG Y, PAN X, et al. Embryonic - like stem cell derived from adult bone marrow: immature morphology, cell surface markers, ultramicrostructure and differentiation into multinucleated fibers in vitro[J]. Cell Mol Biol, 2010,56(suppl): OL1276 - OL1285.

[98] POULY J, BRUNEVAL P, MANDET C, et al. Cardiac stem cells in the real world[J]. J Thorac Cardiovasc Surg, 2008, 135(3): 673 - 678.

[99] PREFFER FI, DOMBKOWSKI D, SYKES M, et al. Lineage - negative side - population (SP) cells with restricted hematopoietic capacity circulate in normal human adult blood: immunophenotypic and functional characterization[J]. Stem Cells, 2002, 20 (5) : 417 - 427.

[100] RAFF MC, BARRES BA, BURNE JF, et al. Programmed cell death and the control of cell survival: lessons from the nervous system[J]. Science, 1993, 262 (5134) : 695 - 700.

[101] RAMALHO - SANTOS M, WILLENBRING H. On the origin of the term "stem cell" [J]. Cell Stem Cell, 2007, 1(1): 35 - 38.

[102] RANDO T A. Stem cells, ageing and the quest for immortality[J]. Nature, 2006,441 (7097) : 1080 - 1086.

[103] RHYU MS, KNOBLICH JA. Spindle orientation and asymmetric cell fate[J]. Cell, 1995, 82 (4) : 523 - 526.

[104] RUDELD, SOMMERRJ. The evolution of developmental mechanisms[J]. Deve Biol, 2003, 264 (1) : 15 - 37.

[105] SAUERZWEIG S, MUNSCH T, LESSMANN V, et al. A population of serum

deprivation - induced bone marrow stem cells (SD - BMSC) expresses marker typical for embryonic and neural stem cells[J]. Exp Cell Res, 2009, 315 (1) : 50 - 66.

[106] SCHWAB KE, HUTCHINSON P, GARGETT CE. Identification of surface markers for prospective isolation of human endometrial stromal colony - forming cells[J]. Hum Reprod, 2008,23 (4) : 934 - 943.

[107] SELL S. Cellular origin of cancer: dedifferentiation or stem cell maturation arrest? [J]. Environ Heath Perspect, 1993, 101 (Suppl 5): 15 - 26.

[108] SHARPLESS NE, DEPINHO RA. How stem cells age and why this makes us grow old[J]. Nat Rev Mol Cell Biol, 2007, 8 (9) : 703 - 713.

[109] SMITZ J, PICTON HM, PLATTEAU P, et al. Principal findings from a multicenter trial investigating the safety of follicular - fluid meiosis - activating sterol for in vitro maturation of human cumulus - enclosed oocytes[J]. Fertil Steril, 2007, 87(4): 949 - 964.

[110] SNIPPERT HJ, CLEVERS H. Tracking adult stem cells[J]. EMBO Rep, 2011, 12 (2) : 113 - 122.

[111] SOTTOCORNOLA R, LOCELSO C. Dormancy in the stem cell niche[J]. Stem Cell Res Ther, 2012, 3 (2) : 10.

[112] STOCUM DL. Stem cells in regenerative biology and medicine[J]. Wound Rep Reg, 2001, 9 (6) : 429 - 442.

[113] TORELLA D, ELLISON GM, MENDEZ - FERRER S, et al. Resident human cardiac stem cells: role in cardiac cellular homeostasis and potential for myocardial regeneration[J]. Nat Clin Pract Cardiovasc Med, 2006, 3(suppl1): S8 - S13.

[114] TSONIS PA. Stem cells from differentiated cells[J]. Mol Interv, 2004, 4 (2): 81 - 83.

[115] WILMUT I, BEAUJEAN N, DE SOUSA PA, et al. Somatic cell nuclear transfer[J]. Nature, 2002, 419 (6907) : 583 - 586.

[116] WOLFF EF, WOLFF AB, HONGLING D. Demonstration of multipotent stem cells in the adult human endometrium by in vitro chondrogenesis[J]. Reprod Sci, 2007, 14 (6) : 524 - 533.

[117] WOODS D C, TILLY J L. An evolutionary perspective on adult female germline stem cell function from flies to humans[J]. Semin Reprod Med, 2013, 31 (1) : 24 - 32.

[118] YAMANAKA S. Pluripotency and nuclear reprogramming[J]. Philos Trans R Soc Lond B Biol Sci，2008，363（1500）：2079－2087.

[119] ZHANG H，ZHENG W，SHEN Y，et al. Experimental evidence showing that no mitotically active female germline progenitors exist in postnatal mouse ovaries[J]. Proc Natl Acad Sci USA，2012，109（31）：12580－12585.

[120] YAMANAKA S，BLAU HM. Nuclear reprogramming to a pluripotent state by three approaches[J]. Nature，2010，465（7299）：704－712.

[121] ФАЛИН ЛИ. Эмбриология Человека Атлас [M]. Москва：Медицина，1976.